Gruber | Neumann

Erfolg im Mathe-Abi 2013

Übungsbuch für den Wahlteil Baden-Württemberg mit Tipps und Lösungen

Freiburger Verlag

Gedruckt auf chlorfrei gebleichtem Papier
mit Biodruckfarbenund Ökostrom

* printed in Germany *

Inhaltsverzeichnis

Vorwort

Erfolg von Anfang an

... ist das Geheimnis eines guten Abiturs. Das vorliegende Übungsbuch ist speziell auf die Anforderungen des Wahlteils des Mathematik-Abiturs in Baden-Württemberg ab 2013 abgestimmt. Es umfasst die drei großen Themenbereiche Analysis, Geometrie und Stochastik sowie Abituraufgaben seit 2007 in einem Buch. Diese sind teilweise gekürzt bzw. durch passende Aufgabenteile, vor allem durch Stochastik, ergänzt und entsprechend gekennzeichnet worden.

Der Wahlteil besteht aus komplexeren Aufgaben, die mit Hilfe eines grafikfähigen Taschenrechners (GTR/ CAS) und einer Formelsammlung gelöst werden sollen. Der Schwerpunkt liegt auf der Analysis. Thematisch geht es meist um anwendungsbezogene Transferaufgaben, um das Modellieren realitätsnaher Aufgabenstellungen, um das Herstellen von Zusammenhängen und um das Entwickeln von Lösungsstrategien.

Der blaue Tippteil

Hat man einmal keine Idee, wie man eine Aufgabe angehen soll bzw. fehlt der Lösungsansatz, hilft der blaue Tippteil in der Mitte des Buches weiter: Zu jeder Aufgabe gibt es dort Tipps, die helfen, einen Ansatz zu finden, ohne die Lösung vorwegzunehmen.

Die Kontrollkästchen

Damit Sie immer den Überblick behalten können, welche Aufgaben Sie schon bearbeitet haben, befindet sich neben jedem Aufgabentitel ein Kontrollkästchen zum abhaken.

MeinMatheAbi.de

Im Internet finden Sie unter www.MeinMatheAbi.de nicht nur weitere Abituraufgaben, sondern auch Lernkarten, Taschenrechneranleitungen zu verschiedenen Taschenrechnertypen, Videotutorials und ein Forum, das die Vorbereitung auf die Prüfung erleichtert.

Die Taschenrechnerbedienung

Die Bedienung der grafikfähigen Taschenrechner kann bei komplexeren Fragestellungen durchaus anspruchsvoll sein. Um Ihnen beim Umgang mit dem Rechner zu helfen, haben wir zu den Prüfungsaufgaben Videos gemacht, in denen die genaue Eingabe in den Rechner erklärt wird. Im

Buch sind die Stellen mit einem Kamerasymbol gekennzeichnet. Mit dem Symbol gekennzeichnete Filme für das Abitur 2012 sind allgemein zugänglich. Stellen, die mit dem Symbol gekennzeichnt sind, sind nach der Anmeldung bei MeinMatheAbi.de verfügbar.

Das Abitur ab 2013

Im Abitur 2013 wird sich Vieles ändern: Es sind einige frühere Themen nicht mehr relevant, z.B. Polynomdivision, Wurzelgleichungen, Newton-Verfahren, Quotientenregel, schiefe Asymptoten, Näherungskurven, Keplersche Fassregel, Zahlenfolgen, Vollständige Induktion, formale lineare Abhängigkeit/ Unabhängigkeit dreier Vektoren und Vektorbeweise. Hinzugekommen ist dafür der Bereich Stochastik (Baumdiagramme, Erwartungswert, Binomialverteilung, Hypothesentests).

Daher haben wir die Original-Prüfungsaufgaben gekürzt und durch gleichwertige Aufgaben ersetzt, erweitert und gekennzeichnet. Auch die Benennung der Aufgaben wurde angepasst: Die Aufgaben aus Analysis werden in Zukunft «A1» und «A2», die Aufgaben aus Geometrie/Stochastik werden «B1» und «B2» heißen. Pro Jahrgang gibt es also zwei Aufgaben aus Analysis und zwei Aufgaben aus Geometrie/Stochastik. Geänderte Aufgabenteile sind durch ein Sternchen * gekennzeichnet. Alle Aufgaben sind gleichermaßen für GTR und CAS geeignet.

Durch diese Anpassung erhalten Sie die bestmögliche Vorbereitung auf die Abiturprüfung!

Der Aufbau der Mathematikprüfung

- Die gesamte Prüfungszeit beträgt 240 Minuten (vier Zeitstunden).
- Der Lehrer erhält vor der Prüfung den Pflichtteil und für den Wahlteil zwei Aufgabenvorschläge aus Analysis (A1 und A2) und zwei aus Geometrie/Stochastik (B1 und B2). Er wählt aus den Vorschlägen für den Wahlteil je einen aus Analysis und einen aus Geometrie/Stochastik.
- Die Schüler erhalten zu Beginn der Prüfung alle Aufgaben (den Pflichtteil und den vom Lehrer ausgesuchten Wahlteil, bestehend aus Analysis und Geometrie/Stochastik). Sie erhalten zu diesem Zeitpunkt noch keine Hilfsmittel.
- Die Schüler bearbeiten zunächst den Pflichtteil (Richtzeit: 100 Min). Nach dessen Abgabe erhalten sie die Hilfsmittel (Taschenrechner, Formelsammlung) für den Wahlteil.

Insgesamt können maximal 60 Verrechnungspunkte in der Prüfung erzielt werden, davon 30 im Pflichtteil und 30 im Wahlteil.

Allen Schülern, die sich auf das Abitur vorbereiten, wünschen wir viel Erfolg.

Helmut Gruber, Robert Neumann

Analysis

1 Tunnel ☐

Tipps ab Seite 35, Lösungen ab Seite 51

a) Der abgebildete Graph einer Funktion f zeigt den parabelförmigen Querschnitt eines 500 m langen, geradlinig und horizontal verlaufenden Autobahntunnels (Längeneinheit in Meter).

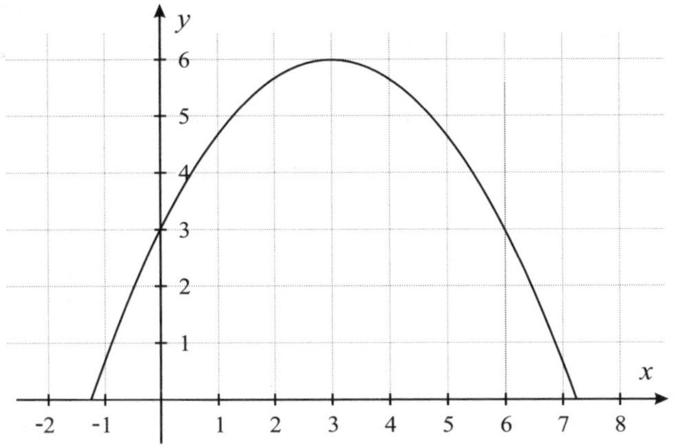

Bestimmen Sie einen Funktionsterm der Funktion f.
Wie viele Kubikmeter Stein mussten beim Bau des Tunnels bewegt werden?

Die Bogenlänge s eines Kurvenstücks einer Funktion f im Intervall $[a; b]$ erhält man mit Hilfe der Formel $s = \int_a^b \sqrt{1 + (f'(x))^2}\,\mathrm{d}x$.
Bestimmen Sie mit dieser Formel die Länge des abgebildeten Parabelbogens.

Die gesamte innere Wandfläche des Tunnels wird doppelt gestrichen.
Wie viel Liter Farbe werden benötigt, wenn ein Liter Farbe für fünf Quadratmeter Wandfläche ausreicht?

b) Für jedes $a > 0$ ist eine Funktion f_a gegeben durch:

$$f_a(x) = a^3 \sin(ax)$$

Für welchen Wert von a beträgt der Flächeninhalt der Fläche, die der Graph von f_a mit der x-Achse zwischen zwei benachbarten Nullstellen einschließt, 10 FE?

2 Windkraftanlage □

Tipps ab Seite 35, Lösungen ab Seite 53

Bei einer Darrieus-Windkraftanlage ist der Rotor vertikal angeordnet. Zwei vorgebogene Metallblätter mit geeigneter Stellung wandeln die Windenergie in Rotationsenergie um. Die Rotorblätter behalten auch bei schneller Umdrehung ihre Bogenform bei, wie ein Springseil, welches mit den Händen um den Körper geschleudert wird. Legt man die x-Achse entlang der Rotorachse, so lässt sich die geometrische Form eines Blattes des abgebildeten Rotors näherungsweise durch einen Teil des Schaubilds der Funktion f mit

$$f(x) = -0,00045x^4 - 0,044x^2 + 6$$

beschreiben. Dabei entspricht eine Längeneinheit einem Meter.

a) Untersuchen Sie das Schaubild der Funktion f auf Symmetrie und bestimmen Sie die Nullstellen von f.
Skizzieren Sie das Schaubild von f im Intervall zwischen den Nullstellen.

b) Berechnen Sie den Winkel, den die Blätter mit der Rotorachse einschließen.
Berechnen Sie die Geschwindigkeit des Punktes P in der Rotorblattmitte bei einer Drehzahl von 80 Umdrehungen pro Minute in km/h.
Bei einer Darrieus-Windkraftanlage ist die so genannte Wirkfläche die Fläche zwischen den beiden Rotorblättern. Diese Darrieus-Windkraftanlage leistet pro Quadratmeter der Wirkfläche 125 Watt. Berechnen Sie die Wirkfläche in m^2 und die Leistung dieser Anlage in Watt.

c) Eine weitere Möglichkeit der näherungsweisen Beschreibung der Blattform der Darrieus-Windkraftanlage soll der Graph der Funktion g mit

$$g(x) = 7 - \frac{1}{2} \cdot \left(e^{0,3 \cdot x} + e^{-0,3 \cdot x}\right) \text{ mit } x \in [-8,75\,;8,75] \quad \text{liefern.}$$

Berechnen Sie den Flächeninhalt der Rotoren bei diesem Rechenmodell und geben Sie die prozentuale Abweichung zum ursprünglichen Flächeninhalt in Teilaufgabe b) an.
Zeigen Sie, dass der Graph der Funktion g in diesem Intervall keine Wendepunkte besitzt.

3 Testzug ☐

Tipps ab Seite 36, Lösungen ab Seite 56

a) Im Schaubild ist die Geschwindigkeit eines Testzugs dargestellt [t in s, $v(t)$ in $\frac{m}{s}$]

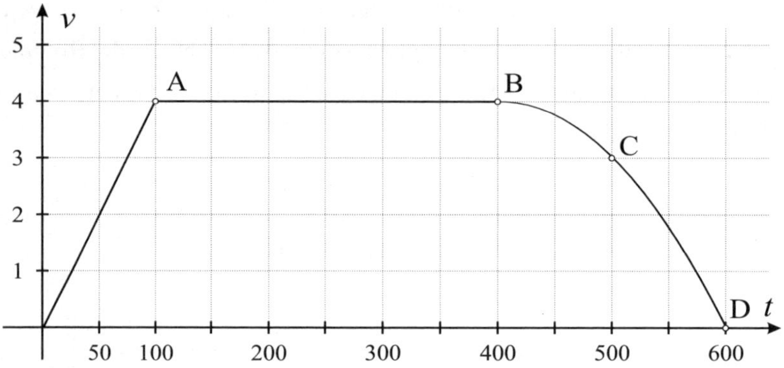

Ergänzen Sie die fehlenden ganzrationalen Funktionsterme der Funktion v:

$$v(t) = \begin{cases} \ldots & \text{für } 0 \leqslant t < 100 \\ \ldots & \text{für } 100 \leqslant t < 400 \\ \ldots & \text{für } 400 \leqslant t \leqslant 600 \end{cases}$$

Welche Strecke hat der Zug nach 10 Minuten zurückgelegt?

Bestimmen Sie die mittlere Geschwindigkeit für die gesamte Fahrtdauer.

Beschreiben Sie die zu v gehörende Weg-Zeit-Funktion durch Terme.

b) Die nebenstehende Abbildung zeigt zwei geradlinig verlaufende Eisenbahngleise im Grundriss. Eine Einheit im Koordinatensystem entspricht in der Wirklichkeit 100 Meter.

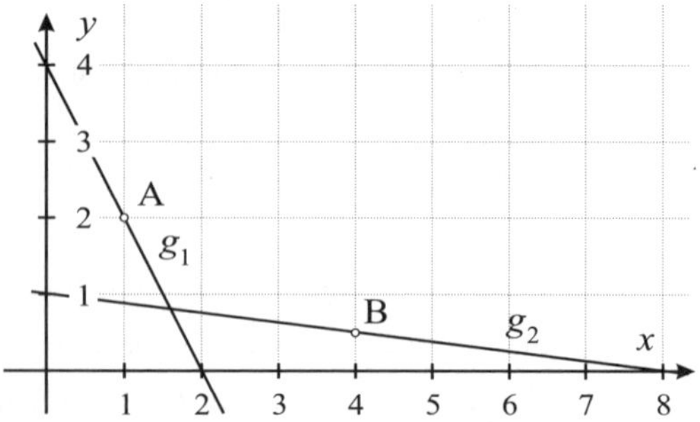

Das erste Gleis geht durch den Punkt A$(1 \mid 2)$ und liegt auf der Geraden g_1 mit der Gleichung $y = -2x + 4$, das andere geht durch B$(4 \mid 0,5)$ und liegt auf der Geraden g_2, Gleichung $y = -0,125x + 1$. Es soll eine neue, gekrümmte Gleisverbindung gebaut werden, die die Punkte A und B miteinander verbinden soll.

Bestimmen Sie die Gleichung der quadratischen Parabel p, die durch die Punkte A und B geht und die in Punkt A ohne Knick an die Gerade durch A anschließt.
Prüfen Sie, ob die Parabel im Punkt B ohne Knick an die Gerade durch B anschließt.

Bestimmen Sie für die Hyperbel h mit der Gleichung $h(x) = \frac{c}{x}$ den Wert des Parameters c so, dass die Hyperbel durch A geht und zeigen Sie, dass diese Hyperbel auch durch B geht.

Prüfen Sie, ob sich die Hyperbel h als Gleisverbindung eignet, d.h. dass sie knickfrei an die Geraden in A und B anschließt.

Die Fläche zwischen den alten Gleisen (Geraden) und dem neuen Gleis (Hyperbel) muss die Bahn dem Besitzer abkaufen. Der Preis pro Quadratmeter beträgt 20 €.
Berechnen Sie den Preis für diese Fläche.

4 Heizkosten

☐

Tipps ab Seite 37, Lösungen ab Seite 61

a) Für $t \in \mathbb{R}$ ist eine Funktion f_t gegeben durch

$$f_t(x) = \frac{16}{x-t};\, x \in \mathrm{D}.$$

Ihr Schaubild sei K_t.

Bestimmen Sie den maximalen Definitionsbereich D sowie die Asymptoten von K_t.
Zeigen Sie, dass K_1 symmetrisch zum Punkt $\mathrm{P}(1 \mid 0)$ ist.
Prüfen Sie, ob diejenigen Punkte auf K_1, die vom Punkt $\mathrm{P}(1 \mid 0)$ minimalen Abstand haben, auf der 1. Winkelhalbierenden liegen.

b) Bei einer Wärmedämmschicht der Dicke d gilt für die jährlichen Heizkosten $\mathrm{H}(d)$ pro m^2 Außenwand eines Hauses: $\mathrm{H}(d) = \frac{18}{d+3}$ (d in cm, $\mathrm{H}(d)$ in €).

Bei welcher Dicke betragen die Heizkosten ein Viertel der Heizkosten ohne Dämmschicht?

Für das Anbringen der Dämmschicht mit Dicke d rechnet eine Firma pro m^2 mit Kosten von $\mathrm{K}(d) = 10 + 3d$ (d in cm, $\mathrm{K}(d)$ in €).

Bei welcher Dicke der Dämmschicht sind die Gesamtkosten bei einer Betriebszeit von 30 Jahren am kleinsten?
Welche Kosten hat man bei dieser Dicke und einer Außenwandfläche von $150\,\mathrm{m}^2$ im Laufe der 30 Jahre gegenüber den Kosten ohne Dämmschicht gespart?

5 Tagestemperatur ☐

Tipps ab Seite 37, Lösungen ab Seite 63

a) Zu jedem $t > 0$ ist eine Funktion f_t gegeben durch

$$f_t(x) = \frac{4t}{x^2 + t}.$$

Ihr Schaubild sei K_t.

Zeigen Sie, dass K_t symmetrisch ist und bestimmen Sie die Asymptote.
Weisen Sie nach, dass der Extrempunkt von K_t unabhängig von t ist.
Berechnen Sie den Flächeninhalt der Fläche zwischen K_1, der x-Achse und den Geraden $x = -3$ und $x = 3$.

b) An einem Sommertag in Stuttgart beträgt morgens um 7 Uhr die Lufttemperatur 12 °C.
Die momentane Änderungsrate der Temperatur wird modellhaft beschrieben durch:
$T'(t) = -\frac{5}{8}t + \frac{19}{4}$ (t in Stunden; $t = 0$ um 7 Uhr; $T'(t)$ in °C pro Stunde).

Wie hoch war die Temperatur um 6 Uhr, wie hoch wird sie um 12 Uhr sein?
Welche Maximaltemperatur wird an diesem Tag erwartet?
Zu welchen Zeiten ist die Temperatur höher als 25 °C?
Berechnen Sie den Mittelwert der an diesem Tag zwischen 7 Uhr und 19 Uhr erwarteten Temperaturen.
Wo sind die Grenzen dieses Modells?

6 Tannensetzling ☐

Tipps ab Seite 37, Lösungen ab Seite 65

a) Das Längenwachstum eines Tannensetzlings, der zu Beginn 0,3 m hoch ist, wird beschrieben durch die Funktion f mit $f(t) = 1,5 \cdot e^{-0,005(t-25)^2}$ (t in Jahren, $f(t)$ in Meter pro Jahr).

Geben Sie den Zeitpunkt maximalen Längenwachstums an, berechnen Sie das durchschnittliche Längenwachstum pro Jahr in den ersten 30 Jahren sowie die Höhe einer 30-jährigen Tanne.
Nach welcher Zeit ist die Tanne 13 m hoch?

Die Tanne gilt als «ausgewachsen», wenn das jährliche Wachstum weniger als 0,2 m pro Jahr beträgt. Um wie viele Meter ist eine 60-jährige Tanne höher als eine «ausgewachsene»?

b) Gegeben ist die Funktion f mit $f(x) = \frac{2}{x}$ und ein Punkt B$(u \mid f(u))$; $0 < u < 1$ im 1. Feld.
Die Tangente t an B schneidet die x-Achse im Punkt A und die y-Achse im Punkt C.
Bestimmen Sie die Koordinaten des Punktes B so, dass das Dreieck OAC den Umfang 15 LE besitzt.

7 Abkühlung

☐

Tipps ab Seite 38, Lösungen ab Seite 67

a) Die Temperatur $\mathrm{T}(t)$ einer Flüssigkeit wird beschrieben durch die Gleichung:
$\mathrm{T}(t) = a + b \cdot e^{-0,050 \cdot t}$ (t in Minuten, $\mathrm{T}(t)$ in °C; $a, b \in \mathbb{Z}$)
Zwei Minuten nach Beginn der Beobachtung beträgt die Temperatur 80 °C, fünf Minuten später sind es noch 70 °C.

Bestimmen Sie $\mathrm{T}(t)$ und zeigen Sie, dass $\mathrm{T}(t)$ die Differentialgleichung
$\mathrm{T}'(t) = 0,05 \cdot (35 - \mathrm{T}(t))$ erfüllt.
Wie hoch war die Anfangstemperatur, welche Temperatur wird langfristig erwartet?
Ab welchem Zeitpunkt nimmt die Temperatur der Flüssigkeit um weniger als 0,5 °C pro Minute ab?
Wie hoch ist die mittlere Temperatur zwischen 15 und 20 Minuten nach Beginn der Beobachtung?

b) Gegeben ist die Funktion f mit $f(x) = 6x - \frac{1}{2}x^3$.
Wie muss $t > 0$ gewählt werden, damit der Mittelwert der Funktionswerte von f auf dem Intervall $[0; t]$ möglichst groß ist?

8 Malaria ☐

Tipps ab Seite 38, Lösungen ab Seite 69

a) Die Körpertemperatur eines Menschen wird mit einem digitalen Fieberthermometer gemessen. Dabei gibt $d(t)$ *die Differenz* zwischen der Körpertemperatur und der zum Zeitpunkt t (t in Minuten) angezeigten Temperatur (in °C) an. Die Geschwindigkeit $d'(t)$, mit der sich $d(t)$ ändert, ist während der Messung zu jedem Zeitpunkt proportional zu $d(t)$.

Geben Sie für $d(t)$ eine Differentialgleichung sowie eine Lösung der Differentialgleichung an.

Bei der Untersuchung eines an der Krankheit Malaria erkrankten Menschen, dessen Körpertemperatur 39,5 °C beträgt, steigt die Anzeige des Thermometers in den ersten 20 Sekunden von 20,0 °C auf 32,8 °C an.
Bestimmen Sie für diesen Fall die Funktionsgleichung $d(t)$.
Nach welcher Zeit erreicht die gemessene Temperatur 99 % der vorhandenen Körpertemperatur?

Die Messung wird automatisch beendet, wenn $d'(t) = -0,1$ ist.
Wann ist dies der Fall?
Welche Temperatur wird am Ende der Messung angezeigt?

b) Für jedes $t \in \mathbb{R}$, $t > 0$ ist die Funktion f_t gegeben durch

$$f_t(x) = tx + \cos x;\ x \in \mathbb{R}.$$

Ihr Schaubild sei K_t.

Bestimmen Sie den gemeinsamen Punkt aller Kurven und untersuchen Sie, für welche Werte von t das Schaubild K_t keine Extrempunkte besitzt.

9 Sonnenblume ☐

Tipps ab Seite 39, Lösungen ab Seite 71

a) Zu jedem $t \in \mathbb{R}$ ist eine Funktion f_t gegeben durch

$$f_t(x) = -2x - e^{2t-x};\ x \in \mathbb{R}.$$

Ihr Schaubild sei K_t.

Skizzieren Sie drei verschiedene Schaubilder und geben Sie die wichtigsten Eigenschaften der Kurven der Schar an.
Bestimmen Sie die Koordinaten des Hochpunktes H_t von K_t sowie die Gleichung der Ortskurve, auf der alle Hochpunkte liegen.
Für welchen Wert von t hat K_t genau einen gemeinsamen Punkt mit der x-Achse?

b) Die Höhe einer Sonnenblume (in Meter) zur Zeit t (in Wochen seit Beginn der Beobachtung) soll zunächst modellhaft durch eine Funktion h_1 mit $h_1(t) = 0{,}08 \cdot e^{k \cdot t}$ mit $k \in \mathbb{R}$ beschrieben werden.

Bestimmen Sie k, wenn die Höhe der Sonnenblume in den ersten 5 Wochen der Beobachtung um 0,52 m zugenommen hat.
Wie hoch müsste demnach die Sonnenblume 8 Wochen nach Beginn der Beobachtung sein?

Die Sonnenblume ist nach 8 Wochen tatsächlich nur 1,20 m hoch. Die Höhe wird deshalb für $t \geqslant 5$ modellhaft beschrieben durch die Funktion h_2 mit $h_2(t) = a - b \cdot e^{-0{,}5 \cdot t}$.

Bestimmen Sie a und b aus den beobachteten Höhen nach 5 und 8 Wochen.
Welche Höhe wird langfristig erwartet?
Zeigen Sie, dass h_2 die Differentialgleichung des beschränkten Wachstums löst.
Welchen Nachteil hat Modell h_1 gegenüber Modell h_2?

10 Sonnenschein ☐

Tipps ab Seite 39, Lösungen ab Seite 74

a) Gegeben ist für $t \in \mathbb{R}, t > 0$ die Funktion f_t durch

$$f_t(x) = tx \cdot e^{-\frac{1}{t}x}; x \in \mathbb{R}.$$

Ihr Schaubild sei K_t.

Skizzieren Sie zwei verschiedene Schaubilder und bestimmen Sie die gemeinsamen Eigenschaften der Kurven der Schar.
Auf welcher Kurve liegen die Wendepunkte aller Kurven der Schar?
Für welchen Wert von t liegt der Wendepunkt auf der 1. Winkelhalbierenden?

b) In Freiburg im Breisgau, der wärmsten Stadt in Deutschland, scheint die Sonne im März ca. 100 Stunden, zwei Monate später sind es ca. 200 Stunden.
Die Sonnenscheindauer eines Monats soll in Abhängigkeit von der Zeit t (t in Monaten, $t = 0$ im April) modellhaft durch eine Funktion S mit

$$S(t) = a + b \cdot \sin\left(\frac{\pi}{6}t\right); a, b \in \mathbb{R}$$

($S(t)$ in Stunden) beschrieben werden.
Bestimmen Sie die Koeffizienten a und b für obige Daten.
Welche Sonnenscheindauer ergibt sich aus dem Modell für den Monat Oktober?
Wie hoch ist die prozentuale Abweichung vom Modell zur Wirklichkeit, wenn im Oktober die Sonne tatsächlich 156 Stunden scheint?
Geben Sie den Wertebereich der Sonnenscheindauer an.
In welchem Zeitraum des Jahres scheint die Sonne mehr als 235 Stunden pro Monat?
Berechnen Sie die durchschnittliche Sonnenscheindauer von Oktober bis März.
In welchen Monaten ändert sich die Sonnenscheindauer am raschesten?

11 Fische ☐

Tipps ab Seite 40, Lösungen ab Seite 76

a) Ein Teich bietet Platz für maximal 7000 Fische. In einem Modell soll angenommen werden, dass die Änderungsrate des Fischbestands proportional zur Anzahl der noch Platz findenden Fische ist. Anfangs befinden sich 4000 Fische im Teich. Nach einem Monat sind 4400 Fische vorhanden.
Geben Sie eine zugehörige Differentialgleichung an.
Bestimmen Sie eine Funktion, welche diesen Fischbestand in Abhängigkeit von der Zeit beschreibt.
Nach wie vielen Monaten sind 5000 Fische in dem Teich vorhanden?
Wie viele Fische müssten sich am Anfang im Teich befinden, damit bei unveränderten Wachstumsbedingungen erst nach fünf Monaten 5000 Fische vorhanden sind?

b) Für jedes $t > 0$ ist eine Funktion f_t gegeben durch

$$f_t(x) = t \cdot \cos x; \quad -\frac{\pi}{2} \leqslant x \leqslant \frac{\pi}{2}.$$

Das Schaubild der Funktion f_t schließt mit der x-Achse eine Fläche ein.
Bei Rotation dieser Fläche um die x-Achse entsteht ein Drehkörper.
Berechnen Sie dessen Volumen in Abhängigkeit von t.
Berechnen Sie t so, dass die 1. Winkelhalbierende das Schaubild von f_t rechtwinklig schneidet.

Geometrie

12 Turm

☐

Tipps ab Seite 42, Lösungen ab Seite 78

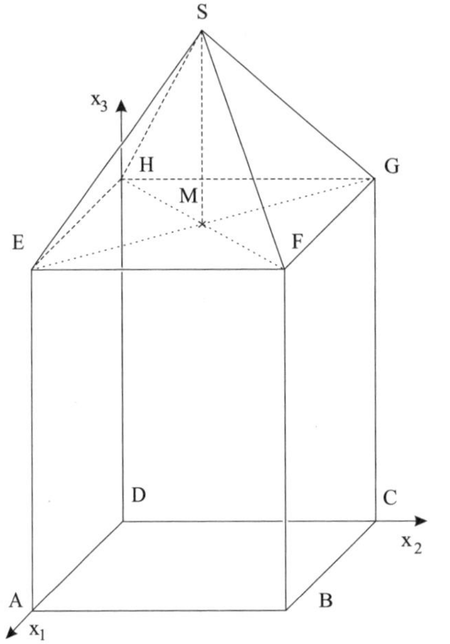

Ein Turm hat die Form einer senkrechten quadratischen Säule, der eine senkrechte Pyramide aufgesetzt ist (siehe Skizze). Die Gesamthöhe des Turms beträgt 24 m, die horizontalen Kanten sind 8 m, die vertikalen Kanten sind 18 m lang. Der Punkt D liegt im Ursprung eines kartesischen Koordinatensystems mit der Längeneinheit 1 m.

a) Geben Sie die Koordinaten aller Punkte an und berechnen Sie den Neigungswinkel des Daches (Winkel zwischen Pyramidengrundfläche und Seitenfläche) sowie die Größe der Dachfläche.

b) Im Punkt $P(18 \mid 4 \mid 0)$ steht ein 8 m hoher Fahnenmast.
Berechnen Sie die Länge des Schattens auf Boden und Turmwand, wenn das einfallende Sonnenlicht die Richtung $\begin{pmatrix} -10 \\ 1 \\ -2 \end{pmatrix}$ hat.

c) Ein Kind mit Augenhöhe 1 m läuft vom Punkt B aus in Richtung $\overrightarrow{DB}$ vom Turm weg.
In welcher Entfernung von der Turmkante BF kann das Kind die Turmspitze S erstmals sehen?

13 Solarzellen □

Tipps ab Seite 42, Lösungen ab Seite 81

a) Durch die Punkte $A(0\,|\,0\,|\,0)$, $B(10\,|\,0\,|\,0)$, $C(10\,|\,6\,|\,0)$, $D(0\,|\,8\,|\,0)$, $E(0\,|\,0\,|\,10)$, $F(10\,|\,0\,|\,11)$, $G(10\,|\,6\,|\,8)$ und $H(0\,|\,8\,|\,6)$ sind die Eckpunkte einer Hütte mit Pultdach gegeben ($1\,\text{LE} = 1\,\text{m}$).
Zeichnen Sie ein Schrägbild der Hütte in ein geeignetes Koordinatensystem.

Zeigen Sie, dass die Eckpunkte der Dachfläche EFGH in einer Ebene liegen.

b) Zum Anbringen von Solarzellen sollte die Dachneigung bezüglich der x_1x_2-Ebene mindestens $25°$ betragen. Prüfen Sie, ob dieser Wert eingehalten wird und berechnen Sie die mögliche Solarzellenfläche, wenn 80 % der Dachfläche mit Solarzellen bestückt werden.

c) Für $a > 0$ verläuft vom Punkt $P(20\,|\,10\,|\,a)$ zum Punkt $Q(-5\,|\,5\,|\,a)$ eine geradlinige Stromleitung.
Bestimmen Sie a so, dass die Stromleitung von der Dachfläche einen Abstand von mindestens 5 m hat.

14 Oktaeder ☐

Tipps ab Seite 43, Lösungen ab Seite 84

Gegeben sind die Punkte A $(1 \mid 5 \mid 2)$, B $(1 \mid -1 \mid 8)$, F $(7 \mid -1 \mid 2)$ und G $(3 \mid 7 \mid 10)$. Der Punkt M ist der Mittelpunkt der Strecke FG, die Ebene E ist Symmetrieebene der Punkte F und G.

a) Bestimmen Sie die Koordinaten der Punkte C und D so, dass das Viereck ABCD ein Quadrat mit Mittelpunkt M ist, und zeigen Sie, dass das Quadrat in der Ebene E liegt.

b) Berechnen Sie das Volumen sowie die Oberfläche des Oktaeders ABCDFG.
Prüfen Sie, ob vom Punkt D aus ein Lot auf die Kante BF gefällt werden kann.

c) Für $t \in \mathbb{R}$ ist eine Ebenenschar E_t gegeben durch
$E_t: \ -2tx_1 + (2t-1)x_3 = 2t-1.$

Für welchen Wert von t ist E_t orthogonal zu E?
Welche Ebenen der Schar haben vom Punkt F den Abstand 5 LE?

15 Ebenenschar

Tipps ab Seite 43, Lösungen ab Seite 88

Für jedes $a \in \mathbb{R}$ ist eine Ebenenschar E_a gegeben durch $E_a:\ ax_1 + (8-a)x_2 + 8x_3 - 4 = 0$.

Die Gerade g hat die Gleichung $g:\ \vec{x} = \begin{pmatrix} 1 \\ 1 \\ 3 \end{pmatrix} + t \cdot \begin{pmatrix} 1 \\ 1 \\ 2 \end{pmatrix};\ t \in \mathbb{R}$.

a) Bestimmen Sie a so, dass g orthogonal zu E_a ist.
Zeigen Sie, dass g für keinen Wert von a in E_a enthalten ist.

b) Für welchen Wert von a ist der Winkel zwischen g und E_a $30°$?
Welche Beziehung besteht zwischen a und a^*, wenn E_a und E_{a^*} orthogonal zueinander sind?

c) Für welche Werte von a beträgt der Abstand des Ursprungs zu E_a $\frac{1}{8}\sqrt{8}$ LE?
Welche Ebene der Schar hat vom Ursprung den maximalen Abstand?

16 Pyramide ☐

Tipps ab Seite 43, Lösungen ab Seite 90

Das Quadrat ABCD mit A $(2 \mid 3 \mid 4)$, B $(6 \mid 1 \mid 0)$ und C $(4 \mid 5 \mid -4)$ liegt in der Ebene E und ist Grundfläche einer senkrechten Pyramide mit der Höhe $h = 9$ LE und der Spitze S $(s_1 \mid s_2 \mid s_3)$ mit $s_1, s_2, s_3 > 0$. M ist der Mittelpunkt dieses Quadrats.

a) Bestimmen Sie die Koordinaten der Punkte D, M und S sowie das Volumen der Pyramide. Welchen Winkel schließt die Ebene E mit der Kante AS ein?

b) Berechnen Sie die Koordinaten des Punktes M_1, der von allen fünf Pyramidenecken gleich weit entfernt ist. Wie groß ist diese Entfernung?
Welcher Punkt M_2 im Inneren der Pyramide hat von allen fünf Pyramidenflächen den gleichen Abstand?

c) Für jedes $d \in \mathbb{R}$ ist die Ebene E_d gegeben durch $E_d: 2x_1 + 2x_2 + x_3 - d = 0$. Für welche Werte von d hat E_d mit der Pyramide keine gemeinsamen Punkte?

17 Wintergarten □

Tipps ab Seite 44, Lösungen ab Seite 93

Die rechteckige Terrasse eines Hauses soll zu einem verglasten Wintergarten mit Pultdach umgebaut werden. Die Seitenflächen ADHE und CGHD liegen an der Außenmauer des Hauses (dessen Grundriß L-förmig ist).

Gegeben sind $B(5\,|\,3{,}5\,|\,0)$, $E(5\,|\,0\,|\,2)$ und $H(0\,|\,0\,|\,3)$. (Angaben in Metern).

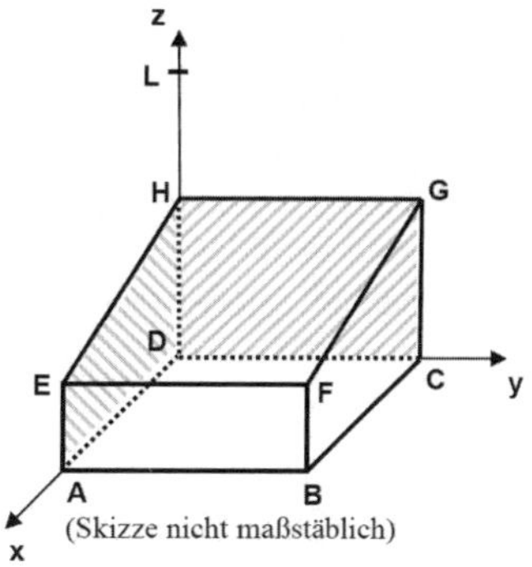

(Skizze nicht maßstäblich)

a) Bestimmen Sie die Koordinaten der Eckpunkte A, C, F und G.
Berechnen Sie den Flächeninhalt der zu verglasenden Außenfläche.
Ermitteln Sie den Rauminhalt des prismenförmigen Wintergartens.

b) Ermitteln Sie eine Koordinatengleichung für die Ebene E_1, in der die Dachfläche liegt. (mögliches Ergebnis: $x_1 + 5x_3 = 15$).
Damit das Regenwasser vom Dach abfließen kann, wird ein Neigungswinkel von mindestens 10° empfohlen. Untersuchen Sie, ob die Empfehlung eingehalten wird.

An der Hauswand befindet sich im Punkt L eine Lampe, die 6 m vertikal über dem Punkt D liegt. Der Wintergarten wirft im Licht der Lampe einen Schatten auf den ebenen Garten.

c) Im Garten befindet sich ein quadratischer Sandkasten mit den Eckpunkten $P(9\,|\,1\,|\,0)$, $Q(9\,|\,3\,|\,0)$, $R(7\,|\,3\,|\,0)$ und $S(7\,|\,1\,|\,0)$. Untersuchen Sie, ob der Sandkasten vollständig oder nur teilweise im direkten Lampenlicht liegt.

18 Haus am Hang

☐

Tipps ab Seite 44, Lösungen ab Seite 97

Ein Haus hat die Form eines Quaders mit aufgesetztem Dreikantprisma. Es ist in einen ebenen Hang hineingebaut (siehe Abbildung 1). Die Punkte A, B, C und D liegen auf diesem Hang. Die Maße des Hauses sind durch die Koordinaten folgender Punkte (Einheit 1 m) gegeben:

$$A(8\mid 0\mid -2),\ B(8\mid 8\mid -2),\ D(0\mid 0\mid 0),\ H(0\mid 0\mid 4),\ K(8\mid 4\mid 8)$$

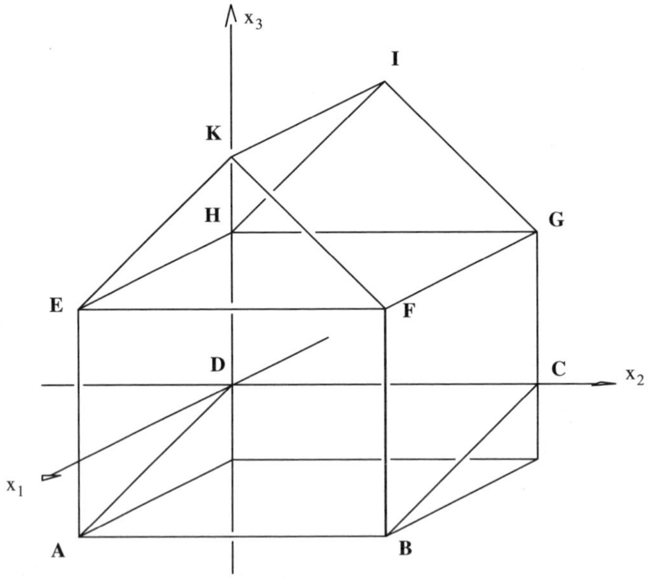

Im Punkt $L(4\mid -8\mid -1)$ steht ein 26 m hoher Mast.

Durch den Vektor $\vec{v} = \begin{pmatrix} -1 \\ 3 \\ -3 \end{pmatrix}$ ist die Richtung der Sonnenstrahlen festgelegt.

a) Bestimmen Sie eine Koordinatengleichung der Hangebene.
Berechnen Sie den Winkel, unter dem die Lichtstrahlen den Hang treffen.

b) Ermitteln Sie denjenigen Punkt auf der Dachfläche (EHIK), der der Spitze des Mastes am nächsten liegt.

c) Bestimmen Sie den Schattenpunkt S' der Mastspitze auf der Hangebene.
Berechnen Sie den Abstand des Punktes S' von der Hausecke C.
Entscheiden Sie, ob dies die kürzeste Entfernung von S' zur Hauswand (DCGH) ist.

Stochastik

19 Baumdiagramme und Pfadregeln ☐

Tipps ab Seite 46, Lösungen ab Seite 101

a) Eine Urne enthält n blaue und 6 rote Kugeln.

I) Es werden 2 Kugeln mit Zurücklegen gezogen. Wie viele blaue Kugeln müssen sich in der Urne befinden, damit die Wahrscheinlichkeit, höchstens eine blaue Kugel zu ziehen, 0,64 beträgt?

II) Es werden 3 Kugeln mit Zurücklegen gezogen. Bestimmen Sie die Anzahl der blauen Kugeln, wenn die Wahrscheinlichkeit, mindestens eine blaue Kugel zu ziehen, $\frac{19}{27}$ betragen soll.

b) Ein Glücksrad besteht aus vier Kreissektoren, die mit den Zahlen 1, 2, 3 und 4 versehen sind.
Die Mittelpunktswinkel der verschiedenen Sektoren haben die Weiten 30°, 60°, 90° und 180° (siehe Abbildung).
Nach jeder Drehung gilt diejenige Zahl als gezogen, auf deren Kreissektor der feststehende Pfeil zeigt.

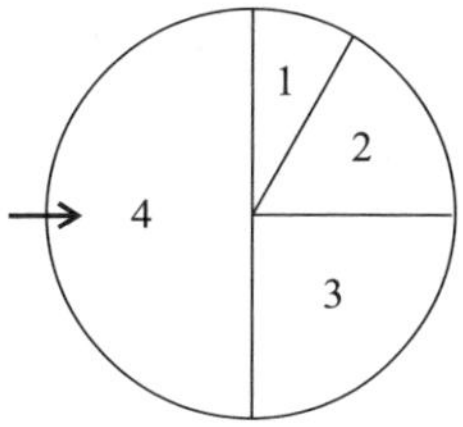

I) Wie oft müsste man das Glücksrad drehen, damit mit einer Wahrscheinlichkeit von etwa 97 % mindestens einmal die Zahl 4 gezogen wird?

II) Wie groß müsste der zur Zahl 1 gehörende Mittelpunktswinkel sein, damit bei dreimaligem Drehen mit 99,9 %-iger Wahrscheinlichkeit höchstens zweimal die Zahl 1 gezogen wird?

c) In einer Urne sind 4 weiße und eine unbekannte Anzahl roter Kugeln.

I) Es werden 2 Kugeln ohne Zurücklegen gezogen. Wie viele rote Kugeln waren vorhanden, wenn die Wahrscheinlichkeit, dass beide Kugeln weiß sind, $\frac{1}{6}$ beträgt?

II) Es werden 3 Kugeln ohne Zurücklegen gezogen. Wie viele rote Kugeln waren vorhanden, wenn die Wahrscheinlichkeit, dass mindestens eine Kugel weiß ist, $\frac{17}{28}$ beträgt?

d) In einem Gefäß sind 6 rote und n blaue Kugeln. Es werden 3 Kugeln ohne Zurücklegen gezogen.

I) Wie viele blaue Kugeln waren vorhanden, wenn die Wahrscheinlichkeit, dass mindestens eine Kugel rot ist, $\frac{11}{14}$ beträgt?

II) Für welche Werte von n beträgt die Wahrscheinlichkeit, dass mindestens zwei Kugeln blau sind, wenigstens 90%?

e) Eine Urne enthält sechs rote und eine blaue Kugel. Für ein Glücksspiel wird folgende Regel vereinbart:
Es wird genau eine Kugel gezogen. Ist die gezogene Kugel blau, so wird sie in die Urne zurückgelegt. Ist sie dagegen rot, so wird sie beiseite gelegt und in der Urne durch eine blaue ersetzt.

I) Das Glücksspiel wird dreimal durchgeführt und jeweils die Farbe der gezogenen Kugel festgestellt.
Berechnen Sie die Wahrscheinlichkeit, dass mindestens eine der Kugeln blau ist.

II) Ein Glücksspieler behauptet, dass man mindestens zwei Ziehungen durchführen muss, um mit einer Wahrscheinlichkeit von 99% mindestens eine rote Kugel zu ziehen. Hat er Recht?

20 Binomialverteilung □

Tipps ab Seite 47, Lösungen ab Seite 106

Im Folgenden bezeichnet n die Anzahl der Versuche, p die Trefferwahrscheinlichkeit bei einer Bernoullikette und k die Anzahl der Treffer.

TI: TI-83, TI-84 und TInspire

Die Verteilungsfunktionen werden mit ^{2nd} [DISTR] aufgerufen, die Eingabereihenfolge ist unbedingt zu beachten. Die Befehle für die Summenfunktion und die kumulierte Summenfunktion können direkt eingegeben werden; die Reihenfolge der Eingabeparameter ist: «Anzahl der Versuche, Treffer-Wahrscheinlichkeit, Anzahl der Treffer»:

Für die Summenfunktion $P(X = k)$ gilt:

binompdf (n, p, k)

Für die kumulierte Summenfunktion $P(X \leqslant k) = F_{n;p}(k)$ gilt:

binomcdf (n, p, k)

Beim TInspire kann die Wahrscheinlichkeit zwischen zwei Werten direkt berechnet werden:

binomcdf (n, p, k_1, k_2)

Casio: Bei Grafikrechnern können die Verteilungsfunktionen mit [OPTN] → STAT → DIST aufgerufen werden; die Reihenfolge der Eingabeparameter ist: «Anzahl der Treffer, Anzahl der Versuche, Treffer-Wahrscheinlichkeit»:

Für die Summenfunktion $P(X = k)$ gilt:

BinomialPD (k, n, p)

Für die kumulierte Summenfunktion $P(X \leqslant k) = F_{n;p}(k)$ gilt:

BinomialCD (k, n, p)

Beim ClassPad kann die Summenfunktion aus der Befehlsliste ausgewählt werden:

Für die Summenfunktion $P(X = k)$ gilt:

BinomialPDf (k, n, p)

Für die kumulierte Summenfunktion $P(X \leqslant k) = F_{n;p}(k)$ gilt:

BinomialCDf (k, n, p)

Casio-Geräte verfügen noch über die Möglichkeit, mithilfe der Funktion InvBinomialCD, die Unkehrung der kumulierten Binomialverteilung aufzurufen. Für die Verwendung gilt (bei Irrtumswahrscheinlichkeit α und B (n, p) verteilter Testvariable):

- Für linksseitige Tests: InvBinomialCD (α, n, p) − 1
- Die Eingabe erfolgt nach dem Schema InvBinomialCD(α, n, p), d.h. die Reihenfolge der Eingabeparameter ist: «Irrtumswahrscheinlichkeit, Anzahl der Versuche, Treffer-Wahrscheinlichkeit»

a) Ein idealer Würfel wird 50-mal geworfen.

I) Bestimmen Sie die Wahrscheinlichkeit für folgende Ereignisse:
A: Man wirft mindestens 10 «Sechsen»
B: Man wirft mehr als 3 und weniger als 14 «Sechsen»

II) Wie oft muss man werfen, um mit einer Wahrscheinlichkeit von mindestens 99% wenigstens 10 «Sechsen» zu erhalten?

b) Ein Fernsehsender strahlt mehrmals am Tag Nachrichtensendungen aus. Der Anteil derjenigen Personen in der Bevölkerung, die diese Sendungen kennen, sei p.

I) Es sei $p = 0,25$. Ein Reporter des Senders befragt Personen auf der Straße, ob ihnen die Sendungen bekannt sind oder nicht. Bestimmen Sie die Wahrscheinlichkeit dafür, dass von 20 befragten Personen
A: genau 14 die Sendungen nicht kennen,
B: höchstens 10 Personen die Sendungen bekannt sind.

II) Wie groß müsste p mindestens sein, wenn die Wahrscheinlichkeit, dass von 100 Personen mindestens 10 Personen die Sendung kennen, höher als 90% sein soll?

c) Äpfel können durch zu langes Lagern matschig werden. Diese Eigenschaft ist äußerlich nicht zu erkennen.
Eine Apfelsorte enthält nach der Lagerzeit von einem Monat etwa 20% matschige Früchte.

I) Bestimmen Sie für Äpfel dieser Sorte mit einer entsprechenden Lagerzeit die Wahrscheinlichkeit folgender Ereignisse:
A: Unter 7 Äpfeln befinden sich genau 2 matschige,
B: Unter 20 Äpfeln befinden sich mindestens 2 matschige,
C: Unter 100 Äpfeln befinden sich mindestens 15, aber höchstens 25 matschige.

II) Wie groß dürfte der Anteil matschiger Äpfel höchstens sein, wenn die Wahrscheinlichkeit, dass sich unter 50 Äpfeln höchstens 5 matschige befinden, mindestens 90% betragen soll?

d) Für eine Busfahrt wird ein doppelstöckiger Reisebus mit 90 Sitzplätzen verwendet. Erfahrungsgemäß treten 6% der erwarteten Passagiere, die schon ein Ticket gebucht haben, eine Busfahrt nicht an.

I) Mit welcher Wahrscheinlichkeit sind mehr als 85 Sitzplätze belegt, wenn 90 Tickets verkauft wurden?

II) Ein Reisebüro verkauft mehr Tickets als es Plätze in diesem Bus gibt.
Berechnen Sie, wie viele Tickets das Reisebüro höchstens verkaufen darf, wenn die Wahrscheinlichkeit, dass mehr als 90 Passagiere an der Busfahrt teilnehmen wollen, weniger als 10% betragen soll.

e) Ein Autohersteller bezieht von einem Lieferanten ein bestimmtes Bauteil. Erfahrungsgemäß sind 10% der gelieferten Bauteile defekt.

I) Mit welcher Wahrscheinlichkeit sind von 300 Bauteilen mindestens 270 einwandfrei?
Wie groß muss die Wahhrscheinlichkeit für ein einwandfreies Bauteil mindestens sein, damit von 150 Bauteilen mit mindestens 95%-iger Sicherheit höchstens 4 defekt sind?

II) Die Bauteile, die zu 10% defekt sind, werden in Paletten zu je fünf Bauteilen geliefert. Ab welcher Anzahl Paletten muss mit einer Wahrscheinlichkeit von mehr als 80% damit gerechnet werden, dass bei mindestens drei Paletten mindestens ein Bauteil defekt ist?

f) Zur Premiere eines Films bringt eine Schokoladenfirma Überraschungseier mit Filmfiguren auf den Markt. Die Firma wirbt damit, dass sich in jedem 5. Überraschungsei eine Filmfigur befindet.

I) Für einen Kindergeburtstag werden 20 Überraschungseier gekauft, wobei man davon ausgehen kann, dass die Verteilung der Figuren zufällig ist.
Erklären Sie, welche Bedeutung in diesem Zusammenhang die folgende Rechnung hat:

$$\binom{20}{2} \cdot \left(\frac{1}{5}\right)^2 \cdot \left(\frac{4}{5}\right)^{18} \approx 0,137$$

Berechnen Sie die Wahrscheinlichkeiten P(A) und P(B) der folgenden Ereignisse:
A: In keinem Ei ist eine Figur aus dem Film.
B: Es befinden sich in höchstens 2 Eiern Figuren aus dem Film.

II) Ein Käufer möchte unbedingt eine Filmfigur bekommen. Berechnen Sie, wieviele Überraschungseier er mindestens kaufen muss, um mit 99,9-%iger Sicherheit mindestens ein Überraschungsei mit einer Filmfigur zu erhalten.

21 Erwartungswert ☐

Tipps ab Seite 48, Lösungen ab Seite 111

a) Für ein Glücksspiel werden die folgenden Urnen benutzt:

Ein Zufallsexperiment besteht darin, zunächst eine Kugel aus Urne A und danach eine weitere aus Urne B zu ziehen.
Der Spieler zahlt bei einem Glücksspiel 2 € pro Spiel als Einsatz an die Bank. Hat die aus B gezogene Kugel die Nummer 0, so wird nichts ausbezahlt. Hat die aus B gezogene Kugel die Nummer 1, so muss der Spieler weitere 2 € an die Bank bezahlen. Hat die aus B gezogene Kugel die Nummer 2, so bekommt der Spieler den Betrag der Differenz der Nummern der beiden gezogenen Kugeln in € von der Bank ausbezahlt.
Die Zufallsgröße X soll den «Gewinn» (Auszahlung minus Einsatz) in € angeben.
Bestimmen Sie den Erwartungswert dieser Zufallsgröße X und interpretieren Sie das erhaltene Ergebnis.

b) Herr Schmitt betreut auf einem Sommerfest einen Stand, an dem Kugeln aus einer Urne gezogen werden können. Diese Urne enthält ausschließlich Kugeln mit den Aufschriften $+2$, $+5$ und -7. Eine Kugel mit der Aufschrift $+2$ wird ebenso wie eine Kugel mit der Aufschrift $+5$ mit der Wahrscheinlichkeit von $\frac{3}{10}$ gezogen.
Für ein Spiel gelten folgende Regeln: Man zieht zweimal nacheinander eine Kugel mit Zurücklegen und notiert jeweils ihre Zahl; anschließend werden die beiden Zahlen addiert, wobei die Vorzeichen beachtet werden. Ist ihre Summe S positiv, werden dem Spieler S Euro ausbezahlt; der Spieler hat also gewonnen. Ist die Summe S negativ, hat der Spieler verloren und muss diesen Betrag an Herrn Schmitt bezahlen.

I) Bestimmen Sie die Wahrscheinlichkeit, mit der ein Spieler bei einem Spiel gewinnt und die Wahrscheinlichkeit, mit der er bei fünf Spielen genau dreimal gewinnt.

II) Bestimmen Sie die Anzahl von Spielen, die stattfinden müssen, damit Herr Schmitt mit Einnahmen von mindestens 1000 Euro rechnen kann.

c) Mit zwei Urnen und einem Glücksrad wird ein Glücksspiel durchgeführt. Die beiden Urnen U_1 und U_2 haben folgende Inhalte:

U_1 enthält 4 rote, 1 blaue und 5 weiße Kugeln,

U_2 enthält 1 rote und 9 weiße Kugeln.

Die Zahlen des Glücksrads treten mit folgenden Wahrscheinlichkeiten auf:

1	2	3	4	5	6
0,2	0,05	0,35	0,1	0,2	0,1

Das Glücksspiel hat folgende Regeln:

Das Glücksrad wird einmal gedreht.

Erscheint eine gerade Zahl, so wird zweimal mit Zurücklegen aus U_2 gezogen, erscheint eine ungerade Zahl, so wird zweimal mit Zurücklegen aus U_1 gezogen.

Zieht ein Spieler dabei zwei weiße Kugeln oder keine weiße Kugel, so erhält er 1 Euro, sonst zahlt er 1,50 Euro.

Prüfen Sie, ob das Spiel fair ist.

22 Hypothesentests

☐

Tipps ab Seite 49, Lösungen ab Seite 116

Beim Testen geht es darum, anhand vorliegender Daten eine *begründete* Entscheidung für oder gegen die Gültigkeit einer (Null-)Hypothese zu treffen. Die *«Nullhypothese»* H_0: $p \leqslant ...$, H_0: $p = ...$ oder H_0: $p \geqslant ...$ bezieht sich normalerweise auf den «status quo»; wird sie abgelehnt, so wird die sogenannte *«Alternativhypothese»* H_1 angenommen. Da die Daten hierbei immer in Form von Realisationen von Zufallsvariablen vorliegen, lässt sich niemals mit absoluter Wahrscheinlichkeit sagen, dass die Entscheidung richtig ist. Um die Wahrscheinlichkeit einer Fehlentscheidung zu kontrollieren und möglichst gering zu halten, orientiert man sich am sogenannten *«Signifikanzniveau»* bzw. der *«Irrtumswahrscheinlichkeit»* α. Standardmäßig wählt man $\alpha = 5\,\%$; es kann manchmal aber auch $\alpha = 2\,\%$ oder sogar $\alpha = 1\,\%$ gewählt werden.
Diejenigen Daten, welche zur Annahme der Nullhypothese führen, werden als Annahmebereich A bezeichnet; das Komplement dazu, der Ablehnungsbereich, mit $\overline{A}$.
Ein *Fehler 1. Art* liegt vor, wenn die Nullyhypothese fälschlicherweise abgelehnt wird: die Nullhypothese wird verworfen, obwohl sie wahr ist.
Die Wahrscheinlichkeit für einen Fehler 1. Art wird als *Signifikanzniveau* oder *Irrtumswahrscheinlichkeit* bezeichnet und soll normalerweise höchstens 5 % betragen. Damit kann in vielen Aufgaben der Ablehnungsbereich $\overline{A}$ bestimmt werden. Es gilt: $P(\overline{A}) \leqslant \alpha$.
Man unterscheidet beim Hypothesentest folgende Typen:
Bei einem *rechtsseitigen Hypothesentest* mit der Alternativhypothese H_1: $p > ...$ besteht der Ablehnungsbereich aus Werten, die größer sind als die zum Annahmebereich gehörigen. Also ist ein minimales $k \in \mathbb{N}$ und damit ein Ablehnungsbereich $\overline{A} = \{k, ..., n\}$ der Nullhypothese so zu bestimmen, dass gilt: $P(\overline{A}) \leqslant \alpha$.
Beim *linksseitigen Hypothesentest* mit der Alternativhypothese H_1: $p < ...$ ist das Gegenteil der Fall: Die Werte des Ablehnungsbereichs sind kleiner als die zum Annahmebereich gehörigen. Also ist ein maximales $k \in \mathbb{N}$ und damit ein Ablehnungsbereich $\overline{A} = \{0, ..., k\}$ der Nullhypothese so zu bestimmen, dass gilt: $P(\overline{A}) \leqslant \alpha$.

a) Ein Chiphersteller garantiert, dass der Anteil an Ausschuss höchstens 4 % beträgt. Ein Käufer findet unter 100 Chips 9 defekte Chips. Kann man hieraus mit einer Irrtumswahrscheinlichkeit von 5 % schließen, dass der Anteil an Ausschuss größer als 4 % ist?

b) Ein Großhändler garantiert einem Kunden, dass höchstens 4 % der gelieferten Glühbirnen defekt sind. Der Kunde nimmt eine Stichprobe von 50 Birnen. Er schickt die Lieferung zurück, wenn mehr als 4 Birnen defekt sind.

I) Wie groß ist die Wahrscheinlichkeit, dass er die Lieferung irrtümlich ablehnt?

II) Wie muss man den Ablehnungsbereich wählen, wenn die Irrtumswahrscheinlichkeit 2 % betragen soll?

c) Eine Firma, welche Handys in Massenproduktion herstellt, garantiert, dass bei einer Lieferung höchstens 3 % der Handys fehlerhaft sind.
Der Großhändler macht eine Stichprobe mit 30 Handys und findet 3 fehlerhafte.
Kann er hieraus mit einer Irrtumswahrscheinlichkeit von $\alpha = 2\,\%$ schließen, dass die Firma eine falsche Angabe gemacht hat?

d) Bei der Massenproduktion von Gläsern mit breitem, massivem Fuß beträgt der durch Einschluss von Luftblasen im Fuß bedingte Ausschussanteil erfahrungsgemäß 7%. Durch ein neues Produktionsverfahren soll der Ausschussanteil gesenkt werden.
Bei einer Qualitätskontrolle werden 150 Gläser getestet. Es werden 7 Gläser mit Luftblasen gefunden.
Kann man hieraus mit einer Irrtumswahrscheinlichkeit von höchstens 10% annehmen, dass das neue Produktionsverfahren den Ausschussanteil verringert hat?

e) Eine Erhebung über einen längeren Zeitraum hat ergeben, dass 15 % der Besucher einen Baumarkt verlassen, ohne einen Einkauf getätigt zu haben. Die Firmenleitung erweitert aus diesem Grund das Angebot. Sie vermutet, dass sich der Anteil der Baumarktbesucher, die nichts kaufen, verringert hat. Zur Erfolgskontrolle wird das Einkaufsverhalten von 100 zufällig ausgewählten Besuchern erfasst.

I) Berechnen Sie die Wahrscheinlichkeit dafür, dass weniger als 12 der erfassten Besucher ohne Einkauf aus dem Baumarkt gehen, vorausgesetzt, dass sich das Einkaufsverhalten nicht geändert hat.

II) Die Vermutung der Firmenleitung soll mit einer Irrtumswahrscheinlichkeit von 5 % getestet werden.
Entwickeln Sie einen geeigneten Hypothesentest und geben Sie die Entscheidungsregel an.

f) Die Firma Reinlich & Sohn möchte den Bekanntheitsgrad p ihres Waschmittels Reinil ermitteln. Eine erste Befragung deutet auf einen Bekanntheitsgrad von $p = 0{,}4$ hin.
Die Firma erwägt, für ihr Produkt im Fernsehen zu werben. Wegen der hohen Kosten soll mittels einer Befragung von 800 Personen die Notwendigkeit der Werbemaßnahme überprüft werden. Herr Reinlich Senior und Herr Reinlich Junior sind sich einig, dass die Werbemaßnahme nur dann durchgeführt werden soll, wenn der Bekanntheitsgrad des Wasch-

mittels unter 40% liegt. Keine Einigkeit erreichen die beiden bei der Wahl der Nullhypothese.

I) Herr Reinlich Junior möchte die Nullhypothese H_0: $p < 0{,}4$ überprüfen.
Beschreiben Sie, welche Fehlentscheidung er damit möglichst vermeiden möchte. Ermitteln Sie eine Entscheidungsregel für den Fall, dass die Wahrscheinlichkeit für eine Fehlentscheidung höchstens 5 % betragen soll.

II) Herr Reinlich Senior möchte lieber die Hypothese H_0: $p \geqslant 0{,}4$ überprüfen. Er will die Hypothese H_0 verwerfen, falls höchstens 290 befragten Personen das Produkt bekannt ist.
Beschreiben Sie, welche Fehlentscheidung der Senior-Chef nach Möglichkeit vermeiden möchte und berechnen Sie die zugehörige Irrtumswahrscheinlichkeit.

Tipps – Analysis

1 Tunnel

a) Verwenden Sie als als Ansatz für die Parabelgleichung $f(x) = ax^2 + bx + c$ mit $f'(x) = 2ax + b$.
Bestimmen Sie anhand des Graphen den Schnittpunkt mit der y-Achse und den Hochpunkt, stellen Sie drei Bedingungen auf und lösen Sie das zugehörige lineare Gleichungssystem.
Bestimmen Sie die Nullstellen des Graphen mit Hilfe des GTR/CAS und berechnen Sie den Flächeninhalt Q der Querschnittsfläche mit Hilfe eines Integrals. Multiplizieren Sie das Ergebnis mit der Länge l des Tunnels, so erhalten Sie das Volumen V des Tunnels.
Leiten Sie $f(x)$ ab und wenden Sie die gegebene Formel an; benutzen Sie den GTR/CAS.
Den Flächeninhalt A der inneren Wandfläche des Tunnels erhalten Sie, indem Sie die Länge s des Parabelbogens mit der Tunnellänge l multiplizieren; beachten Sie, dass die Wandfläche doppelt doppelt gestrichen wird und dass ein Liter Farbe für fünf Quadratmeter Wandfläche ausreicht.

b) Bestimmen Sie die Nullstellen von f_a durch auflösen der Gleichung $f_a(x) = 0$ nach x.
Den Flächeninhalt A der Fläche, die der Graph von f_a mit der x-Achse zwischen zwei benachbarten Nullstellen einschließt, erhalten Sie mit Hilfe eines Integrals. Lösen Sie die Gleichung A $= 10$ nach a auf; beachten Sie, dass $a > 0$ gilt.

2 Windkraftanlage

a) Setzen Sie $-x$ in $f(x)$ ein; falls $f(-x) = f(x)$ ist das Schaubild von f achsensymmetrisch zur y-Achse. Die Nullstellen von f erhalten Sie durch Lösen der Gleichung $f(x) = 0$ mit Hilfe des GTR/CAS. Zum Skizzieren des Schaubilds von f müssen Sie den Zeichenbereich entsprechend einstellen.

b) Den Winkel α, den die Blätter mit der Rotorachse einschließen, erhalten Sie, indem Sie zuerst die Steigung m in einer Nullstelle mit Hilfe der 1. Ableitung von f bestimmen; setzen Sie hierzu den x-Wert in $f'(x)$ ein; verwenden Sie $\tan\alpha = m$.
Überlegen Sie, welchen Radius r der Kreis hat, auf welchem sich der Punkt P bewegt. Den Umfang eines Kreises erhalten Sie mit Hilfe der Formel U $= 2 \cdot \pi \cdot r$. Bestimmen Sie die Anzahl der Umdrehungen pro Stunde und den zurückgelegten Weg s. Die Geschwindigkeit erhalten Sie durch $v = \frac{s}{t}$, wobei t die Zeitdauer ist.
Die Wirkfläche W ist doppelt so groß wie der Flächeninhalt A der Fläche zwischen dem Schaubild von f und der x-Achse.
Den Flächeninhalt A erhalten Sie mit Hilfe eines Integrals; verwenden Sie den GTR/CAS.
Multiplizieren Sie die berechnete Wirkfläche W mit der Leistung pro Quadratmeter.

c) Die Wirkfläche W* der Rotoren ist doppelt so groß wie der Flächeninhalt A* der Fläche zwischen dem Graphen von g und der x-Achse. Den Flächeninhalt A* erhalten Sie wiederum mit Hilfe eines Integrals. Die prozentuale Abweichung von W* zu W erhalten Sie,

indem Sie die Differenz von W^* und W durch W teilen und mit 100% multiplizieren.
Zur Bestimmung von Wendepunkten verwenden Sie die 2. Ableitung von g, die Sie mit der Kettenregel erhalten. Als notwendige Bedingung lösen Sie die Gleichung $g''(x) = 0$; beachten Sie, dass $e^{0,3x} > 0$ und $e^{-0,3x} > 0$ ist.

3 Testzug

a) Für $0 \leqslant t < 100$ handelt es sich um eine Ursprungsgerade; bestimmen Sie die Steigung.
Für $100 \leqslant t < 400$ handelt es sich bei der Geraden um eine Parallele zur t-Achse; bestimmen Sie den y-Achsenabschnitt (bzw. den «v-Achsenabschnitt»).
Für $400 \leqslant t \leqslant 600$ wählen Sie als Ansatz eine Parabel mit $p(t) = at^2 + bt + c$.
Bestimmen Sie die Koordinaten der Punkte B, C und D und setzen Sie diese in $p(t)$ ein; lösen Sie das zugehörige lineare Gleichungssystem mit Hilfe des GTR/CAS.
Die Strecke, die der Zug nach 10 Minuten zurückgelegt hat, erhalten Sie, indem Sie den Flächeninhalt der Fläche zwischen dem Schaubild von $v(t)$ und der t-Achse berechnen; diese besteht aus einem Dreieck, einem Rechteck und einer krummlinig begrenzten Fläche, die Sie mit Hilfe eines Integrals bestimmen.
Die mittlere Geschwindigkeit $\overline{v}$ für die gesamte Fahrtdauer erhalten Sie, indem Sie die gesamte Fahrstrecke durch die benötigte Zeit dividieren.
Die Terme der zu v gehörenden Weg-Zeit-Funktion erhalten Sie, indem Sie allgemeine Stammfunktionen der einzelnen Funktionsterme bestimmen und die Nebenbedingungen (zurückgelegte Wege nach bestimmten Zeiten) beachten.

b) Als Ansatz für die quadratische Parabel p wählen Sie die Funktion $p(x) = ax^2 + bx + c$ mit $p'(x) = 2ax + b$.
Da A und B auf p liegen, gelten zwei Bedingungen. Da p knickfrei in A an die Gerade g_1 anschließt, muss die Steigung in A gleich groß wie die Steigung von g_1 sein, also gibt es eine weitere Bedingung. Stellen Sie mit Hilfe der drei Bedingungen ein lineares Gleichungssystem auf und lösen Sie dieses.
Berechnen Sie die Steigung von p in B und vergleichen Sie diese mit der Steigung von g_2.
Setzen Sie die Koordinaten von A in die gegebene Hyperbelgleichung ein und bestimmen Sie c.
Setzen Sie die Koordinaten von B in die bestimmte Hyperbelgleichung ein; bei einer wahren Aussage liegt B auf der Hyperbel.
Berechnen Sie in den Punkten A und B jeweils die Steigung der Hyperbel mit Hilfe der 1. Ableitung von $h(x)$ und vergleichen Sie diese mit den Geradensteigungen.
Teilen Sie die zu berechnende Fläche in zwei Teilflächen. Bestimmen Sie die Flächeninhalte der beiden Teilflächen mit Hilfe von Integralen; als Integrationsgrenzen verwenden Sie den x-Wert von A, die Schnittstelle der beiden Geraden und den x-Wert von B; beachten Sie, welche Kurve jeweils oberhalb verläuft.

4 Heizkosten

a) Für die Definitionsbereichsbestimmung setzen Sie den Nenner gleich Null.
Die senkrechte Asymptote (Pol) erhalten Sie als Nullstelle des Nenners von $f_t(x)$, die waagrechte Asymptote erhalten Sie für $|x| \to \infty$.
Überlegen Sie, ob Achsen- oder Punktsymmetrie vorliegt; bei Achsensymmetrie zu $x = a$ gilt: $f(a+h) = f(a-h)$, bei Punktsymmetrie zu $\mathrm{P}(a \mid b)$ gilt: $\frac{f(a+h)+f(a-h)}{2} = b$.
Um die Punkte mit minimalem Abstand zu erhalten, stellen Sie eine Abstandsfunktion zwischen Punkt P und einem Punkt $\mathrm{Q}(x \mid f(x))$ der Kurve auf.
Der Abstand zweier Punkte ist $d = \sqrt{(x_2 - x_1)^2 + (y_2 - y_1)^2}$.
Bestimmen Sie die Minima mit Hilfe des GTR/CAS.
Überlegen Sie, welche Eigenschaften Punkte auf der 1. Winkelhalbierenden haben.

b) Bestimmen Sie die Heizkosten ohne Dämmung ($d = 0$) und setzen Sie ein Viertel davon mit $\mathrm{H}(d)$ gleich.
Überlegen Sie, wie sich die Gesamtkosten G in 30 Jahren zusammensetzen, stellen Sie eine Funktion $\mathrm{G}(d)$ auf und bestimmen Sie mit dem GTR/CAS das Minimum.
Berechnen Sie jeweils die Gesamtkosten, die Ersparnis ergibt sich aus der Differenz.

5 Tagestemperatur

a) Um zu zeigen, dass K_t symmetrisch ist, setzen Sie $-x$ in $f_t(x)$ ein; falls $f_t(-x) = f_t(x)$ gilt, ist K_t achsensymmetrisch zur y-Achse. Die waagrechte Asymptote erhalten Sie für $|x| \to \infty$.
Den Extrempunkt von K_t erhalten Sie mit Hilfe der 1. Ableitung von $f_t(x)$; schreiben Sie den Bruch als Potenz mit negativem Exponenten und verwenden Sie die Kettenregel. Als notwendige Bedingung lösen Sie die Gleichung $f_t{}'(x) = 0$ nach x auf. Prüfen Sie, ob $f_t{}'(x)$ an der berechneten Stelle das Vorzeichen wechselt und berechnen Sie den zugehörigen y-Wert, indem Sie den berechneten x-Wert in $f_t x)$ einsetzen. Den Flächeninhalt A der Fläche zwischen K_1, der x-Achse und den Geraden $x = -3$ und $x = 3$ erhalten Sie mit Hilfe eines Integrals; verwenden Sie den GTR/CAS.

b) Bestimmen Sie die Stammfunktion $\mathrm{T}(t)$ mit der Nebenbedingung $\mathrm{T}(0) = 12$.
Das Maximum erhalten Sie mit dem GTR/CAS.
Wenn Sie die Gerade $y = 25$ mit dem Schaubild von T schneiden, erhalten Sie zwei Zeitpunkte; überlegen Sie, welche Uhrzeiten dazugehören ($0,1$ Stunde entspricht 6 Minuten).
Den Mittelwert $\overline{\mathrm{T}}$ erhalten Sie durch Integration; die Grenzen des Integrals müssen Sie sich genau überlegen.
Überlegen Sie, für welche Zeiten «unsinnige» Temperaturen entstehen.

6 Tannensetzling

a) Bestimmen Sie mit dem GTR/CAS das Maximum von f.
Berechnen Sie mit der Formel $\overline{m} = \frac{1}{b-a} \cdot \int_a^b f(t)dt$ (Mittelwert eines Integrals) das durch-

schnittliche Längenwachstum, da alle Längenzuwächse pro Jahr aufsummiert werden.
Überlegen Sie, wie sich die Höhe zusammensetzt.
Durch Ausprobieren mit dem GTR/CAS oder Lösen der Integralgleichung mit dem GTR/CAS erhalten Sie den Zeitpunkt, in welchem die Höhe 13 m beträgt.
Schneiden Sie das Schaubild von f mit einer Geraden und berechnen Sie dann entsprechende Tannenhöhen durch Integration.

b) Skizzieren Sie die Problemstellung. Bestimmen Sie die Koordinaten des Punktes B sowie die Steigung in B in Abhängigkeit von u; verwenden Sie die Funktionsgleichung sowie die 1. Ableitung. Stellen Sie die Gleichung der Tangente t in B mit Hilfe der Punkt-Steigungs-Form $y - y_1 = m \cdot (x - x_1)$ in Abhängigkeit von u auf. Bestimmen Sie die Koordinaten des Schnittpunkts A der Tangente t mit der x-Achse durch Lösen der Gleichung $y = 0$ und die Koordinaten des Schnittpunkts C der Tangente t mit der y-Achse, indem Sie $x = 0$ in t einsetzen.
Bestimmen Sie die Streckenlängen $\overline{OA}$, $\overline{AC}$, und $\overline{OC}$ und daraus den Umfang $U(u)$ des Dreiecks OAC in Abhängigkeit von u. Lösen Sie die Gleichung $U(u) = 15$ mit Hilfe des GTR/CAS. Beachten Sie, dass $0 < u < 1$ gilt.
Den y-Wert des Punktes B alten Sie, indem Sie den erhaltenen u-Wert in $f(x)$ einsetzen.

7 Abkühlung

a) Stellen Sie mit Hilfe der gegebenen Daten zwei Gleichungen auf, um a und b zu berechnen.
Leiten Sie $T(t)$ ab und formen Sie so lange um, bis Sie die Differentialgleichung erhalten.
Bestimmen Sie $T(0)$ und $T(t)$ für $t \longrightarrow \infty$.
Setzen Sie $T'(t)$ mit $-0,5$ gleich und lösen Sie die Gleichung mit Hilfe des GTR/CAS.
Berechnen Sie den Mittelwert mit $\overline{m} = \frac{1}{b-a} \cdot \int_a^b f(t)\mathrm{d}t$ mit Hilfe des GTR/CAS.

b) Den Mittelwert $\overline{m}(t)$ der Funktionswerte von f auf dem Intervall $[0 : t]$ erhalten Sie mit Hilfe eines Integrals.
Berechnen Sie mit Hilfe des GTR/CAS das Maximum von $\overline{m}(t)$.

8 Malaria

a) Wenn a proportional zu b ist, so gilt $a = k \cdot b$.
Stellen Sie damit die Differentialgleichung auf und geben Sie einen Ansatz für die Lösungsfunktion $d(t)$ an. Die Differentialgleichung $f'(t) = k \cdot f(t)$ besitzt als Lösung die Gleichung: $f(t) = a \cdot e^{k \cdot t}$.
Mit Hilfe der angegebenen Werte können Sie zwei Gleichungen aufstellen, um die Funktionsgleichung $d(t)$ zu bestimmen.
Mit Hilfe von $d(t)$ und 99 % von 39,5 °C können Sie den Zeitpunkt durch Aufstellen einer Gleichung errechnen.
Für die Beendigung der Messung bestimmen Sie $d'(t)$, setzen mit $-0,1$ gleich und lösen

die Gleichung nach t auf.
Setzen Sie t in $d(t)$ ein und überlegen Sie, wie hoch die gemessene Temperatur dann ist.

b) Zeichnen Sie mit dem GTR/CAS drei verschiedene Kurven und weisen Sie allgemein den gemeinsamen Punkt nach. Extrempunkte bestimmen Sie mit $f_t{}'(x) = 0$.
Überlegen Sie, welche Werte $\sin x$ annehmen kann.

9 Sonnenblume

a) Überlegen Sie, ob es Extrem- und Wendepunkte gibt und ob eine Symmetrie vorliegt.
Mit Hilfe der 1. und 2. Ableitung können Sie den Hochpunkt bestimmen. Die Ortskurve erhalten Sie durch Auflösen des x-Werts von H_t nach t und Einsetzen in den y-Wert von H_t.
Überlegen Sie, welchen y-Wert H_t haben muss, dass K_t genau einen gemeinsamen Punkt mit der x-Achse hat.

b) Bestimmen Sie die Höhe zu Beginn der Beobachtung und nach 5 Wochen und stellen Sie mit $h_1(t)$ eine Gleichung auf, um k zu berechnen.
Die Höhe nach 8 Wochen erhalten Sie durch $h_1(8)$.
Stellen Sie aus den Daten zwei Gleichungen auf und bestimmen Sie a und b sowie $h_1(t)$ für $t \longrightarrow \infty$.
Bestimmen $h_2{}'(t)$ und $k \cdot (\mathrm{S} - h_2(t))$ und setzen Sie diese in die Differentialgleichung für beschränktes Wachstum $f'(t) = k \cdot \left(\mathrm{S} - f(t)\right)$ ein, so das eine wahre Aussage entsteht.
Überlegen Sie, welches Wachstum h_1 bzw. h_2 jeweils beschreiben.

10 Sonnenschein

a) Überlegen Sie, durch welchen Punkt alle Schaubilder verlaufen, ob es Extrem- bzw. Wendepunkte gibt, ob Symmetrie und Asymptoten bzw. Schnittpunkte mit den Achsen vorliegen.
Bestimmen Sie mit $f_t{}''(x)$ den Wendepunkt W von K_t und daraus die Ortskurve, indem Sie t in Abhängigkeit von x berechnen und in den y-Wert von W einsetzen.
Überlegen Sie, wie der Beziehung zwischen dem x-Wert und dem y-Wert eines Punktes auf der 1. Winkelhalbierenden ist bzw. welche Gleichung die 1. Winkelhalbierende hat.

b) Stellen Sie mit den Daten zwei Gleichungen auf und beachten Sie, dass $t = 0$ der Monat April ist. Im März ist $t = -1$, im Mai ist $t = 1$.
Überlegen Sie, welches t zum Monat Oktober gehört und berechnen Sie den zugehörigen Funktionswert.
Bestimmen Sie die Differenz zur Realität und teilen Sie das Ergebnis durch die tatsächliche Anzahl der Sonnenscheinstunden.
Den Wertebereich erhalten Sie durch Berechung der y-Werte der Hoch- und Tiefpunkte.
Schneiden Sie das Schaubild von S mit der Geraden $y = 235$ und überlegen Sie, welche Zeitpunkte dazugehören.
Die durchschnittliche Sonnenscheindauer erhalten Sie, indem Sie die monatlichen Sonnenscheindauern bestimmen, addieren und die Summe durch die Anzahl der Monate teilen.

Die Änderung der Sonnenscheindauer ergibt sich durch $S'(t)$. Bestimmen Sie mit Hilfe des GTR/CAS das Maximum und Minimum von $S'(t)$.

11 Fische

a) Überlegen Sie, um welche Art von exponentiellem Wachstum (natürliches oder beschränktes) es sich handelt; beachten Sie dabei, das die Änderungsrate proportional zur Anzahl der noch Platz findenden Fische $(7000 - F(t))$ ist und dass maximal 7000 Fische im Teich Platz haben.
Stellen Sie die Differentialgleichung mit gegebener Schranke sowie die entsprechende Lösungsfunktion in allgemeiner Form auf; mit Hilfe der gegebenen Daten erhalten Sie zwei Gleichungen mit zwei Unbekannten.
Um zu bestimmen, wann 5000 Fische vorhanden sind, stellen Sie eine Gleichung auf und lösen diese mit Hilfe des GTR/CAS nach t auf.
Da sich die Wachstumsbedingungen nicht ändern, können Sie für den Fischbestand eine neue Funktion G mit unveränderter Schranke und unveränderter Wachstumskonstante k sowie der gegebenen Nebenbedingung aufstellen.
Den Anfangsbestand erhalten Sie durch Einsetzen von $t = 0$ in G.

b) Für das Volumen V des Drehkörpers bestimmen Sie die Nullstellen x_1 und x_2 von f_t und bestimmen das Integral $V(t) = \pi \cdot \int_{x_1}^{x_2} (f_t(x))^2 \, dx$; klammern Sie t^2 aus und verwenden Sie den GTR/CAS.
Überlegen Sie, welche Gleichung die 1. Winkelhalbierende hat.
Wenn sich das Schaubild von f_t und die 1. Winkelhalbierende schneiden, müssen deren Funktionswerte übereinstimmen. Wenn sie zueinander orthogonal sind, muss die Steigung von f_t im Schnittpunkt der negative Kehrwert der Steigung der 1. Winkelhalbierenden sein. Dazu leiten Sie f_t einmal ab.
Sie erhalten ein Gleichungssystem mit zwei Gleichungen und zwei Unbekannten.

Geometrie

Das Kreuzprodukt

Wenn man einen Vektor $\vec{n}$ sucht, der senkrecht auf zwei gegebenen Vektoren $\vec{a}$ und $\vec{b}$ steht (der Normalenvektor), geschieht dies einfach und schnell mit dem Kreuzprodukt (Vektorprodukt):

$$\vec{n} = \left(\vec{a} \times \vec{b}\right) = \begin{pmatrix} a_2b_3 & - & a_3b_2 \\ a_3b_1 & - & a_1b_3 \\ a_1b_2 & - & a_2b_1 \end{pmatrix}$$

Die Merkhilfe dazu:

1. Beide Vektoren werden je zweimal untereinandergeschrieben, dann werden die erste und die letzte Zeile gestrichen.
2. Anschließend wird «über Kreuz» multipliziert. Dabei erhalten die abwärts gerichteten Pfeile ein positives und die aufwärts gerichteten Pfeile ein negatives Vorzeichen.
3. Die einzelnen Komponenten werden subtrahiert – fertig!

$$\begin{array}{cc} \cancel{a_1} & \cancel{b_1} \\ a_2 & b_2 \\ a_3 & b_3 \\ a_1 & b_1 \\ a_2 & b_2 \\ \cancel{a_3} & \cancel{b_3} \end{array} \qquad \begin{array}{cc} a_2 & b_2 \\ a_3 & b_3 \\ a_1 & b_1 \\ a_2 & b_2 \end{array} \Rightarrow \begin{pmatrix} a_2b_3 - a_3b_2 \\ a_3b_1 - a_1b_3 \\ a_1b_2 - a_2b_1 \end{pmatrix}$$

Beispiel: Sind $\vec{a} = \begin{pmatrix} 1 \\ 3 \\ 2 \end{pmatrix}$ und $\vec{b} = \begin{pmatrix} -1 \\ 4 \\ 0 \end{pmatrix}$, ergibt sich für den gesuchten Vektor:

$$\begin{array}{cc} \cancel{1} & \cancel{-1} \\ 3 & 4 \\ 2 & 0 \\ 1 & -1 \\ 3 & 4 \\ \cancel{2} & \cancel{0} \end{array} \Rightarrow \begin{array}{cc} 3 & 4 \\ 2 & 0 \\ 1 & -1 \\ 3 & 4 \end{array} \Rightarrow \begin{pmatrix} 3 \cdot 0 - 2 \cdot 4 \\ 2 \cdot (-1) - 1 \cdot 0 \\ 1 \cdot 4 - 3 \cdot (-1) \end{pmatrix} = \begin{pmatrix} -8 \\ -2 \\ 7 \end{pmatrix}$$

Anmerkung:
Mit Hilfe des Kreuzprodukts lässt sich die Fläche des Dreiecks ABC direkt ausrechnen. Es ist:

$$A_\triangle = \frac{1}{2} |\overrightarrow{AB} \times \overrightarrow{AC}|$$

12 Turm

a) Aus der Skizze können Sie sehen, dass die horizontalen Kanten AB, DC, EF und HG parallel zur x_2-Achse und die horizontalen Kanten DA, CB, HE und GF parallel zur x_1-Achse liegen.
Als vertikale Kanten bleiben AE, BF, CG und DH übrig.
Die Spitze S liegt 6 m über dem Mittelpunkt des Quadrates EFGH.
Für die Berechnungen des Neigungswinkels können Sie entweder den Winkel zwischen zwei Ebenen berechnen oder einfacher die Pyramide in der Spitze parallel zur x_2x_3-Ebene durchschneiden und mit einer geeigneten Skizze den Winkel trigonometrisch berechnen.
Für die Berechnung der Dachfläche sind die Dreiecksflächen zu berechnen, die Dreieckshöhe ist aber nicht die Pyramidenhöhe, sondern ergibt sich mit Hilfe des Satzes des Pythagoras.

b) Bestimmen Sie zuerst die Koordinaten der Spitze des Mastes und überlegen Sie, wo der Schatten der Spitze auf der Wand liegt. Um die Schattenlänge zu erhalten, müssen Sie noch überlegen, in welchem Punkt der Schatten vom Boden auf die Wand übergeht.

c) Überlegen Sie, wie man den Standort des Kindes erhalten könnte: Entweder Sie schneiden eine Gerade mit einer Ebene, oder sie schneiden zwei Geraden miteinander. Zum Schluss die Entfernung zur Kante nicht vergessen!

13 Solarzellen

a) Bestimmen Sie mit Hilfe von drei Dachpunkten eine Koordinatengleichung der zugehörigen Ebene und weisen Sie durch eine Punktprobe nach, dass der vierte Dachpunkt in dieser Ebene enthalten ist.

b) Setzen Sie den Normalenvektor der Dachebene und den Normalenvektor der x_1x_2-Ebene in die Formel $\cos\alpha = \frac{|\vec{n_1}\cdot\vec{n_2}|}{|\vec{n_1}|\cdot|\vec{n_2}|}$ ein und bestimmen Sie α.
Um die Dachfläche zu berechnen, müssen Sie zuerst nachweisen, dass es sich beim Dachviereck um ein Trapez handelt (zwei Seiten müssen parallel sein). Die Trapezhöhe h erhalten Sie durch die Abstandsbestimmung eines Punktes zur Geraden g druch die Punkte E und H mit einer Hilfsebene. Alternativ können Sie die Höhe h des Trapezes auch dadurch bestimmen, dass Sie das Minimum des Abstands $d(t)$ des Punktes F zu einem allgemeinen Punkt P_t der Geraden g mit Hilfe des GTR/CAS berechnen. Die Formel für den Flächeninhalt eines Trapezes lautet: $A = \frac{a+c}{2} \cdot h$.
Anschließend können Sie die Solarzellenfläche bestimmen.

c) Zur Bestimmung des Abstands zur Stromleitung stellen Sie die Gerade auf, die die Leitung beschreibt, formulieren diese als allgemeinen Punkt um und setzen sie in die Abstandsformel (HNF) ein. Lösen Sie die Betragsgleichung mit Hilfe des GTR/CAS.

14 Oktaeder

a) Skizzieren Sie die Problemstellung und stellen Sie Vektorketten für die Ortsvektoren von C und D auf. Für die Punktspiegelung von A an M gilt: $\overrightarrow{OA^*} = \overrightarrow{OM} + \overrightarrow{AM}$. Weisen Sie nach, dass das Viereck ein Quadrat ist, indem Sie Längen und Winkel berechnen. Durch Punktproben können Sie zeigen, dass das Quadrat in der Ebene liegt.

b) Für das Volumen gilt: $V_{\text{Oktaeder}} = 2 \cdot V_{\text{Pyramide}}$. Überlegen Sie, wie das Volumen der Pyramide berechnet wird. Für die Oberflächenberechnung dürfen Sie nicht die Pyramidenhöhe als Seitenflächenhöhe benutzen. Ob ein Lot möglich ist, können Sie durch Winkelberechnung oder durch die Ermittlung des Lotfußpunktes mit Hilfe einer Hilfsebene beurteilen.

c) Die Orthogonalität bestimmen Sie mit Hilfe des Skalarprodukts der Normalenvektoren. Die Ebenenscharen mit Abstand 5 LE erhalten Sie, indem Sie zuerst allgemein den Abstand von F zu E_t bestimmen und dann durch Gleichsetzen die Betragsgleichung mit Hilfe des GTR/CAS lösen.

15 Ebenenschar

a) Machen Sie zuerst eine Skizze und überlegen Sie, wie der Richtungsvektor der Geraden und der Normalenvektor der Ebene zueinander liegen.
Damit eine Gerade in einer Ebene enthalten ist, müssen Sie prüfen, ob zwischen Richtungs- und Normalenvektor ein rechter Winkel ist.

b) Der Sinus von 30° ist 0,5. Stellen Sie eine Gleichung mit Hilfe der Formel zur Winkelbestimmung auf und lösen Sie diese mit Hilfe des GTR/CAS. Ebenen sind orthogonal, wenn die Normalenvektoren orthogonal sind. Lösen Sie die Gleichung nach a auf.

c) Verwenden Sie zur Abstandsberechnung die Hessesche Normalenform und lösen Sie die Wurzelgleichung mit dem GTR/CAS. Die Ebene mit maximalem Abstand erhalten Sie, indem Sie das Maximum der Abstandsfunktion mit dem GTR/CAS bestimmen.

16 Pyramide

a) Skizzieren Sie die Problemstellung und stellen Sie Vektorketten auf. Für die Spitze S brauchen Sie einen auf Länge 1 normierten Vektor. (Ein Vektor $\vec{a}$ kann auf Länge 1 normiert werden durch $\frac{1}{|\vec{a}|} \cdot \vec{a}$.) Für die Volumenberechnung bestimmen Sie zuerst noch die Grundfläche. Es ist $V_{\text{Pyramide}} = \frac{1}{3} \cdot G \cdot h$. Für die Winkelberechnung verwenden Sie die Formel: $\sin\alpha = \dfrac{|\vec{n} \cdot \vec{r}|}{|\vec{n}| \cdot |\vec{r}|}$.

b) Da die Pyramide symmetrisch ist, stellen Sie die Gleichung einer Geraden auf, auf der M_1 bzw. M_2 liegen müssen. Für die Bestimmung von M_1 müssen Sie Abstände von Punkt zu Punkt berechnen und dann gleichsetzen, für die Bestimmung von M_2 müssen Sie Abstände von Punkt zu Ebene berechnen. Hierzu benötigen Sie die Hessesche Normalenform. Es ergibt sich eine Wurzelgleichung bzw. eine Betragsgleichung, die Sie jeweils mit Hilfe des GTR/CAS lösen.

c) Überlegen Sie sich die Lage von E_d bezüglich der Pyramide bzw. der Grundfläche. Wann gibt es gemeinsame Punkte?

17 Wintergarten

a) Überlegen Sie, in welcher Höhe die gesuchten Punkte liegen. Überlegen Sie, aus welchen drei Flächen sich die zu verglasende Außenfläche zusammensetzt. Den Flächeninhalt eines Trapezes erhalten Sie durch $A_{\text{Trapez}} = \frac{a+c}{2} \cdot h$. Das Volumen eines Prismas erhalten Sie durch $V_{\text{Prisma}} = G \cdot h$.

b) Bestimmen Sie einen der Eckpunkte, z.B. E, als Stützpunkt und die Vektoren $\overrightarrow{EF}$ und $\overrightarrow{EH}$ als zugehörige Spannvektoren. Einen Normalenvektor $\vec{n}$ von E_1 erhalten Sie mit Hilfe des Kreuzprodukts (siehe Seite 41) der Spannvektoren.
Alternativ können Sie $\vec{n}$ auch mit Hilfe des Skalarprodukts bestimmen, da $\vec{n}$ sowohl auf $\overrightarrow{EF}$ als auch auf $\overrightarrow{EH}$ senkrecht steht, muss gelten: $\vec{n} \cdot \overrightarrow{EF} = 0$ und $\vec{n} \cdot \overrightarrow{EH} = 0$. Lösen Sie das zugehörige lineare Gleichungssystem.
Die Koordinatengleichung von E_1 erhalten Sie, indem Sie $\vec{n}$ und die Koordinaten von E in die Punkt-Normalenform $(\vec{x} - \vec{e}) \cdot \vec{n} = 0$ einsetzen. Den Neigungswinkel α des Daches erhalten Sie als Winkel zwischen den Vekoren $\overrightarrow{EH}$ und $\overrightarrow{AD}$ mit der Formel $\cos\alpha = \frac{\overrightarrow{EH} \cdot \overrightarrow{AD}}{|\overrightarrow{EH}| \cdot |\overrightarrow{AD}|}$
.
Alternativ können Sie den Neigungswinkel α auch als Winkel zwischen dem Normalenvektor $\vec{n}_1$ der Ebene E_1 und dem Normalenvektor $\vec{n}_2$ der x_1x_2-Ebene mit der Formel $\cos\alpha = \frac{|\vec{n}_1 \cdot \vec{n}_2|}{|\vec{n}_1| \cdot |\vec{n}_2|}$ berechnen.

c) Bestimmen Sie die Schattenpunkte E^* und F^* der Ecken E und F in der x_1x_2-Ebene. Hierzu stellen Sie jeweils eine Gerade durch L und E bzw. L und F auf und schneiden diese mit der x_1x_2-Ebene $(x_3 = 0)$.
Überlegen Sie, wie die Schattenlinie E^*F^* verläuft.

18 Haus am Hang

a) Verwenden Sie zur Bestimmung der Parametergleichung der Hangebene E_{Hang} den Ortsvektor eines Punktes als Stützvektor und die Verbindungsvektoren von diesem Punkt zu den anderen Punkten als Spannvektoren.
Für die Koordinatenform benötigen Sie einen Normalenvektor $\vec{n}$, den Sie mit Hilfe des Kreuzprodukts (siehe Seite 11) der beiden Spannvektoren erhalten. Anschließend setzen Sie einen Ortsvektor, z.B. $\vec{a}$, und den Normalenvektor in die Normalenform $(\vec{x} - \vec{a}) \cdot \vec{n} = 0$ ein und berechnen daraus die Koordinatenform.
Zur Bestimmung des Winkels zwischen der Einfallsrichtung der Sonnenstrahlen und der Hangebene setzen Sie den Vektor $\vec{v}$ der Richtung der Sonnenstrahlen und den Normalenvektor $\vec{n}$ der Hangebene in die Formel $\sin\alpha = \frac{|\vec{n} \cdot \vec{v}|}{|\vec{n}| \cdot |\vec{v}|}$ ein.

b) Bestimmen Sie die Koordinaten der Spitze S des Mastes und eine Koordinatengleichung der Dachebene EHIK.

Stellen Sie eine Lotgerade l_S durch die Mastspitze auf und schneiden Sie diese mit der Dachebene. Überlegen Sie, ob der Schnittpunkt P auf dem Dach liegt. Falls nicht, überlegen Sie, welche Koordinaten die Punkte des Firstes IK haben und welcher Punkt Q des Firstes dann dem Schnittpunkt am nächsten liegt.

c) Den Schattenpunkt S' der Mastspitze S auf der Hangebene E erhalten Sie, indem Sie eine Gerade g durch S mit Richtungsvektor $\vec{v}$ der Sonnenstrahlen aufstellen und mit E schneiden. Den Abstand d des Punktes S' von der Hausecke C erhalten Sie, indem Sie die Länge des Verbindungsvektors $\overrightarrow{S'C}$ berechnen. Überlegen Sie, wie S' zur Hauswand DCGH liegt und welche Punkte der Hauswand dem Punkt S' am nächsten liegen können. Prüfen Sie mit Hilfe des Skalarproduktes, ob die Vektoren $\overrightarrow{S'C}$ und $\overrightarrow{CG}$ orthogonal zueinander sind.

Stochastik

19 Baumdiagramme und Pfadregeln

a) I) Zeichnen Sie ein Baumdiagramm mit den Ästen blau (b) und rot (r). Beachten Sie, dass die Wahrscheinlichkeiten bei jedem Ziehen gleich bleiben. Rechnen Sie mit dem Gegenereignis $\overline{A}$, indem Sie $P(A) = 1 - P(\bar{A})$ verwenden. Stellen Sie eine Gleichung auf und lösen Sie diese mit Hilfe des GTR/CAS. Beachten Sie, dass $n > 0$ ist.

II) Rechnen Sie mit dem Gegenereignis $\overline{A}$, indem Sie $P(A) = 1 - P(\bar{A})$ verwenden. Stellen Sie eine Gleichung auf und lösen Sie diese mit Hilfe des GTR/CAS. Beachten Sie, dass $n > 0$ ist.

b) I) Bestimmen Sie die Wahrscheinlichkeiten für die einzelnen Zahlen, indem Sie den zugehörigen Mittelpunktswinkel durch 360° teilen. Verwenden Sie für das gesuchte Ereignis bei n Drehungen das Gegenereignis, stellen Sie eine Gleichung auf und lösen Sie diese mit Hilfe des GTR/CAS.

II) Beachten Sie, dass für die Wahrscheinlichkeit der Zahl 1 gilt: $P(1) = \frac{\alpha}{360^\circ}$. Verwenden Sie für das gesuchte Ereignis bei 3 Drehungen das Gegenereignis, stellen Sie eine Gleichung auf und lösen Sie diese mit Hilfe des GTR/CAS.

c) I) Zeichnen Sie ein Baumdiagramm mit den Ästen weiß (w) und rot (r). Beachten Sie, dass sich die Wahrscheinlichkeiten bei jedem Ziehen ändern. Verwenden Sie die 1. Pfadregel, stellen Sie eine Gleichung auf und lösen Sie diese mit Hilfe des GTR/CAS. Beachten Sie, dass $n > 0$ ist.

II) Rechnen Sie mit dem Gegenereignis $\overline{A}$, indem Sie $P(A) = 1 - P(\bar{A})$ verwenden. Stellen Sie eine Gleichung auf und lösen Sie diese mit Hilfe des GTR/CAS. Beachten Sie, dass $n > 0$ ist.

d) I) Zeichnen Sie ein Baumdiagramm mit den Ästen blau (b) und rot (r). Beachten Sie, dass sich die Wahrscheinlichkeiten bei jedem Ziehen ändern. Rechnen Sie mit dem Gegenereignis $\overline{A}$, indem Sie $P(A) = 1 - P(\bar{A})$ verwenden. Stellen Sie eine Gleichung auf und lösen Sie diese mit Hilfe des GTR/CAS. Beachten Sie, dass $n > 0$ ist.

II) Überlegen Sie, welche Ergebnisse zum gesuchten Ereignis gehören und verwenden Sie die Pfadregeln. Stellen Sie eine Ungleichung auf und lösen Sie diese mit Hilfe des GTR/CAS. Beachten Sie, dass $n > 0$ ist.

e) I) Zeichnen Sie ein Baumdiagramm mit blau (b) und rot (r). Beachten Sie, dass sich nach Ziehung einer roten Kugel die Verhältnisse in der Urne ändern. Rechnen Sie mit dem Gegenereignis $\overline{A}$, indem Sie $P(A) = 1 - P(\bar{A})$ verwenden.

II) Bestimmen Sie zuerst die Wahrscheinlichkeit für das Ereignis A: «Mindestens eine Kugel ist rot bei n Ziehungen». Verwenden Sie hierzu das Gegenereignis $\overline{A}$: «Alle n Kugeln sind blau» sowie $P(A) = 1 - P(\bar{A})$. Stellen Sie eine Ungleichung auf und lösen Sie diese mit Hilfe des GTR/CAS.

20 Binomialverteilung

a) I) Betrachten Sie nur die Ausgänge «Sechs» oder «nicht Sechs». Bestimmen Sie die Kettenlänge n und die Trefferwahrscheinlichkeit p der Bernoullikette. Berechnen Sie die gesuchten Wahrscheinlichkeiten mit Hilfe des GTR/CAS. Beachten Sie, dass gilt:

$$P(k < X < l) = P(X \leqslant l - 1) - P(X \leqslant k)$$
$$P(X < k) = P(X \leqslant k - 1)$$
$$P(X > k) = 1 - P(X \leqslant k)$$
$$P(X \geqslant k) = 1 - P(X \leqslant k - 1)$$

II) Stellen Sie eine Ungleichung auf und lösen Sie diese mit Hilfe des GTR/CAS. Beachten Sie, dass gilt: $P(X \geqslant k) = 1 - P(X \leqslant k - 1)$.

b) I) Betrachten Sie nur die zwei Ausgänge «Sendung bekannt» oder «Sendung nicht bekannt». Legen Sie X als Zufallsvariable für die Anzahl derjenigen Personen fest, welche die Sendung kennen. Bestimmen Sie die Kettenlänge n und die Trefferwahrscheinlichkeit p der Bernoullikette. Berechnen Sie die gesuchten Wahrscheinlichkeiten mit Hilfe des GTR/CAS.

II) Legen Sie Y als Zufallsvariable für die Anzahl derjenigen Befragten fest, welche die Sendung kennen. Bestimmen Sie die Kettenlänge n. Zur Bestimmung der Trefferwahrscheinlichkeit p stellen Sie eine Ungleichung auf und lösen Sie diese mit Hilfe des GTR/CAS. Beachten Sie, dass gilt: $P(Y \geqslant k) = 1 - P(Y \leqslant k - 1)$.

c) I) Legen Sie X als binomialverteilte Zufallsvariable für die Anzahl der matschigen Äpfel bei einer Gesamtheit von 7 Äpfeln fest und berechnen Sie $P(X = 2)$ mit Hilfe des GTR/CAS.

Legen Sie Y als binomialverteilte Zufallsvariable für die Anzahl der matschigen Äpfel bei einer Gesamtheit von 20 Äpfeln fest und rechnen Sie mit dem Gegenereignis, indem Sie $P(B) = 1 - P(\bar{B})$ verwenden.

Legen Sie Z als binomialverteilte Zufallsvariable für die Anzahl der matschigen Äpfel bei einer Gesamtheit von 100 Äpfeln fest und berechnen Sie $P(15 \leqslant Z \leqslant 25)$ mit Hilfe des GTR/CAS.

II) Legen Sie X als binomialverteilte Zufallsvariable für die Anzahl der matschigen Äpfel bei einer Gesamtheit von 50 Äpfeln fest. Stellen Sie eine Ungleichung auf und lösen Sie diese mit Hilfe des GTR/CAS.

d) I) Bestimmen Sie zuerst die Wahrscheinlichkeit, dass ein erwarteter Passagier die Reise antritt.

Legen Sie X als binomialverteilte Zufallsvariable für die Anzahl der besetzten Plätze fest. Bestimmen Sie die Kettenlänge n sowie die Trefferwahrscheinlichkeit p des Bernoulliexperiments. Stellen Sie eine Ungleichung auf und lösen Sie diese mit Hilfe des GTR/CAS. Beachten Sie, dass gilt: $P(X > k) = 1 - P(X \leqslant k)$.

II) Legen Sie Y als binomialverteilte Zufallsvariable für die Anzahl der verkauften Tickets fest. Stellen Sie eine Ungleichung auf und lösen Sie diese mit Hilfe des GTR/CAS. Beachten Sie, dass gilt: $P(X > k) = 1 - P(X \leqslant k)$.

e) I) Bestimmen Sie zuerst die Wahrscheinlichkeit, dass ein Bauteil einwandfrei ist, mit Hilfe des Gegenereignisses.
Legen Sie X als binomialverteilte Zufallsvariable für die Anzahl der einwandfreien Bauteile fest.
Berechnen Sie mit Hilfe des GTR/CAS die gesuchte Wahrscheinlichkeit; verwenden Sie $P(X \geqslant k) = 1 - P(X \leqslant k - 1)$.
Legen Sie p als Wahrscheinlichkeit für ein einwandfreies Bauteil und Y als binomialverteilte Zufallsvariable für die Anzahl der einwandfreien Bauteile fest. Eine 95%-ige Sicherheit entspricht einer Irrtumswahrscheinlichkeit von $\alpha = 5\%$. Stellen Sie eine Ungleichung auf und lösen Sie diese mit Hilfe des GTR/CAS; verwenden Sie $P(X \geqslant k) = 1 - P(X \leqslant k - 1)$.

II) Bestimmen Sie die Wahrscheinlichkeit, dass sich mindestens ein defektes Bauteil auf einer Palette mit fünf Bauteilen befindet, mit Hilfe des Gegenereignisses. Legen Sie X als binomialverteilte Zufallsvariable für die Anzahl der Paletten mit mindestens einem defekten Bauteil fest. Stellen Sie eine Ungleichung auf und lösen Sie diese mit Hilfe des GTR/CAS; verwenden Sie $P(X \geqslant k) = 1 - P(X \leqslant k - 1)$.

f) I) Überlegen Sie, welche Bedeutung $P(X = k) = \binom{n}{k} \cdot p^k \cdot (1 - p)^{n-k}$ bei einer Binomialverteilung mit Kettenlänge n und Trefferwahrscheinlichkeit p hat, wobei X Zufallsvariable für die Anzahl der Treffer sei.
Wenn in keinem Ei eine Figur enthalten ist, gilt: $k = 0$. Berechnen Sie $P(X = 0)$ mit Hilfe des GTR/CAS.
Wenn höchstens zwei Figuren enthalten sind, berechnen Sie $P(X \leqslant 2)$ mit Hilfe des GTR/CAS.

II) Stellen Sie eine Ungleichung auf und lösen Sie diese mit Hilfe des GTR/CAS; verwenden Sie $P(X \geqslant k) = 1 - P(X \leqslant k - 1)$.

21 Erwartungswert

a) Zeichnen Sie ein Baumdiagramm für die verschiedenen Ereignisse bei der Ziehung einer Kugel aus Urne A und einer Kugel aus Urne B und bestimmen Sie jeweils die Wahrscheinlichkeiten für die einzelnen Pfade. Verwenden Sie dazu die 1. Pfadregel.
Überlegen Sie, welcher Gewinn sich bei welchem Ergebnis ergibt. Beachten Sie, dass vor jeder Ziehung immer ein Einsatz von 2 € gezahlt werden muss. Erstellen Sie eine Tabelle. Den Erwartungswert der Zufallsgröße X erhalten Sie, indem Sie für jedes Ereignis den zugehörigen Gewinn mit der jeweiligen Wahrscheinlichkeit multiplizieren und alle Ergebnisse aufsummieren. Überlegen Sie, ob das Spiel auf längere Sicht Gewinn bringt.

b) I) Überlegen Sie sich alle möglichen Ausgänge des Spiels und stellen Sie ein Baumdiagramm auf. Um die Wahrscheinlichkeit p zu bestimmen, mit der ein Spieler gewinnt, verwenden Sie die Pfadregeln oder Sie rechnen alternativ mit dem Gegenereignis.
Legen Sie X als Zufallsvariable fest, welche die Anzahl der gewonnenen Spiele bei insgesamt n Spielen angibt.
X ist binomialverteilt mit den Parametern n und p. Überlegen Sie, welche Werte n und p annehmen und berechnen Sie $P(X = 3)$ mit Hilfe des GTR/CAS.

II) Legen Sie Y als Zufallsvariable für die Einnahmen von Herrn Schmitt bei einem Spiel fest. Überlegen Sie, welche Werte Y annehmen kann und wie groß die zugehörigen Wahrscheinlichkeiten sind. Stellen Sie dazu eine Tabelle auf; verwenden Sie das Baumdiagramm aus Aufgabenteil I). Den Erwartungswert von Y bei einem Spiel erhalten Sie, indem Sie die möglichen Werte von Y mit der jeweils zugehörigen Wahrscheinlichkeit multiplizieren und die Ergebnisse addieren. Der Erwartungswert der Einnahmen bei n Spielen ist das n-fache dieser Summe. Stellen Sie mit diesem Term eine Ungleichung auf und bestimmen Sie deren Lösung.

c) Bestimmen Sie zuerst die Wahrscheinlichkeit für eine gerade bzw. eine ungerade Zahl. Zeichnen Sie ein Baumdiagramm mit gerade (g) bzw. ungerade (u) und weiß (w) bzw. nicht weiß ($\overline{w}$).
Überlegen Sie, welche Ergebnisse zu einem Gewinn (G) bzw. zu einem Verlust (V) führen und berechnen Sie mit Hilfe der Pfadregeln die entsprechenden Wahrscheinlichkeiten.
Legen Sie X als Zufallsvariable für den Gewinn bzw. Verlust fest. Berechnen Sie den Erwartungswert von X, indem Sie die möglichen «Auszahlungen» mit den zugehörigen Wahrscheinlichkeiten multiplizieren. Das Spiel ist fair, wenn der Erwartungswert Null ergibt.

22 Hypothesentests

a) Schreiben Sie die Nullhypothese in der Form H_0: $p \leqslant ...$ bei Treffer «Chip defekt» auf und formulieren Sie die Alternativhypothese $H_1 : p > ....$. Beachten Sie, dass es sich um einen rechtsseitigen Test handelt. Bestimmen Sie deshalb ein minimales $k \in \mathbb{N}$ und damit einen Ablehnungsbereich $\overline{A} = \{k, ..., 100\}$ so, dass gilt: $P(X \geqslant k) \leqslant \alpha$. Verwenden Sie hierzu $P(X \geqslant k) = 1 - P(X \leqslant k-1)$. Lösen Sie die Ungleichung mit Hilfe des GTR/CAS. Vergleichen Sie die Angabe mit dem Ablehnungsbereich.

b) I) Bestimmen Sie den Ablehnungsbereich $\overline{A}$ und die zugehörige Irrtumswahrscheinlichkeit $\alpha = P(\overline{A})$ mit Hilfe des GTR/CAS.
Verwenden Sie $P(X \geqslant k) = 1 - P(X \leqslant k-1)$.

II) Schreiben Sie die Nullhypothese in der Form H_0: $p \leqslant ...$ bei Treffer «Birne defekt» auf und formulieren Sie die Alternativhypothese $H_1 : p > ....$. Beachten Sie, dass es sich um einen rechtsseitigen Test handelt. Bestimmen Sie deshalb ein minimales $k \in \mathbb{N}$ und damit einen Ablehnungsbereich $\overline{A} = \{k, ..., 50\}$ so, dass gilt:

$P(X \geqslant k) \leqslant \alpha$. Lösen Sie die Ungleichung mit Hilfe des GTR/CAS; verwenden Sie hierzu $P(X \geqslant k) = 1 - P(X \leqslant k-1)$.

c) Schreiben Sie die Nullhypothese in der Form H_0: $p \leqslant ...$ bei Treffer «Handy fehlerhaft» auf und formulieren Sie die Alternativhypothese $H_1 : p > ....$. Beachten Sie, dass es sich um einen rechtsseitigen Test handelt. Bestimmen Sie deshalb ein minimales $k \in \mathbb{N}$ und damit einen Ablehnungsbereich $\overline{A} = \{k, ..., 30\}$ so, dass gilt: $P(X \geqslant k) \leqslant \alpha$. Verwenden Sie hierzu $P(X \geqslant k) = 1 - P(X \leqslant k-1)$. Lösen Sie die Ungleichung mit Hilfe des GTR/CAS. Vergleichen Sie die Angabe mit dem Ablehnungsbereich.

d) Schreiben Sie die Nullhypothese in der Form H_0: $p = ...$ bei Treffer «Glas hat Luftblasen» auf und formulieren Sie die Alternativhypothese $H_1 : p < ....$. Beachten Sie, dass es sich um einen linksseitigen Test handelt. Bestimmen Sie deshalb ein maximales $k \in \mathbb{N}$ und damit einen Ablehnungsbereich $\overline{A} = \{0, ..., k\}$ so, dass gilt: $P(X \leqslant k) \leqslant \alpha$. Lösen Sie die Ungleichung mit Hilfe des GTR/CAS. Vergleichen Sie die Angabe mit dem Ablehnungsbereich.

e) I) Legen Sie X als Zufallsvariable für die Anzahl der Personen unter 100 zufällig ausgewählten Baumarktbesuchern fest, welche den Baumarkt verlassen, ohne einen Einkauf getätigt zu haben. Überlegen Sie, welchen Wert die zugehörigen Parameter n (Länge der Bernoullikette) und p (Trefferwahrscheinlichkeit) bei unverändertem Einkaufsverhalten haben. Berechnen Sie $P(X < k)$ mit Hilfe des GTR/CAS; verwenden Sie $P(X < k) = P(X \leqslant k-1)$.

II) Überlegen Sie, warum im gegebenen Sachzusammenhang ein linksseitiger Hypothesentest sinnvoll ist.
Verwenden Sie als Nullhypothese: «Der Anteil der Nicht-Käufer hat sich nicht verändert», also: $H_0 :\ p = ...$
Formulieren Sie die zugehörige Alternativhypothese $H_1 : p \leqslant ....$
Bestimmen Sie für die Entscheidungsregel deshalb ein maximales $k \in \mathbb{N}$ und damit einen Ablehnungsbereich $\overline{A} = \{0, ..., k\}$ so, dass gilt: $P(X \leqslant k) \leqslant \alpha$. Lösen Sie die Ungleichung mit Hilfe des GTR/CAS. Geben Sie auch den Annahmebereich A an.

f) I) Legen Sie X als binomialverteilte Zufallsvariable für die Anzahl der Antworten «Reinil bekannt» fest.
Formulieren Sie die Alternativhypothese $H_1 : p \geqslant ...$; überlegen Sie, was Herr Reinlich Junior prüfen will. Beachten Sie, dass es sich um einen rechtsseitigen Test handelt.
Für die Entscheidungsregel bestimmen Sie mit Hilfe des GTR/CAS ein minimales $k \in \mathbb{N}$ und damit einen Ablehnungsbereich $\overline{A} = \{k, ..., 800\}$ der Nullhypothese so, dass gilt: $P(X \geqslant k) \leqslant \alpha$.

II) Formulieren Sie die Alternativhypothese $H_1 : p < ...$; überlegen Sie, was Herr Reinlich Senior prüfen will. Beachten Sie, dass es sich um einen linksseitigen Test handelt. Bestimmen Sie den Ablehnungsbereich $\overline{A}$ und die zugehörige Irrtumswahrscheinlichkeit $\alpha = P(\overline{A})$ mit Hilfe des GTR/CAS.

Lösungen – Analysis

1 Tunnel

a) Für den Funktionsterm von f kann man als Ansatz eine Parabelgleichung wählen:

$$f(x) = ax^2 + bx + c \quad \text{mit} \quad f'(x) = 2ax + b$$

Da der Graph von f die y-Achse bei $(0 \mid 3)$ schneidet, gilt die Bedingung: $f(0) = 3$.
Da der Graph von f den Hochpunkt $\mathrm{H}\,(3 \mid 6)$ besitzt, gelten die Bedingungen: $f(3) = 6$ und $f'(3) = 0$.
Damit erhält man folgendes lineares Gleichungssystem:

$$\begin{array}{lccccccc} \text{I} & a\cdot 0^2 & + & b\cdot 0 & + & c & = & 3 \\ \text{II} & a\cdot 3^2 & + & b\cdot 3 & + & c & = & 6 \\ \text{III} & 2a\cdot 3 & + & b & & & = & 0 \end{array}$$

bzw.

$$\begin{array}{lccccccc} \text{I} & & & & & c & = & 3 \\ \text{II} & 9a & + & 3b & + & 3 & = & 6 \\ \text{III} & 6a & + & b & & & = & 0 \end{array}$$

Subtrahiert man das 3-fache von Gleichung III von Gleichung II ergibt sich:

$$-9a + 3 = 6 \Rightarrow a = -\frac{1}{3}$$

Setzt man $a = -\frac{1}{3}$ in Gleichung III ein, erhält man: $6 \cdot \left(-\frac{1}{3}\right) + b = 0 \Rightarrow b = 2$
Damit hat die Parabel die Gleichung:

$$f(x) = -\frac{1}{3}x^2 + 2x + 3$$

Um zu berechnen, wie viel Kubikmeter Gestein beim Bau des Tunnels bewegt werden mussten, bestimmt man den Flächeninhalt Q der Querschnittsfläche und multipliziert diesen mit der Länge l des Tunnels.
Den Inhalt der Querschnittsfläche erhält man mit Hilfe eines Integrals; die Integrationsgrenzen sind die beiden Nullstellen $x_1 \approx -1{,}24$ und $x_2 \approx 7{,}24$ (GTR/CAS). Damit ergibt sich:

$$\mathrm{Q} = \int_{-1,24}^{7,24} f(x)\mathrm{d}x \approx 33{,}94 \text{ (GTR/CAS)}$$

Damit erhält man das Volumen V der Tunnelröhre:

$$\mathrm{V} = \mathrm{Q} \cdot l \approx 33{,}94 \cdot 500 = 16970$$

Somit müssen etwa 17 000 m^3 Gestein bewegt werden.
Die Bogenlänge s des Parabelbogens erhält man mit Hilfe der angegebenen Formel; mit $f'(x) = -\frac{2}{3}x + 2$ ergibt sich:

$$s = \int_a^b \sqrt{1 + (f'(x))^2}\mathrm{d}x = \int_{-1,24}^{7,24} \sqrt{1 + \left(-\frac{2}{3}x + 2\right)^2}\mathrm{d}x \approx 15,36\,(\text{GTR/CAS})$$

Der Parabelbogen hat eine Länge von etwa 15,36 m.
Den Flächeninhalt A der inneren Wandfläche des Tunnels erhält man, indem man die Länge s des Parabelbogens mit der Tunnellänge l multipliziert:

$$\mathrm{A} = s \cdot l \approx 15,36 \cdot 500 = 7680$$

Da die Wandfläche doppelt gestrichen wird, benötigt man Farbe für $2 \cdot 7\,680\,\mathrm{m}^2 = 15\,360\,\mathrm{m}^2$.
Da ein Liter Farbe für fünf Quadratmeter Wandfläche ausreicht, teilt man das erhaltene Ergebnis durch 5:

$$\frac{15\,360}{5} = 3072$$

Es werden etwa 3100 Liter Farbe benötigt.

b) Es ist $f_a(x) = a^3 \sin(ax)$; $a > 0$.
Die Nullstellen von f_a erhält man durch $f_a(x) = 0$.
Die Gleichung $a^3 \sin(ax) = 0$ bzw. $\sin(ax) = 0$ führt zu den Lösungen $x_1 = 0$, $x_2 = \frac{\pi}{a}$, $x_3 = \frac{2\pi}{a}$, usw..
Den Flächeninhalt A der Fläche, die der Graph von f_a mit der x-Achse zwischen zwei benachbarten Nullstellen einschließt, erhält man mit Hilfe eines Integrals:

$$\begin{aligned}\mathrm{A} &= \int_0^{\frac{\pi}{a}} a^3 \sin(ax)\mathrm{d}x \\ &= \left[-\frac{a^3}{a}\cos(ax)\right]_0^{\frac{\pi}{a}} \\ &= \left[-a^2\cos(ax)\right]_0^{\frac{\pi}{a}} \\ &= \left(-a^2\cos\left(a\cdot\frac{\pi}{a}\right)\right) - \left(-a^2\cos(a\cdot 0)\right) \\ &= a^2 + a^2 \\ &= 2a^2\end{aligned}$$

Da der Flächeninhalt 10 FE betragen soll, muss gelten: $10 = 2a^2 \Rightarrow a_{1,2} = \pm\sqrt{5}$
Wegen $a > 0$ kommt nur $a = \sqrt{5}$ als Lösung in Frage.
Somit beträgt für $a = \sqrt{5}$ der gesuchte Flächeninhalt 10 FE.

2 Windkraftanlage

Es ist $f(x) = -0,00045x^4 - 0,044x^2 + 6$.

a) Um den Graphen von f auf Symmetrie zu untersuchen, setzt man $-x$ in $f(x)$ ein:

$$f(-x) = -0,00045 \cdot (-x)^4 - 0,044 \cdot (-x)^2 + 6 = -0,00045x^4 - 0,044x^2 + 6 = f(x)$$

Wegen $f(-x) = f(x)$ ist der Graph von f achsensymmetrisch zur y-Achse.
Die Nullstellen von f erhält man durch $f(x) = 0$ bzw. durch die Gleichung:

$$-0,00045x^4 - 0,044x^2 + 6 = 0$$

Mit Hilfe des GTR/CAS erhält man: $x_1 \approx -8,75$ und $x_2 \approx 8,75$.
Das Schaubild von f erhält man mit Hilfe des GTR/CAS;
Zeichenbereich $-9 \leqslant x \leqslant 9$ und $0 \leqslant y \leqslant 6$:

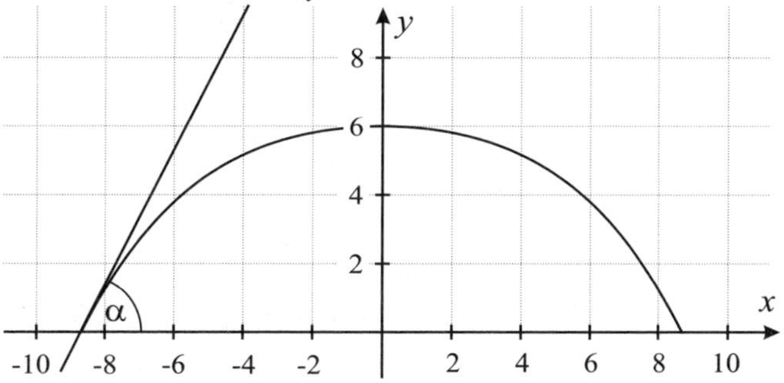

b) Den Winkel α, den die Blätter mit der Rotorachse einschließen, erhält man, indem man zuerst die Steigung m in einer Nullstelle, z.B. $x = -8,75$ mit Hilfe der 1. Ableitung von f bestimmt:

$$f'(x) = -0,0018x^3 - 0,088x$$

Setzt man $x = -8,75$ in $f'(x)$ ein, ergibt sich:

$$m = f'(-8,75) = -0,0018 \cdot (-8,75)^3 - 0,088 \cdot (-8,75) \approx 1,976$$

Damit erhält man:

$$\tan\alpha = m$$
$$\tan\alpha = 1,976$$
$$\Rightarrow \alpha \approx 63,16^\circ$$

Der Winkel, den die Blätter mit der Rotorachse einschließen, beträgt etwa $63,2^\circ$.

Der Punkt P bewegt sich auf einem Kreis mit Radius $r = f(0) = 6\,\text{m}$.
Bei einer Umdrehung ergibt sich der zurückgelegte Weg aus dem Umfang U des zugehöri-

gen Kreises:

$$U = 2 \cdot \pi \cdot r = 2 \cdot \pi \cdot 6\,\mathrm{m} = 12\pi\,\mathrm{m}$$

Eine Drehzahl von 80 Umdrehungen pro Minute ergibt 4800 Umdrehungen pro Stunde. Der in einer Stunde $(\mathrm{t} = 1\mathrm{h})$ zurückgelegte Weg s beträgt damit:

$$\mathrm{s} = 4800 \cdot U = 4800 \cdot 12\pi\,\mathrm{m} = 57\,600\pi\,\mathrm{m} \approx 180\,956\,\mathrm{m} \approx 181\,\mathrm{km}$$

Damit gilt für die Geschwindigkeit v des Punktes P:

$$v = \frac{\mathrm{s}}{\mathrm{t}} \approx \frac{181\,\mathrm{km}}{1\mathrm{h}} = 181\,\frac{\mathrm{km}}{\mathrm{h}}$$

Die Geschwindigkeit des Punktes P beträgt etwa 181 km/h.

Die Wirkfläche W ist doppelt so groß wie der Flächeninhalt A der Fläche zwischen dem Graphen von f und der x-Achse.
Den Flächeninhalt A erhält man mit Hilfe eines Integrals:

$$A = \int_{-8,75}^{8,75} f(x)\,\mathrm{d}x \approx 76,12 \text{ (GTR/CAS)}$$

Damit gilt:

$$W = 2 \cdot A \approx 2 \cdot 76,12 = 152,24$$

Die Wirkfläche dieser Darrieus-Windkraftanlage beträgt etwa $152,2\,\mathrm{m}^2$.

Da diese Darrieus-Windkraftanlage pro Quadratmeter der Wirkfläche 125 Watt leistet, erhält man die gesamte Leistung P, indem man die Wirkfläche mit der Leistung pro Quadratmeter multipliziert:

$$P \approx 152,2\,\mathrm{m}^2 \cdot 125\,\frac{\mathrm{Watt}}{\mathrm{m}^2} = 19\,025 \text{ Watt}$$

Die Leistung beträgt etwa 19 025 Watt.

c) Die Wirkfläche W^* der Rotoren ist doppelt so groß wie der Flächeninhalt A^* der Fläche zwischen dem Graphen von g mit

$$g(x) = 7 - \frac{1}{2} \cdot \left(e^{0,3 \cdot x} + e^{-0,3 \cdot x}\right) \;;\; x \in [-8,75\,;\,8,75]$$

und der x-Achse.
Den Flächeninhalt A^* erhält man mit Hilfe eines Integrals:

$$A^* = \int_{-8,75}^{8,75} g(x)\mathrm{d}x \approx 76,73 \text{ (GTR/CAS)}$$

Damit gilt:

$$W^* = 2 \cdot A^* \approx 2 \cdot 76,73 = 153,46$$

Die Wirkfläche dieser Darrieus-Windkraftanlage beträgt etwa $153,5\,\mathrm{m}^2$.

Die Differenz D von $W^* = 153,46$ zu $W = 152,24$ beträgt:

$$D = W^* - W = 153,46 - 152,24 = 1,22$$

Die prozentuale Abweichung von W^* zu W erhält man, indem man die Differenz D von W^* zu W durch W teilt und mit 100% multipliziert:

$$\frac{D}{W} \cdot 100\% = \frac{1,22}{152,24} \cdot 100\% \approx 0,80\,\%$$

Damit beträgt die prozentuale Abweichung etwa $0,8\,\%$.

Um zu zeigen, dass der Graph der Funktion g im Intervall $[-8,75; 8,75]$ keine Wendepunkte hat, verwendet man die 2. Ableitung von g, die man mit der Kettenregel erhält:

$$g'(x) = -\frac{1}{2} \cdot \left(e^{0,3 \cdot x} \cdot 0,3 + e^{-0,3 \cdot x} \cdot (-0,3)\right) = -0,15 \cdot e^{0,3x} + 0,15 \cdot e^{-0,3x}$$

$$g''(x) = -0,15 \cdot e^{0,3x} \cdot 0,3 + 0,15 \cdot e^{-0,3x} \cdot (-0,3) = -0,045 \cdot e^{0,3x} - 0,045 \cdot e^{-0,3x}$$

Die notwendige Bedingung $g''(x) = 0$ führt zu

$$\begin{aligned} -0,045 \cdot e^{0,3x} - 0,045 \cdot e^{-0,3x} &= 0 \\ -0,045 \cdot \left(e^{0,3x} + e^{-0,3x}\right) &= 0 \\ e^{0,3x} + e^{-0,3x} &= 0 \end{aligned}$$

Wegen $e^{0,3x} > 0$ und $e^{-0,3x} > 0$ ist auch $e^{0,3x} + e^{-0,3x} > 0$, so dass die Gleichung $e^{0,3x} + e^{-0,3x} = 0$ keine reelle Lösung hat.

Damit hat der Graph der Funktion g im Intervall $[-8,75; 8,75]$ keine Wendepunkte.

3 Testzug

a) Anhand der gegebenen Abbildung kann man die ganzrationalen Funktionsterme bestimmen:

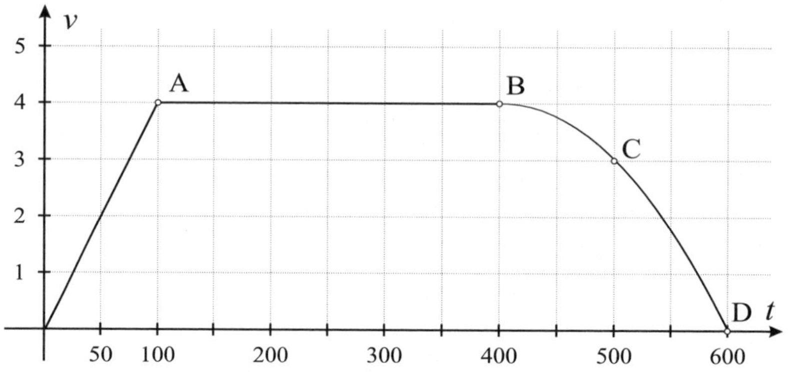

Für $0 \leqslant t < 100$ handelt es sich um eine Ursprungsgerade mit der Steigung $m = \frac{4}{100} = 0{,}04$. Diese hat die Gleichung: $y = 0{,}04 \cdot t$.

Für $100 \leqslant t < 400$ handelt es sich um eine Parallele zur t-Achse mit Steigung Null und v-Achsenabschnitt 4.

Diese hat die Gleichung: $y = 4$

Für $400 \leqslant t \leqslant 600$ kann man als Ansatz eine Parabel wählen mit $p(t) = at^2 + bt + c$.

Da B $(400 \mid 4)$, C $(500 \mid 3)$ und D $(600 \mid 0)$ auf der Parabel p liegen, gelten die Bedingungen: $p(400) = 4$, $p(500) = 3$ und $p(600) = 0$. Damit erhält man folgendes lineares Gleichungssystem:

$$\begin{array}{lccccccc} \text{I} & a \cdot 400^2 & + & b \cdot 400 & + & c & = & 4 \\ \text{II} & a \cdot 500^2 & + & b \cdot 500 & + & c & = & 3 \\ \text{III} & a \cdot 600^2 & + & b \cdot 600 & + & c & = & 0 \end{array}$$

bzw.

$$\begin{array}{lccccccc} \text{I} & 160\,000a & + & 400b & + & c & = & 4 \\ \text{II} & 250\,000a & + & 500b & + & c & = & 3 \\ \text{III} & 360\,000a & + & 600b & + & c & = & 0 \end{array}$$

Mit Hilfe des GTR/CAS erhält man: $a = -\frac{1}{10\,000}$, $b = 0{,}08$ und $c = -12$

Damit hat die Parabel p die Gleichung:

$$p(t) = -\frac{1}{10\,000}t^2 + 0{,}08t - 12$$

Somit erhält man für die Funktion v:

$$v(t) = \begin{cases} 0,04 \cdot t & \text{für } 0 \leqslant t < 100 \\ 4 & \text{für } 100 \leqslant t < 400 \\ -\frac{1}{10\,000}t^2 + 0,08t - 12 & \text{für } 400 \leqslant t \leqslant 600 \end{cases}$$

Die Strecke, die der Zug nach 10 Minuten zurückgelegt hat, erhält man, indem man den Flächeninhalt A der Fläche zwischen dem Schaubild von $v(t)$ und der t-Achse berechnet; diese besteht aus einem Dreieck, einem Rechteck und einer krummlinig begrenzten Fläche, die mit Hilfe eines Integrals bestimmt wird:

$$A_1 = \frac{1}{2} \cdot 100 \cdot 4 = 200$$

$$A_2 = 300 \cdot 4 = 1200$$

$$A_3 = \int_{400}^{600} \left(-\frac{1}{10000}t^2 + 0,08t - 12\right) dt \approx 533$$

Damit erhält man: $A = A_1 + A_2 + A_3 \approx 200 + 1200 + 533 = 1933$.

Der Zug legt in 10 Minuten also etwa eine Strecke von 1933 m zurück.

Die mittlere Geschwindigkeit $\overline{v}$ für die gesamte Fahrtdauer erhält man, indem man die gesamte Fahrstrecke durch die benötigte Zeit dividiert:

$$\overline{v} = \frac{1933\,\text{m}}{600\,\text{s}} \approx 3,22\,\frac{\text{m}}{\text{s}}$$

Die Terme der zu v gehörenden Weg-Zeit-Funktion erhält man, indem man allgemeine Stammfunktionen der einzelnen Funktionsterme bestimmt und die Nebenbedingungen (zurückgelegte Wege nach bestimmten Zeiten) beachtet. Die einzelnen Funktionsterme werden dafür mit $f(t)$ und $g(t)$ bezeichnet:

Eine Stammfunktion von $f(t) = 0,04 \cdot t$ ist

$$F(t) = 0,02 \cdot t^2 + c$$

Mit der Nebenbedingung, dass zu Beginn kein Weg zurückgelegt wurde, also $F(0) = 0$, ergibt sich:

$$0,02 \cdot 0^2 + c = 0 \Rightarrow c = 0$$

Damit erhält man:

$$F(t) = 0,02 \cdot t^2$$

Eine Stammfunktion von $g(t) = 4$ ist

$$G(t) = 4 \cdot t + c$$

Mit der Nebenbedingung, dass nach 100 Sekunden eine Strecke von 200 m zurückgelegt wurde, also $G(100) = 200$, ergibt sich:

$$4 \cdot 100 + c = 200 \Rightarrow c = -200$$

Damit erhält man:

$$G(t) = 4 \cdot t - 200$$

Eine Stammfunktion von $h(t) = -\frac{1}{10000}t^2 + 0{,}08t - 12$ ist

$$H(t) = -\frac{1}{30000}t^3 + 0{,}04 \cdot t^2 - 12 \cdot t + c$$

Mit der Nebenbedingung, dass nach 400 Sekunden eine Strecke von 200 m + 1200 m = 1400 m zurückgelegt wurde, also $H(400) = 1400$, ergibt sich:

$$-\frac{1}{30000} \cdot 400^3 + 0{,}04 \cdot 400^2 - 12 \cdot 400 + c \Rightarrow c \approx 533$$

Damit erhält man:

$$H(t) = -\frac{1}{30000}t^3 + 0{,}04 \cdot t^2 - 12 \cdot t + 533$$

Somit gilt für die Weg-Zeit-Funktion:

$$s(t) = \begin{cases} 0{,}02 \cdot t^2 & \text{für } 0 \leqslant t < 100 \\ 4 \cdot t - 200 & \text{für } 100 \leqslant t < 400 \\ -\frac{1}{30000}t^3 + 0{,}04 \cdot t^2 - 12 \cdot t + 533 & \text{für } 400 \leqslant t \leqslant 600 \end{cases}$$

b) Als Ansatz für die quadratische Parabel p wählt man die Funktion $p(x) = ax^2 + bx + c$ mit $p'(x) = 2ax + b$.
Da A (1 | 2) und B (4 | 0,5) auf p liegen, gelten die Bedingungen: $p(1) = 2$ und $p(4) = 0{,}5$.
Da p knickfrei in A an die Gerade g_1 anschließt, muss die Steigung in A gleich groß wie die Steigung von g_1 sein, also gilt die Bedingung: $p'(1) = -2$.
Damit erhält man folgendes lineares Gleichungssystem:

$$\begin{array}{llllllll} \text{I} & a \cdot 1^2 & + & b \cdot 1 & + & c & = & 2 \\ \text{II} & a \cdot 4^2 & + & b \cdot 4 & + & c & = & 0{,}5 \\ \text{III} & 2a \cdot 1 & + & b & & & = & -2 \end{array}$$

bzw.

$$\begin{array}{llllllll} \text{I} & a & + & b & + & c & = & 2 \\ \text{II} & 16a & + & 4b & + & c & = & 0{,}5 \\ \text{III} & 2a & + & b & & & = & -2 \end{array}$$

Mit Hilfe des GTR/CAS erhält man: $a = 0{,}5$, $b = -3$ und $c = 4{,}5$.

Damit hat die Parabel p die Gleichung:

$$p(x) = 0,5x^2 - 3x + 4,5$$

Um zu prüfen, ob p auch in B knickfrei an die Gerade g_2 anschließt, berechnet man die Steigung m_B von p in B, indem man den x-Wert von B in $p'(x) = x - 3$ einsetzt:

$$m_B = 4 - 3 = 1 \neq -0,125$$

Da m_B nicht mit der Steigung der Geraden g_2 übereinstimmt, schließt p nicht knickfrei im Punkt B an g_2 an.

Der Punkt A $(1 \mid 2)$ liegt auf der Hyperbel h mit der Gleichung $h(x) = \frac{c}{x}$, wenn gilt:

$$2 = \frac{c}{1} \Rightarrow c = 2$$

Also hat die Hyperbel h die Gleichung $h(x) = \frac{2}{x}$.
Um zu prüfen, ob auch B $(4 \mid 0,5)$ auf h liegt, setzt man die Koordinaten von B in h ein und erhält:

$$0,5 = \frac{2}{4}$$

Aufgrund der wahren Aussage liegt auch B auf der Hyperbel.

Folgende Skizze veranschaulicht die Lage der Gleise und der Hyperbel:

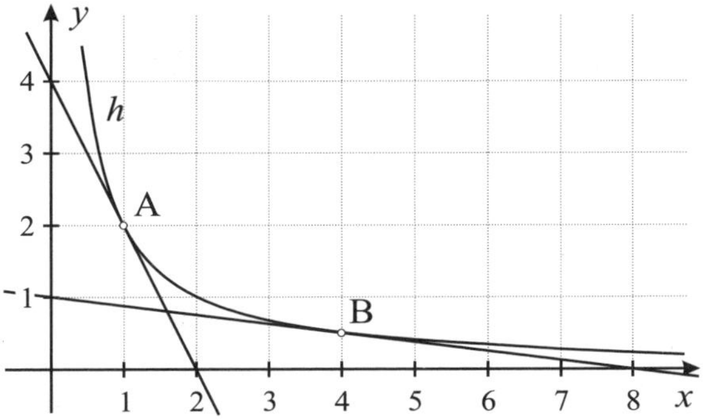

Die Hyperbel h mit der Gleichung $h(x) = \frac{2}{x}$ geht durch A und B.
Um die Steigungen m_A bzw. m_B in A bzw. B zu bestimmen, verwendet man die 1. Ableitung von $h(x) = 2 \cdot x^{-1}$, die man mit der Potenzregel erhält: $y' = 2 \cdot (-1) \cdot x^{-2} = -\frac{2}{x^2}$.
Setzt man den x-Wert von A $(1 \mid 2)$ in die 1. Ableitung von h ein, erhält man:

$$m_A = -\frac{2}{1^2} = -2$$

Setzt man den x-Wert von B $(4 \mid 0,5)$ in die 1. Ableitung von h ein, erhält man:

$$m_B = -\frac{2}{4^2} = -0,125$$

Da m_A mit der Steigung von g_1 und m_B mit der Steigung von g_2 übereinstimmen, schließt

die Hyperbel knickfrei in A und B an die Geraden an.
Damit ist die Hyperbel als Gleisverbindung geeignet.

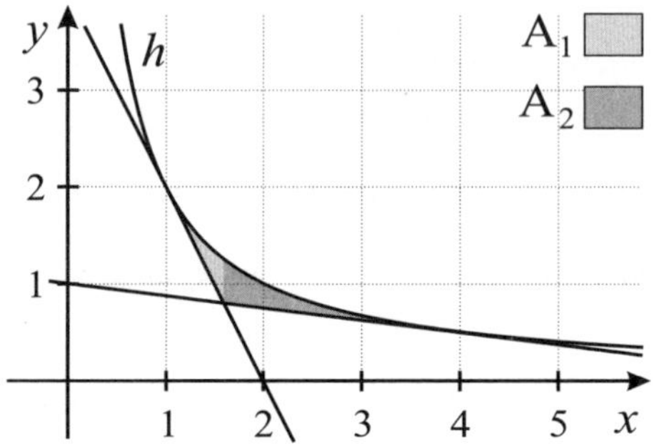

Den Flächeninhalt A der Fläche zwischen der Hyperbel h und den beiden Geraden erhält man, indem man diese Fläche in zwei Teilflächen unterteilt. Die Schnittstelle der Geraden g_1 und g_2 erhält man durch Gleichsetzen der Geradengleichungen:

$$-2x+4=-0,125x+1 \Rightarrow x=1,6$$

Damit erhält man folgende Teilflächen:

$$\mathrm{A}_1=\int_1^{1,6}\left(\frac{2}{x}-(-2x+4)\right)\mathrm{d}x\approx 0,10$$
$$\mathrm{A}_2=\int_{1,6}^{4}\left(\frac{2}{x}-(-0,125x+1)\right)\mathrm{d}x\approx 0,27$$

Die Gesamtfläche beträgt:

$$\mathrm{A}=\mathrm{A}_1+\mathrm{A}_2\approx 0,10+0,27=0,37$$

Eine Längeneinheit im Koordinatensystem entspricht 100 m, also entspricht einer Flächeneinheit $100\,\mathrm{m}\cdot 100\,\mathrm{m}=10\,000\,\mathrm{m}^2$.
Somit hat die Fläche zwischen den alten und neuen Gleisen einen Flächeninhalt von etwa $0,37\cdot 10\,000\,\mathrm{m}^2=3700\,\mathrm{m}^2$.
Der zugehörige Preis beträgt $3700\cdot 20\,€=74\,000\,€$.

4 Heizkosten

a) Es ist $f_t(x) = \frac{16}{x-t}$; $x \in \mathrm{D}$ mit $t \in \mathbb{R}$. Der maximale Definitionsbereich der Funktion f_t ist $\mathrm{D} = \mathbb{R} \setminus \{t\}$, weil für $x = t$ der Nenner gleich Null ist.

Die senkrechte Asymptote hat die Gleichung $x = t$ (Pol).

Für $|x| \to \infty$ geht $f_t(x)$ gegen Null, also hat die waagrechte Asymptote die Gleichung $y = 0$.

Für $t = 1$ erhält man folgendes Schaubild:

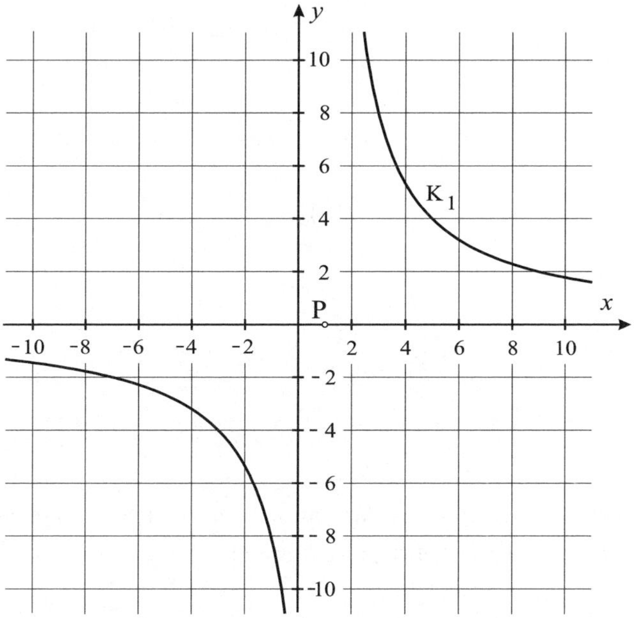

Um zu zeigen, dass das Schaubild K_1 der Funktion f_1 mit $f_1(x) = \frac{16}{x-1}$ punktsymmetrisch zum Punkt $P(1 \mid 0)$ ist, muss gelten:

$$\frac{f_1(1+h) + f_1(1-h)}{2} = 0$$

Es ist

$$f_1(1+h) = \frac{16}{(1+h)-1} = \frac{16}{h}$$

und

$$f_1(1-h) = \frac{16}{(1-h)-1} = \frac{16}{-h} = -\frac{16}{h}.$$

Also ist

$$\frac{f_1(1+h)+f_1(1-h)}{2} = \frac{\frac{16}{h} - \frac{16}{h}}{2} = \frac{0}{2} = 0.$$

Somit ist K_1 punktsymmetrisch zu $P(1 \mid 0)$.

Den Abstand d eines Punktes $\mathrm{Q}\,(x \mid f(x))$ auf K_1 von $\mathrm{P}\,(1 \mid 0)$ erhält man mit

$$d(x) = \sqrt{(x-1)^2 + (f(x)-0)^2} \Rightarrow d(x) = \sqrt{(x-1)^2 + \left(\frac{16}{x-1}\right)^2}$$

Mit der Hilfe des GTR/CAS bestimmt man die Minima und erhält $x_1 = -3$ und $x_2 = 5$.
Setzt man $x_1 = -3$ bzw. $x_2 = 5$ in $f_1(x)$ ein, so erhält man $y_1 = -4$ und $y_2 = 4$.
Die Punkte mit minimalem Abstand sind also $\mathrm{P}_1\,(-3 \mid -4)$ und $\mathrm{P}_2\,(5 \mid 4)$.
Da jeweils die x- und y-Werte nicht übereinstimmen, liegen die beiden Punkte nicht auf der 1. Winkelhalbierenden.

b) Es ist $\mathrm{H}(d) = \frac{18}{d+3}$. Die Heizkosten ohne Dämmschicht $(d = 0)$ betragen pro m^2 Außenwand:

$$\mathrm{H}(0) = \frac{18}{0+3} = 6$$

ein Viertel davon sind 1,5.
Somit muss gelten:

$$1{,}5 = \frac{18}{d+3} \Rightarrow d = 9 \text{ (GTR/CAS)}$$

Also betragen die Heizkosten bei einer Dicke von $d = 9$ cm ein Viertel der Heizkosten ohne Dämmschicht.

Die Gesamtkosten $\mathrm{G}(d)$ pro m^2 Außenwand setzen sich zusammen aus den Heizkosten $\mathrm{H}(d)$ für 30 Jahre und den Anbringungskosten $\mathrm{K}(d)$:

$$\mathrm{G}(d) = 30 \cdot \mathrm{H}(d) + \mathrm{K}(d) = 30 \cdot \frac{18}{d+3} + 10 + 3d = \frac{540}{d+3} + 10 + 3d$$

Mit Hilfe des GTR/CAS bestimmt man das Minimum von $\mathrm{G}(d)$; man erhält $d = 10{,}42$ cm und $\mathrm{G}(10{,}42) = 81{,}50$. Also sind die Gesamtkosten (bezogen auf 30 Jahre) bei einer Dicke von 10,4 cm am kleinsten und betragen pro m^2 Außenwand 81,50 €.

Bei einer Außenwandfläche von 150 m^2 ergeben sich Gesamtkosten (bezogen auf 30 Jahre) in Höhe von $150 \cdot 81{,}50$ € $=$ 12 225 €.
Ohne Dämmung wären die Heizkosten für 30 Jahre: $30 \cdot 150 \cdot 6$ € $=$ 27 000 €.
Die Ersparnis beträgt also 27 000 € $-$ 12 225 € $=$ 14 775 €.

5 Tagestemperatur

a) Es ist $f_t(x) = \frac{4t}{x^2+t}$ mit $t > 0$.
Um zu zeigen, dass K_t symmetrisch ist, setzt man $-x$ in $f_t(x)$ ein:

$$f_t(-x) = \frac{4t}{(-x)^2+t} = \frac{4t}{x^2+t} = f_t(x)$$

Wegen $f_t(-x) = f_t(x)$ ist K_t achsensymmetrisch zur y-Achse.

Für $|x| \to \infty$ geht $f_t(x)$ gegen Null, also hat die waagrechte Asymptote die Gleichung $y = 0$ (x-Achse).

Den Extrempunkt von K_t erhält man mit Hilfe der 1. Ableitung von $f_t(x) = \frac{4t}{x^2+t} = 4t \cdot \left(x^2+t\right)^{-1}$, die man mit der Kettenregel bestimmt:

$$f_t{}'(x) = -4t \cdot \left(x^2+t\right)^{-2} \cdot 2x = -\frac{8tx}{\left(x^2+t\right)^2}$$

Die notwendige Bedingung $f_t{}'(x) = 0$ führt zu $-\frac{8tx}{\left(x^2+t\right)^2} = 0 \Rightarrow x = 0$
Für $x < 0$ ist $f_t{}'(x) > 0$, da $t > 0$.
Für $x > 0$ ist $f_t{}'(x) < 0$, da $t > 0$.
Also wechselt $f_t{}'(x)$ an der Stelle $x = 0$ das Vorzeichen von + nach −, so dass K_t an der Stelle $x = 0$ einen Hochpunkt besitzt. Den zugehörigen y-Wert erhält man, indem man $x = 0$ in $f_t x)$ einsetzt:

$$f_t(0) = \frac{4t}{0^2+t} = 4 \Rightarrow \mathrm{H}(0 \mid 4)$$

Somit ist der Extrempunkt unabhängig von t.

Den Flächeninhalt A der Fläche zwischen K_1, der x-Achse und den Geraden $x = -3$ und $x = 3$ erhält man mit Hilfe eines Integrals:

$$\mathrm{A} = \int_{-3}^{3} \left(\frac{4}{x^2+1}\right) \mathrm{d}x \approx 9{,}99 \text{ (GTR/CAS)}$$

Der Flächeninhalt beträgt etwa 10 FE.

b) Eine Funktionsgleichung für die Temperatur $\mathrm{T}(t)$ erhält man durch die Stammfunktion von $\mathrm{T}'(t) = -\frac{5}{8}t + \frac{19}{4}$:

$$\mathrm{T}(t) = -\frac{5}{16}t^2 + \frac{19}{4}t + c$$

Wegen $\mathrm{T}(0) = 12$ ergibt sich: $12 = -\frac{5}{16} \cdot 0^2 + \frac{19}{4} \cdot 0 + c \Rightarrow c = 12$
Damit erhält man:

$$\mathrm{T}(t) = -\frac{5}{16}t^2 + \frac{19}{4}t + 12$$

Um 6 Uhr ist $t = -1$, also $\mathrm{T}(-1) = -\frac{5}{16} \cdot (-1)^2 + \frac{19}{4} \cdot (-1) + 12 = 6{,}9$.
Um 12 Uhr ist $t = 5$, also $\mathrm{T}(5) = -\frac{5}{16} \cdot 5^2 + \frac{19}{4} \cdot 5 + 12 = 27{,}9$.
Um 6 Uhr beträgt die Temperatur 7 °C, um 12 Uhr beträgt sie 28 °C.

Die Maximaltemperatur wird mit dem GTR/CAS bestimmt, indem das Maximum von $\mathrm{T}(t)$ berechnet wird:
Man erhält $t = 7{,}6$ und $\mathrm{T}(7{,}6) = 30{,}1$.
Da $0{,}1$ Stunde 6 Minuten entsprichen und und zu t 7 Stunden dazugezählt werden beträgt die erwartete Maximaltemperatur um 14.36 Uhr etwa 30 °C.

Die Zeiten, zu denen die Temperatur höher als 25 °C ist, werden dadurch bestimmt, dass man das Schaubild von $\mathrm{T}(t)$ mit der Geraden $y = 25$ schneidet.
Mit dem GTR/CAS erhält man $t_1 = 3{,}6$ und $t_2 = 11{,}6$.
Da 0,1 Stunden genau 6 Minuten entsprechen und zu t_1 bzw. t_2 7 Stunden dazugezählt werden, ist zwischen 10.36 Uhr und 18.36 Uhr die Temperatur höher als 25 °C.

Den Mittelwert $\overline{\mathrm{T}}$ zwischen 7 Uhr ($t = 0$) und 19 Uhr ($t = 12$) erhält man näherungsweise durch Berechnung des folgenden Integrals mit dem GTR/CAS:

$$\overline{\mathrm{T}} = \frac{1}{12-0}\int_0^{12} \mathrm{T}(t)dt = \frac{1}{12}\int_0^{12} \left(-\frac{5}{16}t^2 + \frac{19}{4}t + 12\right) dt = \frac{1}{12} \cdot 306 = 25{,}5 \text{ (GTR/CAS)}$$

Der Mittelwert beträgt 25,5 °C.

Die Grenzen des Modells erhält man, wenn für bestimmte Zeiten «unsinnige» Temperaturen als Ergebnis ermittelt werden, z. B. Minustemperaturen im Sommer in Stuttgart.
Für $t < -2{,}2$ und $t > 17{,}4$ (Mitternacht) ist dies der Fall.

6 Tannensetzling

a) Es ist $f(t) = 1,5 \cdot e^{-0,005(t-25)^2}$.
Das Maximum von f wird mit dem GTR/CAS bestimmt: $t = 25$.
Im 25. Jahr ist das Längenwachstum maximal.

Das durchschnittliche Wachstum in den ersten 30 Jahren erhält man durch Integration:

$$\frac{1}{30}\int_0^{30} f(t)dt = \frac{1}{30}\int_0^{30} 1,5 \cdot e^{-0,005(t-25)^2}dt = \frac{1}{30} \cdot 25,77 = 0,86\,(\text{GTR/CAS})$$

Die Tanne wächst in den ersten 30 Jahren durchschnittlich etwa 0,86 m pro Jahr.

Die Höhe h der Tanne erhält man, indem man zur Anfangshöhe die Summe der Zuwächse addiert, die man mit Hilfe eines Integrals bestimmt:

$$h = 0,3 + \int_0^{30} f(t)dt = 26,07 \text{ (GTR/CAS)}$$

Alternativ kann man mit dem Durchschnittswert $0,86$ rechnen und erhält:

$$h = 0,3 + 30 \cdot 0,86 = 26,1$$

Die Tanne ist also nach 30 Jahren etwa 26,1 m hoch.
Um den Zeitpunkt T für die Höhe von 13 m zu bestimmen, muss gelten

$$13 = 0,3 + \int_0^{T} f(t)dt \text{ bzw. } 12,7 = \int_0^{T} f(t)dt$$

Durch Ausprobieren bzw. Lösen der Integralgleichung mit dem GTR bzw. dem CAS erhält man $T = 21$.
Nach 21 Jahren ist die Tanne 13 m hoch.

Um den Zeitpunkt des «Ausgewachsenseins» zu bestimmen, schneidet man das Schaubild von f mit der Geraden $y = 0,2$. Mit dem GTR/CAS erhält man $t = 45$.
Die Höhe einer 45-jährigen Tanne beträgt $h_1 = 0,3 + \int_0^{45} f(t)dt = 36,81$ (GTR/CAS).
Die Höhe einer 60-jährigen Tanne beträgt $h_2 = 0,3 + \int_0^{60} f(t)dt = 37,66$ (GTR/CAS).
Die Differenz beträgt $h_2 - h_1 = 0,85$.
Alternativ hätte man die Differenz auch durch folgendes Integral berechnen können:

$$\int_{45}^{60} f(t)dt = 0,85 \text{ (GTR/CAS)}$$

Also ist eine 60-jährige Tanne etwa 0,85 m höher als eine «ausgewachsene» Tanne.

b) Es ist $f(x) = \frac{2}{x}$ mit $f'(x) = -\frac{2}{x^2}$. Der Punkt $\mathrm{B}\,(u \mid f(u))$ mit $0 < u < 1$ hat die Koordinaten $\mathrm{B}\left(u \mid \frac{2}{u}\right)$. Die Tangente t in $\mathrm{B}\,(u \mid f(u))$ hat die Steigung $m = f'(u) = -\frac{2}{u^2}$.

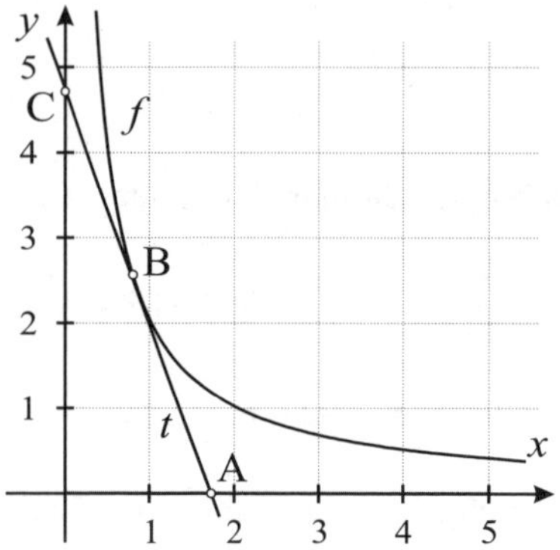

Setzt man B und m in die Punkt-Steigungs-Form

$$y - y_1 = m \cdot (x - x_1)$$

ein, erhält man:

$$\begin{aligned} t: y - \tfrac{2}{u} &= -\tfrac{2}{u^2} \cdot (x - u) \\ t: y &= -\tfrac{2}{u^2} \cdot x + \tfrac{4}{u} \end{aligned}$$

Den Schnittpunkt A der Tangente t mit der x-Achse erhält man durch $y = 0$. Dies führt zu:

$$\begin{aligned} 0 &= -\frac{2}{u^2} \cdot x + \frac{4}{u} \\ x &= 2u \end{aligned}$$

Damit hat der Punkt A die Koordinaten $\mathrm{A}\,(2u \mid 0)$.

Den Schnittpunkt C der Tangente t mit der y-Achse erhält man, indem man $x = 0$ in t einsetzt:

$$y = -\frac{2}{u^2} \cdot 0 + \frac{4}{u} = \frac{4}{u}$$

Damit hat der Punkt C die Koordinaten $\mathrm{C}\left(0 \mid \frac{4}{u}\right)$.

Der Umfang U des Dreiecks OAC besteht aus den Streckenlängen $\overline{\mathrm{OA}}$, $\overline{\mathrm{AC}}$, und $\overline{\mathrm{OC}}$:

$$\begin{aligned} \overline{\mathrm{OA}} &= 2u \\ \overline{\mathrm{AC}} &= \sqrt{(2u)^2 + \left(\frac{4}{u}\right)^2} \\ \overline{\mathrm{OC}} &= \frac{4}{u} \end{aligned}$$

Damit ergibt sich der Umfang $\mathrm{U}(u)$ des Dreiecks OAC:

$$\mathrm{U}(u) = 2u + \sqrt{(2u)^2 + \left(\frac{4}{u}\right)^2} + \frac{4}{u}$$

Da das Dreieck OAC einen Umfang von 15 LE besitzen soll, muss gelten: $\mathrm{U}(u) = 15$.

Mit Hilfe des GTR/CAS erhält man: $u_1 \approx 0{,}58$ und $u_2 \approx 3{,}43$.

Wegen $0 < u < 1$ erhält man $u \approx 0{,}58$.

Den y-Wert des Punktes B erhält man, indem man $x = 0{,}58$ in $f(x)$ einsetzt: $f(0{,}58) \approx 3{,}45$

Damit hat der Punkt B die Koordinaten $\mathrm{B}(0{,}58 \mid 3{,}45)$.

7 Abkühlung

a) Mit Hilfe der gegebenen Daten kann man zwei Gleichungen für $\mathrm{T}(t) = a + b \cdot e^{-0{,}050 \cdot t}$ aufstellen:

$$\begin{array}{llcllcl} \mathrm{I} & \mathrm{T}(2) & = & 80 & \Rightarrow & a+b\cdot e^{-0{,}050\cdot 2} & = & 80 \\ \mathrm{II} & \mathrm{T}(7) & = & 70 & \Rightarrow & a+b\cdot e^{-0{,}050\cdot 7} & = & 70 \end{array}$$

Subtrahiert man Gleichung II von Gleichung I, so ergibt sich

$$b \cdot e^{-0{,}050\cdot 2} - b \cdot e^{-0{,}050\cdot 7} = 10$$

bzw.

$$b \cdot \left(e^{-0{,}050\cdot 2} - e^{-0{,}050\cdot 7}\right) = 10 \Rightarrow b = \frac{10}{e^{-0{,}1} - e^{-0{,}35}} = 50 \text{ (GTR/ CAS)}$$

Setzt man $b = 50$ in I ein, so erhält man

$$a + 50 \cdot e^{-0{,}050\cdot 2} = 80 \Rightarrow a = 80 - 50 \cdot e^{-0{,}1} = 35$$

Somit erhält man $\mathrm{T}(t) = 35 + 50 \cdot e^{-0{,}050\cdot t}$.

Zum Nachweis, dass $\mathrm{T}(t)$ die angegebene Differentialgleichung erfüllt, wird die 1. Ableitung bestimmt. Anschließend setzt man Funktion und Ableitung in die Differentialgleichung ein:

$$\mathrm{T}'(t) = 50 \cdot e^{-0{,}050\cdot t} \cdot (-0{,}05) = -2{,}5 \cdot e^{-0{,}050\cdot t}$$

Setzt man $\mathrm{T}'(t)$ und $\mathrm{T}(t)$ in die Differentialgleichung

$$\mathrm{T}'(t) = 0{,}05 \cdot \left(35 - \mathrm{T}(t)\right)$$

ein, erhält man:

$$\begin{aligned} -2{,}5 \cdot e^{-0{,}050\cdot t} &= 0{,}05 \cdot \left(35 - \left(35 + 50e^{-0{,}050\cdot t}\right)\right) \\ &= 0{,}05 \cdot \left(-50e^{-0{,}050\cdot t}\right) \\ &= -2{,}5 \cdot e^{-0{,}050\cdot t}. \end{aligned}$$

Damit erfüllt $\mathrm{T}(t)$ die angegebene Differentialgleichung.

Die Anfangstemperatur ist

$$\mathrm{T}(0) = 35 + 50 \cdot e^{-0{,}050\cdot 0} = 85$$

Für $t \to \infty$ geht $\mathrm{T}(t) \to 35$.

Somit ist die Anfangstemperatur 85 °C und langfristig werden 35 °C erwartet.

Die Temperatur nimmt ab dem Zeitpunkt um weniger als 0,5 °C pro Minute ab, bei dem gilt $T'(t) = -0,5$.
Dies führt auf folgende Gleichung:

$$-0,05 \cdot 50 \cdot e^{-0,050 \cdot t} = -0,5 \Rightarrow t = \frac{\ln\left(\frac{1}{5}\right)}{-0,05} = 32,2 \text{ (GTR/CAS)}$$

Nach etwa 32 Minuten nimmt die Temperatur um weniger als 0,5 °C pro Minute ab.
Alternativ kann man auch mit dem GTR/CAS ein Schaubild von $T'(t)$ zeichnen und es mit der Geraden $y = -0,5$ schneiden.

Die mittlere Temperatur $\overline{T}$ bestimmt man durch Integration:

$$\overline{T} = \frac{1}{20-15} \int_{15}^{20} \left(35 + 50 \cdot e^{-0,050 \cdot t}\right) \mathrm{d}t = 55,90 \text{ (GTR/CAS)}$$

Die mittlere Temperatur zwischen 15 und 20 Minuten nach Beginn der Beobachtung beträgt etwa 56 °C.

b) Es ist $f(x) = 6x - \frac{1}{2}x^3$.
Den Mittelwert $\overline{m}(t)$ der Funktionswerte von f auf dem Intervall $[0 : t]$ erhält man mit Hilfe eines Integrals:

$$\begin{aligned}\overline{m}(t) &= \frac{1}{t} \cdot \int_0^t \left(6x - \frac{1}{2}x^3\right) \mathrm{d}x = \frac{1}{t} \cdot \left[3x^2 - \frac{1}{8}x^4\right]_0^t = \frac{1}{t} \cdot \left(\left(3t^2 - \frac{1}{8}t^4\right) - \left(3 \cdot 0^2 - \frac{1}{8} \cdot 0^4\right)\right) \\ &= 3t - \frac{1}{8}t^3\end{aligned}$$

Damit der Mittelwert möglichst groß ist, berechnet man mit Hilfe des GTR/CAS das Maximum von $\overline{m}(t) = 3t - \frac{1}{8}t^3$. Man erhält: $t \approx 2,83$.
Für $t \approx 2,83$ ist der Mittelwert am größten.

8 Malaria

a) Da $d'(t)$ proportional zu $d(t)$ ist, gilt folgende Differentialgleichung:
$d'(t) = k \cdot d(t)$, welche von der Funktion d mit $d(t) = a \cdot e^{k \cdot t}$ gelöst wird, da

$$\begin{aligned} d'(t) &= a \cdot e^{k \cdot t} \cdot k \\ &= k \cdot a \cdot e^{k \cdot t} \\ &= k \cdot d(t) \end{aligned}$$

Zum Zeitpunkt $t = 0$ ist die Temperaturdifferenz $d(0) = 39,5 - 20 = 19,5$.
Zum Zeitpunkt $t = \frac{1}{3}$ (20 Sekunden sind $\frac{1}{3}$ Minuten) ist die Temperaturdifferenz $d(\frac{1}{3}) = 39,5 - 32,8 = 6,7$; somit erhält man folgende Gleichungen:

$$\begin{array}{llcccc} \text{I} & d(0) & = & a \cdot e^{k \cdot 0} & = & 19,5 \\ \text{II} & d\left(\frac{1}{3}\right) & = & a \cdot e^{k \cdot \frac{1}{3}} & = & 6,7 \end{array}$$

Aus Gleichung I erhält man $a = 19,5$.
Setzt man $a = 19,5$ in Gleichung II ein, so erhält man

$$19,5 \cdot e^{k \cdot \frac{1}{3}} = 6,7 \Rightarrow k = \frac{\ln\left(\frac{6,7}{19,5}\right)}{\frac{1}{3}} = -3,2049 \text{ (GTR/CAS)}$$

Somit ist $d(t) = 19,5 \cdot e^{-3,2049 \cdot t}$.

99 % von 39,5 °C sind $0,99 \cdot 39,5\,°\text{C} = 39,11\,°\text{C}$, also ist die Temperaturdifferenz

$$d(t) = 39,5 - 39,11 = 0,39$$

Folglich muss gelten

$$0,39 = 19,5 \cdot e^{-3,2049 \cdot t} \Rightarrow t = \frac{\ln\left(\frac{0,39}{19,5}\right)}{-3,2049} = 1,22 \text{ (GTR/CAS)}$$

Nach etwa $1,2$ Minuten sind 99 % der vorhandenen Körpertemperatur erreicht.

Da $d'(t) = -0,1$ gelten soll, bestimmt man die 1. Ableitung von $d(t)$ oder zeichnet mit Hilfe des GTR/CAS das Schaubild der zugehörigen Ableitungsfunktion und schneidet dieses mit der Geraden $y = -0,1$:

$$d'(t) = 19,5 \cdot e^{-3,2049 \cdot t} \cdot (-3,2049) = -62,5e^{-3,2049 \cdot t}$$

Gleichsetzen ergibt

$$-62,5e^{-3,2049\cdot t} = -0,1 \Rightarrow t = \frac{\ln\left(\frac{-0,1}{-62,5}\right)}{-3,2049} = 2,01 \text{ (GTR/CAS)}$$

Also wird die Messung nach etwa 2 Minuten automatisch beendet.

Für $t = 2$ ist die Temperaturdifferenz $d(2) = 19,5 \cdot e^{-3,2049\cdot 2} = 0,03$.
Die angezeigte Temperatur ist folglich $39,5\ ^\circ\text{C} - 0,03\ ^\circ\text{C} = 39,47\ ^\circ\text{C}$.

b) Es ist $f_t(x) = tx + \cos x;\ t, x \in \mathbb{R},\ t > 0$.
Alle Kurven haben als gemeinsamen Punkt $\text{P}(0 \mid 1)$, da $f_t(0) = t \cdot 0 + \cos(0) = 1$.
Zur Bestimmung der Extrempunkte benötigt man die 1. Ableitung von f_t :

$$f_t{}'(x) = t - \sin x$$

Setzt man $f_t{}'(x) = 0$, so führt dies zu $t - \sin x = 0$ bzw. $\sin x = t$.
Da $-1 \leqslant \sin x \leqslant 1$, gibt es für $t > 1$ oder $t < -1$ keine reelle Lösung der Gleichung, folglich auch keine Extrempunkte.
Da für $t = 1$ gilt: $f_1{}'(x) = 1 - \sin x \geqslant 0$, kann $f_1{}'$ das Vorzeichen nicht wechseln, folglich gibt es für $t = 1$ keine Extrempunkte.
Für $0 < t < 1$ besitzt die Gleichung $\sin x = t$ Lösungen, also gibt es Extrempunkte.
Für $t \geqslant 1$ gibt es keine Extrempunkte.

9 Sonnenblume

a) Es ist $f_t(x) = -2x - e^{2t-x}$ mit $x \in \mathbb{R}$ und $t \in \mathbb{R}$. An den Schaubildern erkennt man folgende Eigenschaften der Scharkurven:

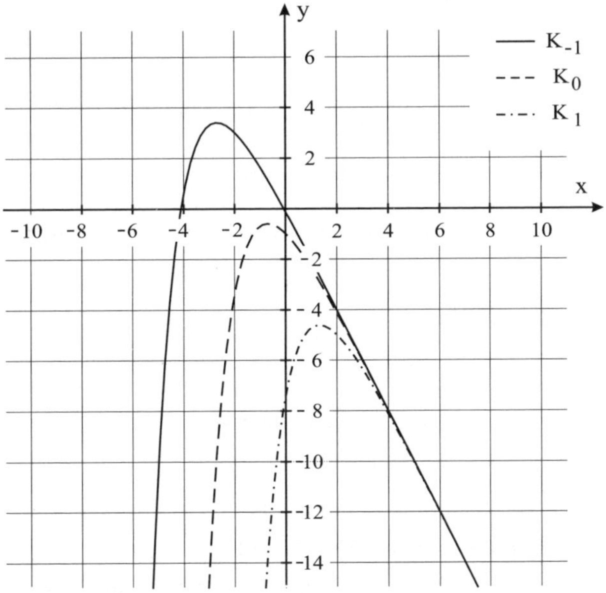

- Sie haben genau einen Hochpunkt.
- Sie haben keinen Wendepunkt.
- Sie sind nicht symmetrisch.
- Der Schnittpunkt mit der y-Achse ist $S_y\left(0 \mid -e^{2t}\right)$

Zur Bestimmung des Hochpunkts H_t benötigt man die 1. und 2. Ableitung von f_t:
Es ist

$$f_t(x) = -2x - e^{2t-x}$$
$$f_t{}'(x) = -2 - e^{2t-x} \cdot (-1) = -2 + e^{2t-x}$$
$$f_t{}''(x) = -e^{2t-x}$$

$f_t{}'(x) = 0$ führt zu $-2 + e^{2t-x} = 0 \Rightarrow 2t - x = \ln 2$, also $x = 2t - \ln 2$.
Setzt man $x = 2t - \ln 2$ in $f_t(x)$ ein, ergibt sich der y-Wert:

$$f_t\left(2t - \ln 2\right) = -2 \cdot (2t - \ln 2) - e^{2t-(2t-\ln 2)} = -4t + 2\ln 2 - 2$$

Da $f_t{}''(2t - \ln 2) = -e^{2t-(2t-\ln 2)} = -2 < 0$, ergibt sich als Hochpunkt
$H_t\left(2t - \ln 2 \mid -4t + 2\ln 2 - 2\right)$.

Um die Ortskurve aller Hochpunkte H_t zu erhalten, löst man den x-Wert von H_t nach t auf und setzt dies in den y-Wert von H_t ein:

$$x = 2t - \ln 2 \Rightarrow t = \frac{x}{2} + \frac{\ln 2}{2}$$

Damit ergibt sich

$$y = -4 \cdot \left(\frac{x}{2} + \frac{\ln 2}{2}\right) + 2\ln 2 - 2 = -2x - 2$$

Also liegen alle Hochpunkte auf der Geraden $y = -2x - 2$.

K_t hat mit der x-Achse genau einen gemeinsamen Punkt, wenn der Hochpunkt H_t auf der x-Achse liegt, also der y-Wert von H_t gleich Null ist:

$$-4t + 2\ln 2 - 2 = 0 \Rightarrow t = \frac{1}{2}\ln 2 - \frac{1}{2}$$

Für $t = \frac{1}{2}\ln 2 - \frac{1}{2}$ gibt es genau einen gemeinsamen Punkt mit der x-Achse.

b) Es ist $h_1(t) = 0,08 \cdot e^{k \cdot t}$ für $t \in \mathbb{R}$ mit $k \in \mathbb{R}$.
Zu Beginn ($t = 0$) hat die Sonnenblume die Höhe $h_1(0) = 0,08 \cdot e^{k \cdot 0} = 0,08$.
Nach 5 Wochen ist sie $0,08\text{ m} + 0,52\text{ m} = 0,6\text{ m}$ hoch, also gilt
$h_1(5) = 0,6$ bzw.

$$0,08 \cdot e^{k \cdot 5} = 0,6 \Rightarrow k = \frac{\ln\left(\frac{0,6}{0,08}\right)}{5} = 0,4030 \text{ (GTR/CAS)}$$

Somit lautet die Funktionsgleichung von h_1:

$$h_1(t) = 0,08 \cdot e^{0,4030 \cdot t}$$

Nach 8 Wochen ist $h_1(8) = 0,08 \cdot e^{0,4030 \cdot 8} = 2,01$.

Die Sonnenblume müsste also 2,01 m hoch sein.

Es ist $h_2(t) = a - b \cdot e^{-0,5 \cdot t}$ für $t \geqslant 5$. Nach 5 Wochen ist die Sonnenblume 0,6 m, nach 8 Wochen 1,20 m hoch. Somit gelten folgende zwei Gleichungen:

$$\begin{array}{llllllll} \text{I} & h_2(5) & = & 0,6 & \Rightarrow & a - b \cdot e^{-0,5 \cdot 5} & = & 0,6 \\ \text{II} & h_2(8) & = & 1,20 & \Rightarrow & a - b \cdot e^{-0,5 \cdot 8} & = & 1,20 \end{array}$$

Subtrahiert man Gleichung II von Gleichung I, so ergibt sich:

$-b \cdot e^{-0,5 \cdot 5} + b \cdot e^{-0,5 \cdot 8} = -0,6$ bzw. $b \cdot \left(-e^{-0,5 \cdot 5} + e^{-0,5 \cdot 8}\right) = -0,6$. Also

$$b = \frac{-0,6}{-e^{-0,5 \cdot 5} + e^{-0,5 \cdot 8}} = 9,4 \text{ (GTR/CAS)}$$

Setzt man $b = 9,4$ in Gleichung I ein, so ergibt sich

$a - 9,4 \cdot e^{-0,5 \cdot 5} = 0,6 \;\Rightarrow\; a = 0,6 + 9,4e^{-0,5 \cdot 5} = 1,37$

Somit lautet die Funktionsgleichung von h_2:

$$h_2(t) = 1,37 - 9,4 \cdot e^{-0,5 \cdot t} \; ; \; t \geqslant 5$$

Für $t \longrightarrow \infty$ geht $h_2(t) \longrightarrow 1,37$.

Die Sonnenblume kann langfristig nach Modell h_2 die Höhe von 1,37 m nicht überschreiten.

Um zu zeigen, dass h_2 ein beschränktes Wachstum beschreibt, muss für h_2 gelten:

$h_2{}'(t) = k \cdot \Big(S - h_2(t)\Big)$ mit der Schranke $S = 1,37$ und $k = 0,5$.

Es ist

$$h_2{}'(t) = -9,4 \cdot e^{-0,5 \cdot t} \cdot (-0,5) = 4,7 \cdot e^{-0,5 \cdot t}$$

und

$$k \cdot \Big(S - h_2(t)\Big) = 0,5 \cdot \Big(1,37 - (1,37 - 9,4 \cdot e^{-0,5 \cdot t})\Big) = 0,5 \cdot 9,4 \cdot e^{-0,5 \cdot t} = 4,7 \cdot e^{-0,5 \cdot t} = h_2{}'(t)$$

Also beschreibt h_2 ein beschränktes Wachstum.

Da h_1 ein natürliches exponentielles Wachstum beschreibt, hat Modell h_1 gegenüber h_2 den Nachteil, dass es bei h_1 keine Grenze des Wachstums gibt, was bei Pflanzen aber genetisch anders vorgegeben ist. Daher gibt Modell h_2, welches ein beschränktes Wachstum beschreibt, ab einer gewissen Zeit den Verlauf der Höhe der Sonnenblume besser wieder.

10 Sonnenschein

a) Es ist $f_t(x) = tx \cdot e^{-\frac{1}{t}x}$ mit $t > 0$. Aus den Schaubildern kann man folgende gemeinsame Eigenschaften der Kurven der Schar bestimmen:

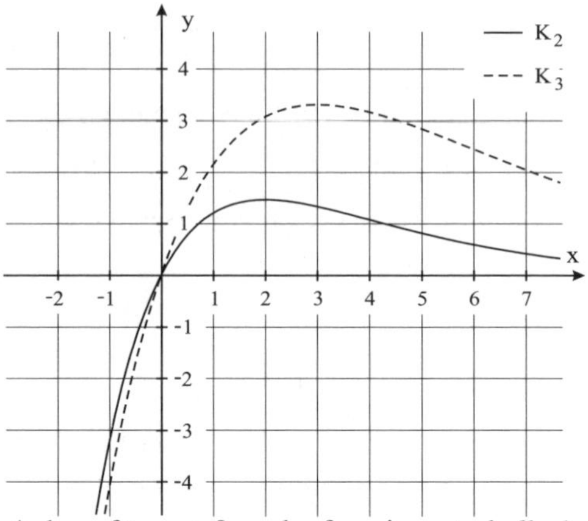

- Sie gehen durch den Ursprung.
- Sie haben genau einen Hochpunkt.
- Sie haben genau einen Wendepunkt.
- Für $x \longrightarrow \infty$ ist die x-Achse waagrechte Asymptote.
- Für $x > 0$ verlaufen sie oberhalb der x-Achse, für $x < 0$ verlaufen sie unterhalb der x-Achse.

Zur Bestimmung des Wendepunkts bestimmt man mit Hilfe von Produkt- und Kettenregel die 2. Ableitung von f_t:

$$f_t(x) = tx \cdot e^{-\frac{1}{t}x}$$
$$f_t{}'(x) = t \cdot e^{-\frac{1}{t}x} + tx \cdot e^{-\frac{1}{t}x} \cdot (-\frac{1}{t}) = (t-x) \cdot e^{-\frac{1}{t}x}$$
$$f_t{}''(x) = -1 \cdot e^{-\frac{1}{t}x} + (t-x) \cdot e^{-\frac{1}{t}x} \cdot (-\frac{1}{t}) = (\frac{1}{t}x - 2) \cdot e^{-\frac{1}{t}x}$$

$f_t{}''(x) = 0$ führt zu $(\frac{1}{t}x - 2) \cdot e^{-\frac{1}{t}x} = 0$ bzw. $\frac{1}{t}x - 2 = 0$, also $x = 2t$.
Da $f_k{}''(x)$ an der Stelle $x = 2t$ einen Vorzeichenwechsel hat, liegt ein Wendepunkt vor.
Der y-Wert ist $f_t\,(2t) = t \cdot 2t \cdot e^{-\frac{1}{t} \cdot 2t} = 2t^2 e^{-2} = \frac{2t^2}{e^2}$, also W$\left(2t \mid \frac{2t^2}{e^2}\right)$.

Um die Ortskurve aller Wendepunkte zu erhalten, löst man den x-Wert von W nach t auf und setzt diesen in den y-Wert von W ein: Mit $x = 2t$ erhält man $t = \frac{x}{2} \Rightarrow y = \frac{2 \cdot (\frac{x}{2})^2}{e^2} = \frac{x^2}{2e^2}$.
Die Wendepunkte aller Kurven der Schar liegen damit auf der Kurve mit der Gleichung

$$y = \frac{x^2}{2e^2}$$

Liegt ein Punkt auf der 1. Winkelhalbierenden, so gilt für seine Koordinaten $y = x$.
Setzt man den x-Wert von W mit dem y-Wert von W gleich, so erhält man

$$2t = \frac{2t^2}{e^2} \Rightarrow t = e^2$$

Für $t = e^2$ liegt der Wendepunkt auf der 1. Winkelhalbierenden.

b) Für $S(t) = a + b \cdot \sin\left(\frac{\pi}{6} \cdot t\right)$ werden die Koeffizienten a und b mit Hilfe der gegebenen Da-

ten durch Aufstellen zweier Gleichungen bestimmt:
Im März ist $t = -1$, im Mai ist $t = 1$, also:

$$\begin{array}{llllllll} \text{I} & S(-1) & = & 100 \Rightarrow & a+b\cdot\sin\left(\frac{\pi}{6}\cdot(-1)\right) & = & 100 \Rightarrow & a-0,5b = 100 \\ \text{II} & S(1) & = & 200 \Rightarrow & a+b\cdot\sin\left(\frac{\pi}{6}\cdot 1\right) & = & 200 \Rightarrow & a+0,5b = 200 \end{array}$$

Subtrahiert man I von II, so ergibt sich $b = 100$.

Setzt man $b = 100$ in I ein, so ergibt sich $a - 0,5 \cdot 100 = 100 \Rightarrow a = 150$.
Somit erhält man als Funktionsgleichung $S(t) = 150 + 100 \cdot \sin\left(\frac{\pi}{6} \cdot t\right)$.

Für Oktober gilt $t = 6$, somit ist $S(6) = 150 + 100 \cdot \sin\left(\frac{\pi}{6} \cdot 6\right) = 150$.
Im Oktober scheint die Sonne 150 Stunden.

Wenn im Oktober die Sonne 156 Stunden scheint, so ist die Differenz zum Modell 6 Stunden; also ist die prozentale Abweichung vom Modell zur Wirklichkeit:
$\frac{6}{156} = 0,038 = 3,8\ \%$.

Den Wertebereich von S erhält man durch Betrachtung der Extremwerte:
Mit Hilfe des GTR/CAS erhält man als minimalen y-Wert 50 und als maximalen y-Wert 250.
Der Wertebereich von $S(t)$ ist somit $\{50 \leqslant S(t) \leqslant 250\}$.

Man erhält den Zeitraum mit einer Sonnenscheindauer von mehr als 235 Stunden, indem man das Schaubild von $S(t)$ mit der Geraden $y = 235$ schneidet; es ergibt sich: $t_1 \approx 2$ (Juni) und $t_2 \approx 4$ (August).
Zwischen Juni und August scheint die Sonne mehr als 235 Stunden pro Monat.

Die durchschnittliche Sonnenscheindauer für die Monate Oktober bis März erhält man, indem man die Sonnenscheindauer von Oktober bis März monatsweise berechnet, addiert und durch die Anzahl der Monate teilt (arithmetisches Mittel):

$$\overline{S} = \frac{150 + 100 + 63 + 50 + 63 + 100}{6} = 87,7$$

Die Sonne scheint von Oktober bis März durchschnittlich etwa 88 Stunden pro Monat.

Die Änderung der Sonnenscheindauer ist $S'(t) = 100 \cdot \cos\left(\frac{\pi}{6} \cdot t\right) \cdot \frac{\pi}{6}$.
Mit Hilfe des GTR/CAS erhält man das Maximum von $S'(t)$ bei $t_1 = 0$ und $t_2 = 12$ (jeweils April), das Minimum von $S'(t)$ ist bei $t_3 = 6$ (Oktober).
Im April und im Oktober ändert sich die Sonnenscheindauer am raschesten.

11 Fische

a) Wenn der Fischbestand durch die Funktion F beschrieben wird, so ist F′ die entsprechende Änderungsrate.

Da maximal 7000 Fische im Teich Platz haben und die Änderungsrate proportional zur Anzahl der noch Platz findenden Fische $(7000 - \mathrm{F}(t))$ ist, gilt folgende Differentialgleichung:

$$\mathrm{F}'(t) = k \cdot (7000 - \mathrm{F}(t))$$

Da es sich um eine Differentialgleichung des beschränkten Wachstums handelt, ist eine Lösung dieser Differentialgleichung die Funktion F mit $\mathrm{F}(t) = 7000 - a \cdot e^{-kt}$.

Um a und k zu bestimmen, verwendet man die gegebenen Daten:

$$\begin{array}{lrcl} \mathrm{I} & \mathrm{F}(0) & = & 4000 \\ \mathrm{II} & \mathrm{F}(1) & = & 4400 \end{array}$$

Dies führt zu folgenden Gleichungen:

$$\begin{array}{lrcl} \mathrm{I} & 7000 - a \cdot e^{-k \cdot 0} & = & 4000 \\ \mathrm{II} & 7000 - a \cdot e^{-k \cdot 1} & = & 4400 \end{array}$$

Gleichung I führt zu $7000 - a = 4000 \Rightarrow a = 3000$.

Setzt man $a = 3000$ in Gleichung II ein, so ergibt sich:

$$7000 - 3000 \cdot e^{-k} = 4400 \Rightarrow k = \frac{\ln\left(\frac{2600}{3000}\right)}{-1} = 0,1431 \text{ (GTR/CAS)}$$

Der Fischbestand lässt sich somit durch die Funktion F mit $\mathrm{F}(t) = 7000 - 3000 \cdot e^{-0,1431 \cdot t}$ (t in Monaten) beschreiben.

Um den Zeitpunkt zu bestimmen, zu dem 5000 Fische im Teich sind, ist folgende Gleichung zu lösen:

$$5000 = 7000 - 3000 \cdot e^{-0,1431t} \Rightarrow t = \frac{\ln\left(\frac{2000}{3000}\right)}{-0,1431} = 2,83 \text{ (GTR/CAS)}$$

Nach etwa 3 Monaten sind 5000 Fische vorhanden.

Wenn unveränderte Wachstumsbedingungen $(k = 0,1431)$ angenommen werden, läßt sich der neue Fischbestand durch die Funktion G mit $\mathrm{G}(t) = 7000 - a^* \cdot e^{-0,1431 \cdot t}$ beschreiben. Da nach 5 Monaten 5000 Fische vorhanden sind, ist $\mathrm{G}(5) = 5000$, also gilt

$$5000 = 7000 - a^* \cdot e^{-0,1431 \cdot 5} \Rightarrow a^* = \frac{2000}{e^{-0,1431 \cdot 5}} = 4090.$$

Somit ist $\mathrm{G}(t) = 7000 - 4090 \cdot e^{-0,1431 \cdot t}$.

Der Bestand zu Beginn $(t = 0)$ wäre $\mathrm{G}(0) = 7000 - 4090 \cdot e^{-0,1431 \cdot 0} = 2910$.

Es müssten sich am Anfang 2910 Fische im Teich befinden, damit nach 5 Monaten 5000

Fische vorhanden sind.

b) Es ist $f_t(x) = t \cdot \cos x$; $-\frac{\pi}{2} \leqslant x \leqslant \frac{\pi}{2}$.
Für das Volumen V des Drehkörpers benötigt man die Nullstellen von f_t : $x_1 = -\frac{\pi}{2}$ und $x_2 = \frac{\pi}{2}$.
Damit gilt

$$\mathrm{V}(t) = \pi \cdot \int_{-\frac{\pi}{2}}^{+\frac{\pi}{2}} (t \cdot \cos x)^2 \, dx = \pi \cdot t^2 \cdot \int_{-\frac{\pi}{2}}^{\frac{\pi}{+2}} (\cos x)^2 \, dx.$$

Da $\int_{-\frac{\pi}{2}}^{+\frac{\pi}{2}} (\cos x)^2 \, dx = 1{,}57$ (GTR/CAS), ergibt sich für das Volumen des Drehkörpers:

$$\mathrm{V}(t) = 1{,}57 \cdot \pi \cdot t^2$$

Damit die 1. Winkelhalbierende $(y = x)$ das Schaubild von f_t rechtwinklig schneidet, müssen folgende zwei Bedingungen erfüllt sein:
I) Die Funktionswerte sind gleich: $f_t(x) = x$ (Schnittbedingung), also $t \cdot \cos x = x$.
II) Die eine Steigung ist der negative Kehrwert der anderen Steigung: $f_t{}'(x) = -\frac{1}{1}$ (Orthogonalitätsbedingung). Wegen $f_t{}'(x) = -t \cdot \sin x$ ergibt sich $-t \cdot \sin x = -1$.
Dies führt zu folgendem Gleichungssystem:

$$\begin{array}{lrcr} \text{I} & t \cdot \cos x & = & x \\ \text{II} & -t \cdot \sin x & = & -1 \end{array}$$

Teilt man Gleichung II durch Gleichung I, so erhält man
$-\frac{\sin x}{\cos x} = -\frac{1}{x}$ bzw. $\frac{\sin x}{\cos x} x = \frac{1}{x}$ $(x \neq \pm\frac{\pi}{2})$.
Mit Hilfe des GTR/CAS erhält man als Lösung dieser Gleichung: $x = 0{,}86$.
(Es existieren weitere Lösungen dieser Gleichung, doch diese führen entweder zu $t < 0$ (für $x = -0{,}86$) oder sie liegen außerhalb des Definitionsbereichs von f_t $(x = \pm 3{,}425)$).
Setzt man $x = 0{,}86$ in I ein, ergibt sich: $t \cdot \cos(0{,}86) = 0{,}86$ bzw. $t = \frac{0{,}86}{\cos(0{,}86)} = 1{,}32$.
Für $t = 1{,}32$ schneidet die 1. Winkelhalbierende das Schaubild von $f_{1{,}32}$ rechtwinklig.

Geometrie

12 Turm

a) Für die einzelnen Punkte ergeben sich folgende Koordinaten:
A(8 | 0 | 0), B(8 | 8 | 0), C(0 | 8 | 0), D(0 | 0 | 0), E(8 | 0 | 18), F(8 | 8 | 18), G(0 | 8 | 18), H(0 | 0 | 18), S(4 | 4 | 24), M(4 | 4 | 18).
Den Neigungswinkel des Daches bestimmt man mit Hilfe der Trigonometrie:

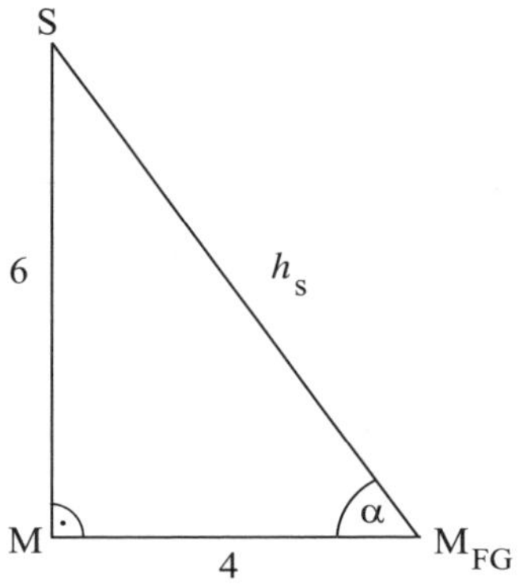

Es ist $\tan\alpha = \frac{6}{4} \Rightarrow \alpha = 56{,}31°$.
Alternativ kann man auch eine Ebene durch eine der vier Dachflächen aufstellen und den Winkel zwischen dieser und der $x_1 - x_2$-Ebene bestimmen.
Für die Berechnung der Größe der Dachfläche ermittelt man zuerst die Dreiecksfläche einer Seitenfläche der Pyramide: $A_\triangle = \frac{1}{2} \cdot g \cdot h_s$.
Die Grundseite g ist 8 m lang, h_s erhält man mit Hilfe des Satzes des Pythagoras (siehe Skizze):

$$h_s^2 = 4^2 + 6^2 \Rightarrow h_s = \sqrt{52} = 2\sqrt{13}$$

Für eine Dreiecksfläche ergibt sich:

$$A_\triangle = \frac{1}{2} \cdot 8 \cdot 2\sqrt{13} = 8\sqrt{13}$$

Da die gesamte Dachfläche aus vier kongruenten Dreiecken besteht, erhält man für die Größe der Dachfläche:

$$A_{Dach} = 4 \cdot A_\triangle = 4 \cdot 8 \cdot \sqrt{13} = 32 \cdot \sqrt{13} \approx 115{,}4.$$

Die Größe der Dachfläche beträgt somit etwa 115,4 m^2.
Alternativ hätte man man auch mit Hilfe des Kreuzproduktes (vergleiche Seite 41) die Fläche eines Dachdreiecks bestimmen können.

b) Um die Länge des Schattens zu bestimmen, braucht man den Schattenpunkt der Spitze des Fahnenmastes an der Wand und den Schattenpunkt am Übergang zwischen Boden und Wand.

Für die Spitze S′ des Fahnenmastes ergibt sich: S′ (18 | 4 | 8).

Den Schattenpunkt Z′ der Spitze S′ an der Wand erhält man, indem mit S′ und der Richtung des Sonnenlichtes eine Gerade g aufgestellt wird, welche mit der Turmebene ABFE mit der Gleichung $x_1 = 8$ geschnitten wird:

$$g: \vec{x} = \begin{pmatrix} 18 \\ 4 \\ 8 \end{pmatrix} + t \cdot \begin{pmatrix} -10 \\ 1 \\ -2 \end{pmatrix}; t \in \mathbb{R}$$

Schneidet man g mit der Ebene $x_1 = 8$ ergibt sich: $18 - 10t = 8 \Rightarrow t = 1$.

Setzt man $t = 1$ in g ein, so erhält man Z′:

$$\vec{z'} = \begin{pmatrix} 18 \\ 4 \\ 8 \end{pmatrix} + 1 \cdot \begin{pmatrix} -10 \\ 1 \\ -2 \end{pmatrix} = \begin{pmatrix} 8 \\ 5 \\ 6 \end{pmatrix} \Rightarrow \mathrm{Z}'(8 \mid 5 \mid 6)$$

Geht man von Z′ aus vertikal bis zum Boden nach unten, so erhält man einen Schattenpunkt Z am Übergang zwischen Boden und Wand: Z (8 | 5 | 0).

Die Länge des Schattens ergibt sich nun aus zwei Teilstrecken:

$l_1 = \overline{\mathrm{PZ}}$ (Schattenlänge am Boden), $l_2 = \overline{\mathrm{ZZ'}}$ (Schattenlänge an der Wand)

$$l_1 = \overline{\mathrm{PZ}} = |\overrightarrow{\mathrm{PZ}}| = \left| \begin{pmatrix} -10 \\ 1 \\ 0 \end{pmatrix} \right| = \sqrt{(-10)^2 + 1^2 + 0^2} = \sqrt{101}$$

$$l_2 = \overline{\mathrm{ZZ'}} = |\overrightarrow{\mathrm{ZZ'}}| = \left| \begin{pmatrix} 0 \\ 0 \\ 6 \end{pmatrix} \right| = \sqrt{0^2 + 0^2 + 6^2} = 6$$

Somit ergibt sich für die Gesamtlänge l:

$$l = l_1 + l_2 = \sqrt{101} + 6 \approx 16{,}05$$

Der Schatten hat eine Gesamtlänge von etwa 16,05 m.

c) Das Auge des Kindes befindet sich in der Ebene E^*: $x_3 = 1$. Es kann die Spitze S erstmals sehen, wenn das Auge sich in der Linie SF befindet, folglich ist die Gerade h durch S und F mit der Ebene E^* zu schneiden, um die Position des Kindes zu erhalten, wenn es die

Turmspitze erstmals sehen kann:

$$h: \vec{x} = \begin{pmatrix} 8 \\ 8 \\ 18 \end{pmatrix} + t \cdot \begin{pmatrix} 4 \\ 4 \\ -6 \end{pmatrix}; t \in \mathbb{R}$$

Schneidet man h mit der Ebene $x_3 = 1$, ergibt sich: $18 - 6t = 1 \Rightarrow t = \frac{17}{6}$.

Setzt man $t = \frac{17}{6}$ in h ein, so erhält man die Position des Kindes K:

$$\vec{k} = \begin{pmatrix} 8 \\ 8 \\ 18 \end{pmatrix} + \frac{17}{6} \cdot \begin{pmatrix} 4 \\ 4 \\ -6 \end{pmatrix} = \begin{pmatrix} \frac{58}{3} \\ \frac{58}{3} \\ 1 \end{pmatrix} \Rightarrow \mathrm{K}\left(\frac{58}{3} \mid \frac{58}{3} \mid 1\right)$$

Alternativ erhält man den Punkt K, indem man die Gerade h durch S und F mit der Geraden, auf der sich das Kind bewegt, schneidet. Die «Kindgerade» k verläuft durch die Punkte D′(0 | 0 | 1) und B′(8 | 8 | 1):

$$h: \vec{x} = \begin{pmatrix} 8 \\ 8 \\ 18 \end{pmatrix} + t \cdot \begin{pmatrix} 4 \\ 4 \\ -6 \end{pmatrix} \qquad k: \vec{x} = \begin{pmatrix} 0 \\ 0 \\ 1 \end{pmatrix} + s \cdot \begin{pmatrix} 8 \\ 8 \\ 0 \end{pmatrix}; s \in \mathbb{R}$$

$$h \cap k \text{ ergibt } \begin{array}{rcrcl} 8 & + & 4t & = & 8s \\ 8 & + & 4t & = & 8s \\ 18 & - & 6t & = & 1 \end{array} \quad \text{mit den Lösungen } t = \frac{17}{6} \text{ und } s = \frac{29}{12}.$$

Eingesetzt in h bzw. k ergibt sich ebenfalls $\mathrm{K}\left(\frac{58}{3} \mid \frac{58}{3} \mid 1\right)$.

Die Entfernung zur Turmkante BF erhält man, indem man zuerst den Punkt B′ auf BF in Höhe 1 bestimmt und dann den Abstand zwischen B′ und K berechnet: B′(8 | 8 | 1),

$$d\left(\mathrm{B}';\mathrm{K}\right) = |\overrightarrow{\mathrm{B'K}}| = \left|\begin{pmatrix} \frac{34}{3} \\ \frac{34}{3} \\ 0 \end{pmatrix}\right| = \sqrt{\left(\frac{34}{3}\right)^2 + \left(\frac{34}{3}\right)^2 + 0^2} = 16{,}03$$

Die Entfernung des Kindes zur Turmkante beträgt also 16,03 m.

13 Solarzellen

a) Um zu zeigen, dass die Eckpunkte der Dachfläche EFGH in einer Ebene liegen, bestimmt man zuerst mit den drei Punkten E, F und G eine Koordinatengleichung einer Ebene E_1; hierzu berechnet man mit Hilfe des Kreuzprodukts (vergleiche Seite 41) zweier Verbindungsvektoren der drei Punkte $E(0 \mid 0 \mid 10)$, $F(10 \mid 0 \mid 11)$ und $G(10 \mid 6 \mid 8)$ einen Normalenvektor.

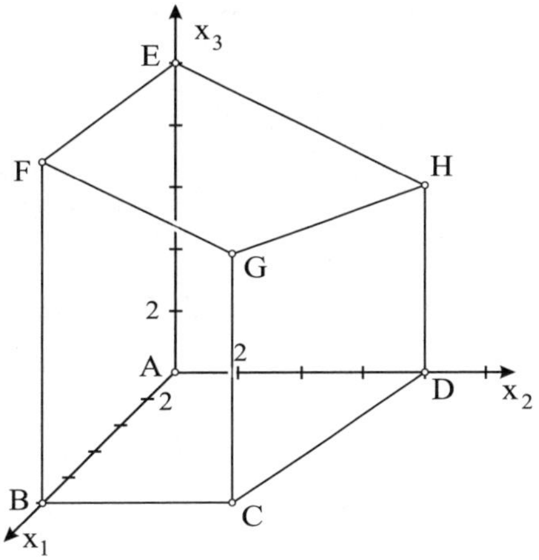

$$\overrightarrow{EF} \times \overrightarrow{EG} = \begin{pmatrix} 10 \\ 0 \\ 1 \end{pmatrix} \times \begin{pmatrix} 10 \\ 6 \\ -2 \end{pmatrix} = \begin{pmatrix} -6 \\ 30 \\ 60 \end{pmatrix} = 6 \cdot \begin{pmatrix} -1 \\ 5 \\ 10 \end{pmatrix} \Rightarrow \vec{n} = \begin{pmatrix} -1 \\ 5 \\ 10 \end{pmatrix}.$$

Setzt man E_1 und $\vec{n}$ in die Normalenform $E_1: (\vec{x} - \vec{e}) \cdot \vec{n} = 0$ ein, so ergibt sich für E_1:

$$\left(\vec{x} - \begin{pmatrix} 0 \\ 0 \\ 10 \end{pmatrix}\right) \cdot \begin{pmatrix} -1 \\ 5 \\ 10 \end{pmatrix} = 0 \Rightarrow E_1: -x_1 + 5x_2 + 10x_3 - 100 = 0$$

Setzt man nun $H(0 \mid 8 \mid 6)$ in die Koordinatengleichung der Ebene E_1 ein, so erhält man:

$$-0 + 5 \cdot 8 + 10 \cdot 6 - 100 = 0 \Rightarrow 0 = 0$$

Aufgrund der wahren Aussage ist H in E_1 enthalten und die vier Eckpunkte der Dachfläche liegen in einer Ebene.

b) Zur Berechnung der Dachneigung bezüglich der x_1x_2-Ebene setzt man die Normalenvektoren $\vec{n}_1 = \begin{pmatrix} -1 \\ 5 \\ 10 \end{pmatrix}$ der Ebene E_1 und $\vec{n}_2 = \begin{pmatrix} 0 \\ 0 \\ 1 \end{pmatrix}$ der x_1x_2-Ebene in die Formel $\cos\alpha = \frac{|\vec{n_1} \cdot \vec{n_2}|}{|\vec{n_1}| \cdot |\vec{n_2}|}$ ein:

$$\cos\alpha = \frac{\left| \begin{pmatrix} -1 \\ 5 \\ 10 \end{pmatrix} \cdot \begin{pmatrix} 0 \\ 0 \\ 1 \end{pmatrix} \right|}{\left| \begin{pmatrix} -1 \\ 5 \\ 10 \end{pmatrix} \right| \cdot \left| \begin{pmatrix} 0 \\ 0 \\ 1 \end{pmatrix} \right|} = \frac{10}{\sqrt{126}} \Rightarrow \alpha \approx 27{,}02^\circ$$

Da $\alpha > 25^\circ$, wird der geforderte Wert eingehalten.

Zur Berechnung der Dachfläche muss zuerst die Art des Vierecks bestimmt werden:

Da $\overrightarrow{EH} = \begin{pmatrix} 0 \\ 8 \\ -4 \end{pmatrix}$ und $\overrightarrow{FG} = \begin{pmatrix} 0 \\ 6 \\ -3 \end{pmatrix}$ gilt: $\overrightarrow{EH} = \frac{4}{3} \cdot \overrightarrow{FG} \Rightarrow \overrightarrow{EH}$ und $\overrightarrow{FG}$ sind linear abhängig, d.h. die Kante EH ist parallel zur Kante FG.

Weil $\overrightarrow{EF} = \begin{pmatrix} 10 \\ 0 \\ 1 \end{pmatrix}$ und $\overrightarrow{HG} = \begin{pmatrix} 10 \\ -2 \\ 2 \end{pmatrix}$ nicht linear abhängig sind, sind die Kanten EF und HG nicht parallel,

also handelt es sich um ein Trapez:

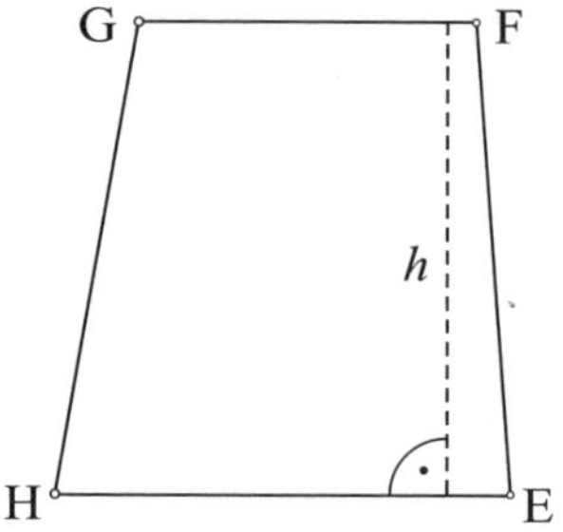

Die Fläche des Trapezes berechnet man mit der Formel $A = \frac{\overline{EH}+\overline{FG}}{2} \cdot h$.

$$\overline{EH} = |\overrightarrow{EH}| = \left| \begin{pmatrix} 0 \\ 8 \\ -4 \end{pmatrix} \right| = \sqrt{64+16} = \sqrt{80}$$

$$\overline{FG} = |\overrightarrow{FG}| = \left| \begin{pmatrix} 0 \\ 6 \\ -3 \end{pmatrix} \right| = \sqrt{36+9} = \sqrt{45}.$$

Die Trapezhöhe h ist gleich dem Abstand des Punktes F zur Geraden g durch E und H mit der Gleichung $g: \vec{x} = \begin{pmatrix} 0 \\ 0 \\ 10 \end{pmatrix} + t \cdot \begin{pmatrix} 0 \\ 8 \\ -4 \end{pmatrix}$.

Hierzu stellt man eine Hilfsebene E_H orthogonal zur Geraden g durch den Punkt F auf, d.h. der Normalenvektor der Ebene E_H ist der Richtungsvektor der Geraden g.

Man erhält: $E_H: \left(\vec{x} - \begin{pmatrix} 10 \\ 0 \\ 11 \end{pmatrix} \right) \cdot \begin{pmatrix} 0 \\ 8 \\ -4 \end{pmatrix} = 0 \Rightarrow E_H: 8x_2 - 4x_3 + 44 = 0$ bzw.

$E_H: 2x_2 - x_3 + 11 = 0.$

Schneidet man g mit der Hilfsebene E_H, so gilt: $2 \cdot (0+8t) - (10-4t) + 11 = 0 \Rightarrow t = -\frac{1}{20}$.
Setzt man $t = -\frac{1}{20}$ in g ein, so erhält man den Schnittpunkt: $S\left(0 \mid -\frac{2}{5} \mid \frac{51}{5}\right)$.
Damit ist die Trapezhöhe h der Abstand von S zu F:

$$h = \overline{FS} = |\overrightarrow{FS}| = \left| \begin{pmatrix} -10 \\ -\frac{2}{5} \\ -\frac{4}{5} \end{pmatrix} \right| = \sqrt{100 + \frac{4}{25} + \frac{16}{25}} \approx 10,04.$$

Alternativ kann man die Höhe h des Trapezes auch dadurch bestimmen, dass man das Minimum des Abstands $d(t)$ des Punktes $F(10 \mid 0 \mid 11)$ zu einem allgemeinen Punkt $P_t\,(0 \mid 8t \mid 10-4t)$ der Geraden g berechnet:

$$d(t) = \overline{FP_t} = \left|\overrightarrow{FP_t}\right| = \left| \begin{pmatrix} -10 \\ 8t \\ -1-4t \end{pmatrix} \right| = \sqrt{(-10)^2 + (8t)^2 + (-1-4t)^2}$$

Das Minimum $d_{\min}$ von $d(t)$ erhält man mit Hilfe des GTR/CAS: $h = d_{min} \approx 10,04$
Somit gilt für die Trapezfläche: $A = \frac{\overline{EH}+\overline{FG}}{2} \cdot h = \frac{\sqrt{80}+\sqrt{45}}{2} \cdot 10,04 \approx 78,57$ FE.
Da 80 % der Dachfläche mit Solarzellen bestückt werden, ergibt sich für die Solarzellenfläche: $\overline{A} = 0,80 \cdot A = 0,80 \cdot 78,58 = 62,86$. Somit beträgt die Solarzellenfläche etwa $63\,\text{m}^2$.

c) Die Stromleitungsgerade durch $P(20 \mid 10 \mid a)$ und $Q(-5 \mid 5 \mid a)$ hat die Gleichung:

$$l : \vec{x} = \begin{pmatrix} 20 \\ 10 \\ a \end{pmatrix} + t \cdot \begin{pmatrix} 25 \\ 5 \\ 0 \end{pmatrix}$$

Ein allgemeiner Punkt der Geraden l hat die Koordinaten $L(20+25t \mid 10+5t \mid a)$.

Den Abstand d von L zur Dachflächenebene erhält man mit Hilfe der HNF:

$$d(L;E_1) = \frac{|-(20+25t) + 5 \cdot (10+5t) + 10 \cdot a - 100|}{\sqrt{(-1)^2 + 5^2 + 10^2}} = \frac{|10a-70|}{\sqrt{126}}$$

Da der Abstand von L zur Ebene E_1 mindestens 5 m betragen soll, ist die Gleichung $\frac{|10a-70|}{\sqrt{126}} = 5$ zu lösen. Mit Hilfe des GTR/CAS erhält man: $a_1 \approx 12,61$ und $a_2 \approx 1,39$.
Da die Stromleitung oberhalb der Dachfläche verläuft, muss also gelten: $a \geqslant 12,6$.

14 Oktaeder

a)

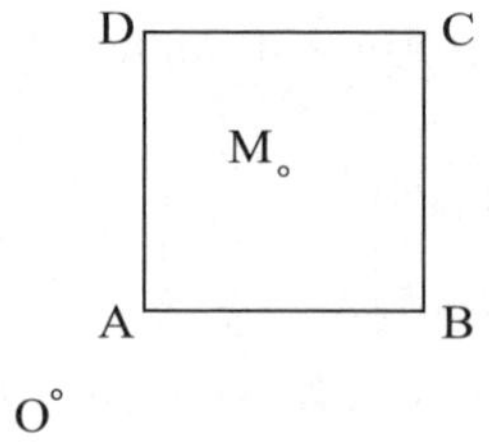

Es ist: $A(1 \mid 5 \mid 2)$, $B(1 \mid -1 \mid 8)$, $F(7 \mid -1 \mid 2)$ und $G(3 \mid 7 \mid 10)$.
Der Mittelpunkt M der Strecke FG ist: $M\left(\frac{7+3}{2} \mid \frac{-1+7}{2} \mid \frac{2+10}{2}\right) \Rightarrow M(5 \mid 3 \mid 6)$.
Spiegelt man A bzw. B an M, so erhält man C bzw. D. Hierzu stellt man Vektorketten auf:

$$\overrightarrow{OC} = \overrightarrow{OM} + \overrightarrow{AM} = \begin{pmatrix} 5 \\ 3 \\ 6 \end{pmatrix} + \begin{pmatrix} 4 \\ -2 \\ 4 \end{pmatrix} = \begin{pmatrix} 9 \\ 1 \\ 10 \end{pmatrix} \Rightarrow C(9 \mid 1 \mid 10)$$

$$\overrightarrow{OD} = \overrightarrow{OM} + \overrightarrow{BM} = \begin{pmatrix} 5 \\ 3 \\ 6 \end{pmatrix} + \begin{pmatrix} 4 \\ 4 \\ -2 \end{pmatrix} = \begin{pmatrix} 9 \\ 7 \\ 4 \end{pmatrix} \Rightarrow D(9 \mid 7 \mid 4).$$

Um nachzuweisen, dass das Viereck ABCD ein Quadrat ist, berechnet man die Seitenlängen und prüft mit dem Skalarprodukt, ob rechte Winkel vorliegen.

$$\overline{AB} = |\overrightarrow{AB}| = \left|\begin{pmatrix} 0 \\ -6 \\ 6 \end{pmatrix}\right| = \sqrt{72}, \overline{BC} = |\overrightarrow{BC}| = \left|\begin{pmatrix} 8 \\ 2 \\ 2 \end{pmatrix}\right| = \sqrt{72}$$

$$\overline{CD} = |\overrightarrow{CD}| = \left|\begin{pmatrix} 0 \\ 6 \\ -6 \end{pmatrix}\right| = \sqrt{72}, \overline{DA} = |\overrightarrow{DA}| = \left|\begin{pmatrix} -8 \\ -2 \\ -2 \end{pmatrix}\right| = \sqrt{72}$$

$\Rightarrow$ alle Seiten sind gleich lang.

$$\overrightarrow{AB} \cdot \overrightarrow{BC} = \begin{pmatrix} 0 \\ -6 \\ 6 \end{pmatrix} \cdot \begin{pmatrix} 8 \\ 2 \\ 2 \end{pmatrix} = -12 + 12 = 0 \Rightarrow \beta = 90^\circ$$

$$\overrightarrow{BC} \cdot \overrightarrow{CD} = \begin{pmatrix} 8 \\ 2 \\ 2 \end{pmatrix} \cdot \begin{pmatrix} 0 \\ 6 \\ -6 \end{pmatrix} = 12 - 12 = 0 \Rightarrow \gamma = 90^\circ$$

$$\overrightarrow{CD}\cdot\overrightarrow{DA}=\begin{pmatrix}0\\6\\-6\end{pmatrix}\cdot\begin{pmatrix}-8\\-2\\-2\end{pmatrix}=-12+12=0\Rightarrow\delta=90^\circ$$

$$\overrightarrow{DA}\cdot\overrightarrow{AB}=\begin{pmatrix}-8\\-2\\-2\end{pmatrix}\cdot\begin{pmatrix}0\\-6\\6\end{pmatrix}=12-12=0\Rightarrow\alpha=90^\circ$$

$\Rightarrow$ alle Winkel sind rechtwinklig.

Da alle Seiten gleich lang und alle Winkel rechtwinklig sind, ist das Viereck ABCD ein Quadrat. (Im Prinzip reicht der Nachweis eines rechten Winkels in Kombination mit vier gleichlangen Seiten.)

Um nachzuweisen, dass das Quadrat in E liegt, stellt man zuerst eine Gleichung von E auf und macht anschließend Punktproben.

Da E Symmetrieebene von F und G ist, liegt der Mittelpunkt M von F und G auf E, als Normalenvektor kann man $\overrightarrow{FG}$ wählen.

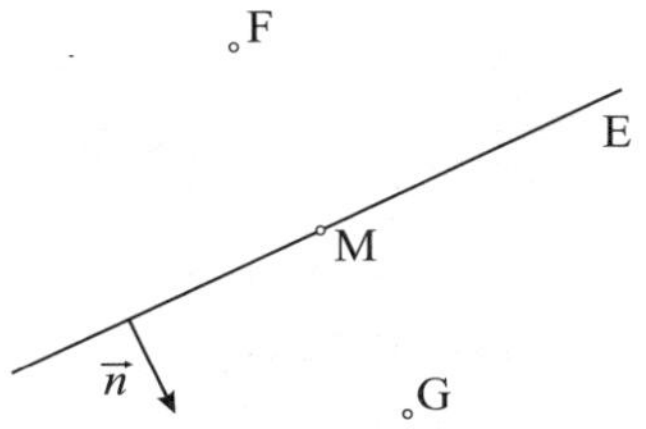

Damit erhält man:

$$E:\left(\vec{x}-\begin{pmatrix}5\\3\\6\end{pmatrix}\right)\cdot\begin{pmatrix}-4\\8\\8\end{pmatrix}=0$$

$$E:\ -x_1+2x_2+2x_3=13$$

Setzt man A, B, C und D in E ein, so ergibt sich

$-1+2\cdot5+2\cdot2=-1+10+4=13\Rightarrow A\in E$

$-1+2\cdot(-1)+2\cdot8=-1-2+16=13\Rightarrow B\in E$

$-9+2\cdot1+2\cdot10=-9+2+20=13\Rightarrow C\in E$

$-9+2\cdot7+2\cdot4=-9+14+8=13\Rightarrow D\in E$.

Also liegt das Quadrat ABCD in der Ebene E.

b) Das Volumen V des Oktaeders erhält man durch Verdopplung des Pyramidenvolumens von ABCDF: $V=2\cdot\frac{1}{3}\cdot G\cdot h$.

Die Grundfläche G der Pyramide ist die Fläche des Quadrats ABCD:

$G=|\overrightarrow{AB}|\cdot|\overrightarrow{BC}|=\sqrt{72}\cdot\sqrt{72}=72$ FE.

Die Höhe h der Pyramide erhält man durch Berechnung des Abstandes von F zur Ebene E mit Hilfe der HNF:

$$h = d(\mathrm{F};\mathrm{E}) = \frac{|-7+2\cdot(-1)+2\cdot 2-13|}{\sqrt{(-1)^2+2^2+2^2}} = \frac{|-18|}{3} = 6\,\mathrm{LE}$$

Daraus erhält man $\mathrm{V}_{\mathrm{Oktaeder}} = 2\cdot\frac{1}{3}\cdot 72\cdot 6 = 288$ VE.

Die Oberfläche des Oktaeders besteht aus 8 kongruenten (= deckungsgleichen) Dreiecken: $\mathrm{O}_{\mathrm{Oktaeder}} = 8\cdot \mathrm{A}_{\triangle}$.
Berechnet man die Fläche des Dreiecks ABF, so ergibt sich $\mathrm{A}_{\triangle} = \frac{1}{2}\cdot|\overrightarrow{\mathrm{AB}}|\cdot h_s$.

Die Seitenflächenhöhe h_s berechnet man mit Hilfe des Satzes des Pythagoras:

$$h_s^2 = 6^2 + \left(\frac{\sqrt{72}}{2}\right)^2 \Rightarrow h_s = \sqrt{54}$$

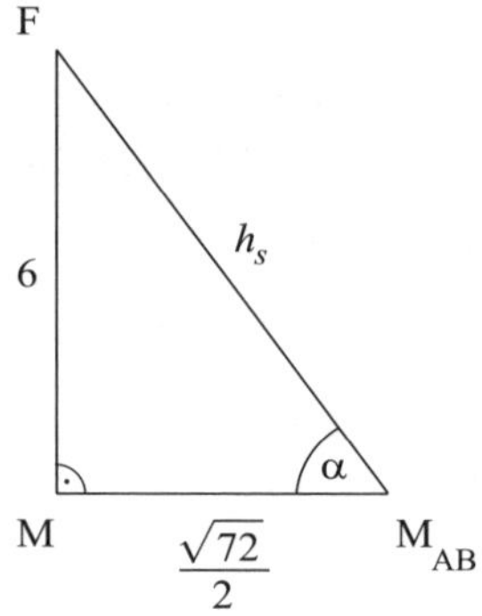

Damit erhält man für die Fläche eines Dreiecks

$$\mathrm{A}_{\triangle} = \frac{1}{2}\cdot\sqrt{72}\cdot\sqrt{54} = \frac{1}{2}\cdot 6\cdot\sqrt{2}\cdot 3\sqrt{6} = 9\sqrt{12} = 18\cdot\sqrt{3}$$

und für die Oberfläche des Oktaeders

$$\mathrm{O}_{\mathrm{Oktaeder}} = 8\cdot\mathrm{A}_{\triangle} = 8\cdot 18\cdot\sqrt{3} = 144\cdot\sqrt{3} = 249,42\,\mathrm{FE}$$

Um zu prüfen, ob vom Punkt D aus ein Lot auf die Kante BF gefällt werden kann, berechnet man den Winkel zwischen $\overrightarrow{\mathrm{DF}}$ und $\overrightarrow{\mathrm{FB}}$:

$$\cos\alpha = \frac{|\overrightarrow{\mathrm{DF}}\cdot\overrightarrow{\mathrm{FB}}|}{|\overrightarrow{\mathrm{DF}}|\cdot|\overrightarrow{\mathrm{FB}}|} = \frac{\left|\begin{pmatrix}-2\\-8\\-2\end{pmatrix}\cdot\begin{pmatrix}-6\\0\\6\end{pmatrix}\right|}{\left|\begin{pmatrix}-2\\-8\\-2\end{pmatrix}\right|\cdot\left|\begin{pmatrix}-6\\0\\6\end{pmatrix}\right|} = \frac{|12-12|}{\sqrt{72}\cdot\sqrt{72}} = 0 \Rightarrow \alpha = 90^\circ$$

d.h. DF ist das Lot auf BF, es ist also möglich, ein Lot von D auf die Kante BF zu fällen.

Alternativ könnte auch mit Hilfe einer Hilfsebene durch D orthogonal zu BF der Lotfußpunkt auf BF ermittelt werden. Es würde sich zeigen, dass F der Lotfußpunkt ist, also dass

DF das Lot auf BF ist.

c) Damit E_t orthogonal zu E ist, muss das Skalarprodukt zwischen den Normalenvektoren

Null ergeben: $\begin{pmatrix} -2t \\ 0 \\ 2t-1 \end{pmatrix} \cdot \begin{pmatrix} -1 \\ 2 \\ 2 \end{pmatrix} = 0.$

Dies führt zur Gleichung

$(-2t) \cdot (-1) + 0 \cdot 2 + (2t-1) \cdot 2 = 0 \Rightarrow t = \frac{1}{3}.$

Um die Ebenen zu ermitteln, welche vom Punkt F den Abstand 5 LE haben, berechnet man mit Hilfe der Hesseschen Normalenform den Abstand von F zu E_t:

$$d(\mathrm{F}; \mathrm{E}_t) = \frac{|-2t \cdot 7 + (2t-1) \cdot 2 - (2t-1)|}{\sqrt{(-2t)^2 + (2t-1)^2}} = \frac{|-12t-1|}{\sqrt{8t^2-4t+1}}$$

Durch Gleichsetzen $d(\mathrm{F}; \mathrm{E}_t) = 5$ erhält man folgende Betragsgleichung:

$$\frac{|-12t-1|}{\sqrt{8t^2-4t+1}} = 5$$

Mit Hilfe des GTR/CAS erhält man: $t_1 = 2$ und $t_2 = \frac{3}{14}$

Setzt man t_1 bzw. t_2 in E_t ein, so erhält man

$E_2: -4x_1 + 3x_3 = 3$ und

$E_{\frac{3}{14}}: -\frac{3}{7}x_1 - \frac{4}{7}x_3 = -\frac{4}{7}$ bzw. $E_{\frac{3}{14}}: 3x_1 + 4x_3 = 4.$

15 Ebenenschar

a) Eine Gerade ist orthogonal zu einer Ebene, wenn der Richtungsvektor der Geraden und der Normalenvektor der Ebene linear abhängig, d.h. ein Vielfaches voneinander sind:

$$\begin{pmatrix} a \\ 8-a \\ 8 \end{pmatrix} = k \cdot \begin{pmatrix} 1 \\ 1 \\ 2 \end{pmatrix};\ k \in \mathbb{R} \text{ führt zu } \begin{matrix} a & = & k & & & & \\ 8-a & = & k & \Rightarrow & a & = & 4 \\ 8 & = & 2k & \Rightarrow & k & = & 4 \end{matrix}$$

Für $a = 4$ sind g und E_a orthogonal.

Wenn g in E_a enthalten wäre, so müssten der Richtungsvektor der Geraden und der Normalenvektor der Ebene E_a orthogonal sein, d.h. das Skalarprodukt wäre Null:

$$\begin{pmatrix} a \\ 8-a \\ 8 \end{pmatrix} \cdot \begin{pmatrix} 1 \\ 1 \\ 2 \end{pmatrix} = a + 8 - a + 16 = 24$$

Da das Skalarprodukt für keinen Wert von a Null ergibt, kann g für keinen Wert von a in E_a enthalten sein.

b) Den Winkel zwischen der Geraden g und der Ebene E_a berechnet man mit folgender Formel:

$$\sin\alpha = \frac{|\overrightarrow{r_g} \cdot \overrightarrow{n_{\mathrm{E}_a}}|}{|\overrightarrow{r_g}| \cdot |\overrightarrow{n_{\mathrm{E}_a}}|} = \frac{\left| \begin{pmatrix} 1 \\ 1 \\ 2 \end{pmatrix} \cdot \begin{pmatrix} a \\ 8-a \\ 8 \end{pmatrix} \right|}{\left| \begin{pmatrix} 1 \\ 1 \\ 2 \end{pmatrix} \right| \cdot \left| \begin{pmatrix} a \\ 8-a \\ 8 \end{pmatrix} \right|} = \frac{24}{\sqrt{6} \cdot \sqrt{a^2 + (8-a)^2 + 8^2}}$$

$$= \frac{24}{\sqrt{6} \cdot \sqrt{2a^2 - 16a + 128}}.$$

Da $\sin 30^\circ = \frac{1}{2}$ ist, erhält man folgende Gleichung:

$$\frac{24}{\sqrt{6} \cdot \sqrt{2a^2 - 16a + 128}} = \frac{1}{2}$$

Mit Hilfe des GTR/CAS erhält man die Lösungen $a_1 = 16$ und $a_2 = -8$.

Wenn E_a und E_{a^*} orthogonal zueinander sind, muss das Skalarprodukt der Normalenvektoren Null ergeben:

$$\begin{pmatrix} a \\ 8-a \\ 8 \end{pmatrix} \cdot \begin{pmatrix} a^* \\ 8-a^* \\ 8 \end{pmatrix} = 0 \Rightarrow a \cdot a^* + (8-a) \cdot (8-a^*) + 8 \cdot 8 = 0$$

daraus folgt:

$$a = \frac{4a^* - 64}{a^* - 4}; \text{ mit } a^* \neq 4$$

c) Den Abstand des Ursprungs zu E_a berechnet man mit Hilfe der HNF:

$$d(O; E_a) = \frac{|a \cdot 0 + (8-a) \cdot 0 + 8 \cdot 0 - 4|}{\sqrt{a^2 + (8-a)^2 + 8^2}} = \frac{4}{\sqrt{2a^2 - 16a + 128}}$$

Setzt man diesen mit $\frac{1}{8}\sqrt{8}$ gleich, so erhält man folgende Gleichung:

$$\frac{4}{\sqrt{2a^2 - 16a + 128}} = \frac{1}{8}\sqrt{8}$$

Mit Hilfe des GTR/CAS erhält man die Lösungen $a_1 = 0$ und $a_2 = 8$.

Um die Ebene mit maximalen Abstand zum Ursprung zu bestimmen, betrachtet man die Abstandsfunktion

$$d(a) = \frac{4}{\sqrt{2a^2 - 16a + 128}}$$

Mit Hilfe des GTR/CAS bestimmt man das Maximum dieser Funktion.
Als Lösung ergibt sich $a = 4$.
Die Ebene E_4 hat vom Ursprung den maximalen Abstand.

16 Pyramide

a) Es ist: A (2 | 3 | 4), B (6 | 1 | 0) und C (4 | 5 | −4).
Da das Viereck ABCD ein Quadrat ist, sind gegenüberliegende Seiten parallel und M ist der Mittelpunkt der Strecke AC (oder BD). Somit kann man folgende Vektorketten aufstellen:

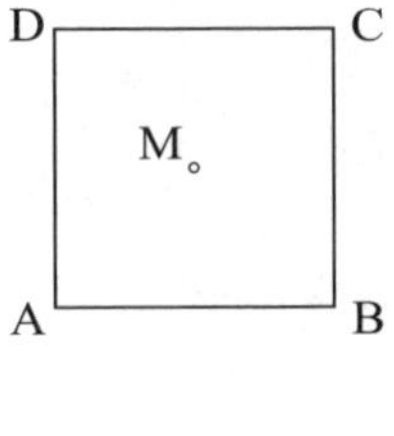

$$\overrightarrow{OD} = \overrightarrow{OA} + \overrightarrow{BC} = \begin{pmatrix} 2 \\ 3 \\ 4 \end{pmatrix} + \begin{pmatrix} -2 \\ 4 \\ -4 \end{pmatrix} = \begin{pmatrix} 0 \\ 7 \\ 0 \end{pmatrix} \Rightarrow D\,(0 \mid 7 \mid 0)$$

$$\overrightarrow{OM} = \overrightarrow{OA} + \tfrac{1}{2}\overrightarrow{AC} = \begin{pmatrix} 2 \\ 3 \\ 4 \end{pmatrix} + \tfrac{1}{2}\begin{pmatrix} 2 \\ 2 \\ -8 \end{pmatrix} = \begin{pmatrix} 3 \\ 4 \\ 0 \end{pmatrix} \Rightarrow M\,(3 \mid 4 \mid 0).$$

Da die Pyramide senkrecht ist, liegt S das 9-fache des auf Länge 1 normierten Normalenvektors «über» M. Den Normalenvektor bestimmt man mit Hilfe des Kreuzproduktes (siehe Seite 41):

$$\overrightarrow{AB} \times \overrightarrow{AC} = \begin{pmatrix} 4 \\ -2 \\ -4 \end{pmatrix} \times \begin{pmatrix} 2 \\ 2 \\ -8 \end{pmatrix} = \begin{pmatrix} 24 \\ 24 \\ 12 \end{pmatrix} \Rightarrow \vec{n} = \begin{pmatrix} 2 \\ 2 \\ 1 \end{pmatrix}$$

Da $|\vec{n}| = \left| \begin{pmatrix} 2 \\ 2 \\ 1 \end{pmatrix} \right| = \sqrt{2^2 + 2^2 + 1^2} = 3$, ist der auf Länge 1 normierte Normalenvektor:

$$\overrightarrow{n_1} = \frac{1}{3} \cdot \begin{pmatrix} 2 \\ 2 \\ 1 \end{pmatrix}$$

Für die Spitze S stellt man eine Vektorkette auf; dazu gibt es zwei Möglichkeiten:

$$\overrightarrow{OS_1} = \overrightarrow{OM} + 9 \cdot \overrightarrow{n_1} = \begin{pmatrix} 3 \\ 4 \\ 0 \end{pmatrix} + 9 \cdot \tfrac{1}{3} \cdot \begin{pmatrix} 2 \\ 2 \\ 1 \end{pmatrix} = \begin{pmatrix} 9 \\ 10 \\ 3 \end{pmatrix} \Rightarrow S_1\,(9 \mid 10 \mid 3),$$

$$\overrightarrow{OS_2} = \overrightarrow{OM} - 9 \cdot \overrightarrow{n_1} = \begin{pmatrix} 3 \\ 4 \\ 0 \end{pmatrix} - 9 \cdot \tfrac{1}{3} \cdot \begin{pmatrix} 2 \\ 2 \\ 1 \end{pmatrix} = \begin{pmatrix} -3 \\ -2 \\ -3 \end{pmatrix} \Rightarrow S_2\,(-3 \mid -2 \mid -3).$$

Wegen $s_1, s_2, s_3 > 0$ hat die gesuchte Spitze die Koordinaten $S_1\,(9 \mid 10 \mid 3)$.
Das Volumen beträgt

$$V = \tfrac{1}{3}\cdot G\cdot h = \tfrac{1}{3}\cdot|\overrightarrow{AB}|^2\cdot h = \tfrac{1}{3}\cdot\left|\begin{pmatrix}4\\-2\\-4\end{pmatrix}\right|^2\cdot 9 = \tfrac{1}{3}\cdot\left(\sqrt{4^2+(-2)^2+(-4)^2}\right)^2\cdot 9$$

$$= \tfrac{1}{3}\cdot 36\cdot 9 = 108 \text{ VE}.$$

Den Winkel zwischen E und der Kante AS berechnet man mit der Formel $\sin\alpha = \frac{|\vec{n}\cdot\overrightarrow{AS}|}{|\vec{n}|\cdot|\overrightarrow{AS}|}$:

$$\sin\alpha = \frac{\left|\begin{pmatrix}2\\2\\1\end{pmatrix}\cdot\begin{pmatrix}7\\7\\-1\end{pmatrix}\right|}{\left|\begin{pmatrix}2\\2\\1\end{pmatrix}\right|\cdot\left|\begin{pmatrix}7\\7\\-1\end{pmatrix}\right|} = \frac{|14+14-1|}{3\cdot\sqrt{99}} = \frac{27}{3\sqrt{99}} = \frac{9}{\sqrt{99}} \Rightarrow \alpha = 64{,}76°.$$

b) Aufgrund der Symmetrie der Pyramide muss der Punkt M_1 auf der Geraden g durch M und S liegen:

$$g: \vec{x} = \begin{pmatrix}3\\4\\0\end{pmatrix} + t\cdot\begin{pmatrix}2\\2\\1\end{pmatrix}; t\in\mathbb{R}$$

Der Punkt M_1 hat somit die Koordinatendarstellung $M_1\,(3+2t\mid 4+2t\mid t)$.
Da M_1 von allen fünf Ecken gleich weit entfernt ist und jeder Punkt auf g die gleiche Entfernung zu A, B, C und D hat, muss gelten $\overline{AM_1} = \overline{M_1S}$ bzw. $|\overrightarrow{AM_1}| = |\overrightarrow{M_1S}|$. Es ist

$$|\overrightarrow{AM_1}| = \left|\begin{pmatrix}2t+1\\2t+1\\t-4\end{pmatrix}\right| = \sqrt{(2t+1)^2+(2t+1)^2+(t-4)^2} = \sqrt{9t^2+18}$$

$$|\overrightarrow{M_1S}| = \left|\begin{pmatrix}6-2t\\6-2t\\3-t\end{pmatrix}\right| = \sqrt{(6-2t)^2+(6-2t)^2+(3-t)^2} = \sqrt{9t^2-54t+81}$$

Gleichsetzen ergibt $\sqrt{9t^2+18} = \sqrt{9t^2-54t+81} \Rightarrow t = \frac{7}{6}$ (GTR/CAS).

Setzt man $t = \frac{7}{6}$ in M_1 ein, so erhält man $M_1\left(\frac{16}{3}\mid\frac{19}{3}\mid\frac{7}{6}\right)$.

Setzt man $t = \frac{7}{6}$ in $|\overrightarrow{AM_1}|$ ein, so erhält man die Entfernung $d = \sqrt{9\cdot\left(\frac{7}{6}\right)^2+18} = 5{,}5$ LE.

Der Punkt M_2 liegt aufgrund der Symmetrie ebenfalls auf $g: \vec{x} = \begin{pmatrix}3\\4\\0\end{pmatrix} + t\cdot\begin{pmatrix}2\\2\\1\end{pmatrix}$ und hat damit die Koordinatendarstellung $M_2\,(3+2t\mid 4+2t\mid t)$.
Da M_2 von allen fünf Pyramidenflächen den gleichen Abstand hat, muss M_2 von der Ebene E gleich weit entfernt sein wie von der Ebene F durch B, C und S: $d\,(M_2;E) = d\,(M_2;F)$.

Somit werden zuerst die Ebenengleichungen von E und F bestimmt:

Der Normalenvektor von E ist bereits bekannt: $\vec{n} = \begin{pmatrix} 2 \\ 2 \\ 1 \end{pmatrix}$, damit ergibt sich

$$\text{E}: \left(\vec{x} - \begin{pmatrix} 2 \\ 3 \\ 4 \end{pmatrix}\right) \cdot \begin{pmatrix} 2 \\ 2 \\ 1 \end{pmatrix} = 0 \Rightarrow \text{E}:\ 2x_1 + 2x_2 + x_3 - 14 = 0.$$

Für die Ebene F wird zuerst der Normalenvektor bestimmt (siehe Seite 41):

$$\overrightarrow{\text{BC}} \times \overrightarrow{\text{CS}} = \begin{pmatrix} -2 \\ 4 \\ -4 \end{pmatrix} \times \begin{pmatrix} 5 \\ 5 \\ 7 \end{pmatrix} = \begin{pmatrix} 48 \\ -6 \\ -30 \end{pmatrix} \Rightarrow \overrightarrow{n_\text{F}} = \begin{pmatrix} 8 \\ -1 \\ -5 \end{pmatrix} \text{ und man erhält}$$

$$\text{F}: \left(\vec{x} - \begin{pmatrix} 6 \\ 1 \\ 0 \end{pmatrix}\right) \cdot \begin{pmatrix} 8 \\ -1 \\ -5 \end{pmatrix} = 0 \Rightarrow \text{F}:\ 8x_1 - x_2 - 5x_3 - 47 = 0$$

Für den Abstand von M_2 zu E bzw. F ergibt sich mit Hilfe der Hesseschen Normalenform

$$d\,(\text{M}_2;\text{E}) = \frac{|2 \cdot (3+2t) + 2 \cdot (4+2t) + t - 14|}{\sqrt{2^2+2^2+1^2}} = \frac{|9t|}{3} = |3t|,$$

$$d\,(\text{M}_2;\text{F}) = \frac{|8 \cdot (3+2t) - (4+2t) - 5 \cdot t - 47|}{\sqrt{8^2+(-1)^2+(-5)^2}} = \frac{|9t-27|}{\sqrt{90}} = \frac{3 \cdot |3t-9|}{3 \cdot \sqrt{10}} = \frac{|3t-9|}{\sqrt{10}}.$$

Gleichsetzen ergibt: $|3t| = \frac{|3t-9|}{\sqrt{10}}$.

Mit Hilfe des GTR/CAS erhält man die Lösungen $t_1 \approx -1,39$ und $t_2 \approx 0,72$.

Nur für $t_2 = 0,72$ liegt M_2 im Inneren der Pyramide.

Setzt man t_2 in M_2 ein, so erhält man: $\text{M}_2\,(4,44 \mid 5,44 \mid 0,72)$.

c) Um herauszufinden, für welche Werte von d die Ebene $\text{E}_d:\ 2x_1 + 2x_2 + x_3 - d = 0$ keine gemeinsamen Punkte mit der Pyramide hat, prüft man zuerst die Lage von E_d:

E_d ist parallel zu $\text{E}:\ 2x_1 + 2x_2 + x_3 - 14 = 0$, weil die Normalenvektoren linear abhängig sind. Somit hat E_d für $d = 14$ die Grundfläche mit E gemeinsam.

Berechnet man, für welchen Wert von d die Spitze der Pyramide in E_d enthalten ist, so erhält man

$2 \cdot 9 + 2 \cdot 10 + 3 - d = 0 \Rightarrow d = 41$.

Zwischen $d = 14$ und $d = 41$ gibt es gemeinsame Punkte, also gibt es keine gemeinsamen Punkte für $d < 14$ oder $d > 41$.

17 Wintergarten

a) Der Punkt A liegt vertikal unter Punkt E auf der x_1x_2-Ebene, also hat A die Koordinaten $A(5 \mid 0 \mid 0)$.

Der Punkt C liegt auf der x_2-Achse entsprechend Punkt B, also hat C die Koordinaten $C(0 \mid 3{,}5 \mid 0)$.

Der Punkt F liegt vertikal oberhalb Punkt B in Höhe von E, also hat F die Koordinaten $F(5 \mid 3{,}5 \mid 2)$.

Der Punkt G liegt vertikal oberhalb von Punkt C auf der Höhe von H, also hat G Koordinaten $G(0 \mid 3{,}5 \mid 3)$.

Der Flächeninhalt der zu verglasenden Außenfläche setzt sich zusammen aus dem Rechteck ABFE, dem Rechteck EFGH und dem Trapez BCGF.

Das Rechteck ABFE hat die Seitenlängen $\overline{AB} = 3{,}5\,\text{m}$ und $\overline{AE} = 2\,\text{m}$ und damit den Flächeninhalt $A_1 = 3{,}5\,\text{m} \cdot 2\,\text{m} = 7\,\text{m}^2$.

Das Rechteck EFGH hat die Seitenlängen $\overline{EF} = 3{,}5\,\text{m}$ und

$$\overline{FG} = |\overrightarrow{FG}| = \left|\begin{pmatrix} -5 \\ 0 \\ 1 \end{pmatrix}\right| = \sqrt{(-5)^2 + 0^2 + 1^2} = \sqrt{26}$$

und damit den Flächeninhalt $A_2 = 3{,}5 \cdot \sqrt{26}\,\text{m}^2$.

Das Trapez BCGF hat die parallelen Seitenlängen $\overline{BF} = 2\,\text{m}$ und $\overline{CG} = 3\,\text{m}$ sowie die Höhe $\overline{BC} = 5\,\text{m}$ und damit den Flächeninhalt $A_3 = \frac{2\,\text{m}+3\,\text{m}}{2} \cdot 5 = 12{,}5\,\text{m}^2$.

Somit gilt für den gesamten Flächeninhalt A:

$$A = A_1 + A_2 + A_3 = 7\,\text{m}^2 + 3{,}5 \cdot \sqrt{26}\,\text{m}^2 + 12{,}5\,\text{m}^2 \approx 37{,}35\,\text{m}^2$$

Die zu verglasende Außenfläche hat einen Flächeninhalt von etwa $37{,}35\,\text{m}^2$.

Das Volumen V des prismenförmigen Wintergartens erhält man durch $V = G \cdot h$.

Die Grundfläche G ist das Trapez BCGF mit dem Flächeninhalt $G = 12{,}5\,\text{m}^2$.

Die Prismenhöhe h ist die Seitenlänge $\overline{AB} = 3{,}5\,\text{m}$. Damit ergibt sich:

$$V = G \cdot h = 12{,}5\,\text{m}^2 \cdot 3{,}5\,\text{m} = 43{,}75\,\text{m}^3$$

Der Wintergarten hat ein Volumen von etwa $43{,}75\,\text{m}^3$.

b) Die Ebene E_1, in der die Dachfläche EFGH liegt, hat beispielsweise den Stützpunkt E und die Spannvektoren $\overrightarrow{EF} = \begin{pmatrix} 0 \\ 3{,}5 \\ 0 \end{pmatrix}$ und $\overrightarrow{EH} = \begin{pmatrix} -5 \\ 0 \\ 1 \end{pmatrix}$. Damit hat E_1 die Parametergleichung:

$$E_1: \vec{x} = \begin{pmatrix} 5 \\ 0 \\ 2 \end{pmatrix} + s \cdot \begin{pmatrix} 0 \\ 3{,}5 \\ 0 \end{pmatrix} + t \cdot \begin{pmatrix} -5 \\ 0 \\ 1 \end{pmatrix};\ s, t \in \mathbb{R}$$

Einen Normalenvektor $\vec{n}$ von E_1 erhält man mit Hilfe des Kreuzprodukts (siehe Seite 41) der Spannvektoren $\overrightarrow{EF} = \begin{pmatrix} 0 \\ 3,5 \\ 0 \end{pmatrix}$ und $\overrightarrow{EH} = \begin{pmatrix} -5 \\ 0 \\ 1 \end{pmatrix}$:

$$\overrightarrow{EF} \times \overrightarrow{EH} = \begin{pmatrix} 0 \\ 3,5 \\ 0 \end{pmatrix} \times \begin{pmatrix} -5 \\ 0 \\ 1 \end{pmatrix} = \begin{pmatrix} 3,5 \\ 0 \\ 17,5 \end{pmatrix} = 3,5 \cdot \begin{pmatrix} 1 \\ 0 \\ 5 \end{pmatrix} \Rightarrow \vec{n} = \begin{pmatrix} 1 \\ 0 \\ 5 \end{pmatrix}$$

Alternativ kann man $\vec{n}$ auch mit Hilfe des Skalarprodukts bestimmen, da $\vec{n}$ sowohl auf $\overrightarrow{EF}$ als auch auf $\overrightarrow{EH}$ senkrecht steht, so dass gilt:

$$\vec{n} \cdot \overrightarrow{EF} = 0 \Rightarrow \begin{pmatrix} n_1 \\ n_2 \\ n_3 \end{pmatrix} \cdot \begin{pmatrix} 0 \\ 3,5 \\ 0 \end{pmatrix} = 0 \text{ und } \vec{n} \cdot \overrightarrow{EH} = 0 \Rightarrow \begin{pmatrix} n_1 \\ n_2 \\ n_3 \end{pmatrix} \cdot \begin{pmatrix} -5 \\ 0 \\ 1 \end{pmatrix} = 0$$

Daraus ergibt sich das lineare Gleichungssystem:

$$3,5 \cdot n_2 = 0$$
$$-5n_1 + n_3 = 0$$

Aus der ersten Gleichung ergibt sich: $n_2 = 0$
Wählt man z.B. $n_1 = 1$, erhält man $-5 \cdot 1 + n_3 = 0 \Rightarrow n_3 = 5$.

Damit ergibt sich ein Normalenvektor $\vec{n} = \begin{pmatrix} 1 \\ 0 \\ 5 \end{pmatrix}$

Die Koordinatengleichung von E_1 erhält man, indem man $\vec{n}$ und die Koordinaten des Punktes E in die Punkt-Normalenform $(\vec{x} - \vec{e}) \cdot \vec{n} = 0$ einsetzt:

$$E_1 : \left(\vec{x} - \begin{pmatrix} 5 \\ 0 \\ 2 \end{pmatrix} \right) \cdot \begin{pmatrix} 1 \\ 0 \\ 5 \end{pmatrix} = 0$$

$$E_1 : (x_1 - 5) \cdot 1 + (x_2 - 0) \cdot 0 + (x_3 - 2) \cdot 5 = 0$$

$$E_1 : x_1 - 5 + 5x_3 - 10 = 0$$

$$E_1 : x_1 + 5x_3 = 15$$

Somit hat E_1 die Koordinatengleichung:

$$E_1 : x_1 + 5x_3 = 15$$

Den Neigungswinkel α des Daches erhält man als Winkel zwischen den Vekoren $\overrightarrow{EH}$ und $\overrightarrow{AD}$.

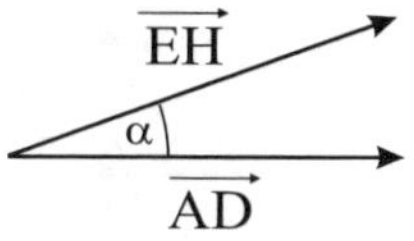

Es gilt:

$$\cos\alpha = \frac{\overrightarrow{EH}\cdot\overrightarrow{AD}}{|\overrightarrow{EH}|\cdot|\overrightarrow{AD}|} = \frac{\begin{pmatrix}-5\\0\\1\end{pmatrix}\cdot\begin{pmatrix}-5\\0\\0\end{pmatrix}}{\left|\begin{pmatrix}-5\\0\\1\end{pmatrix}\right|\cdot\left|\begin{pmatrix}-5\\0\\0\end{pmatrix}\right|}$$

$$= \frac{(-5)\cdot(-5)+0\cdot 0+1\cdot 0}{\sqrt{(-5)^2+0^2+1^2}\cdot\sqrt{(-5)^2+0^2+0^2}}$$

$$= \frac{25}{\sqrt{26}\cdot 5}$$

$$= \frac{5}{\sqrt{26}}$$

$$\Rightarrow\ \alpha \approx 11{,}31^\circ > 10^\circ$$

Alternativ kann man den Neigungswinkel α auch als Winkel zwischen dem Normalenvektor $\vec{n}_1 = \begin{pmatrix}1\\0\\5\end{pmatrix}$ der Ebene E_1 und dem Normalenvektor $\vec{n}_2 = \begin{pmatrix}0\\0\\1\end{pmatrix}$ der x_1x_2-Ebene berechnen. Es gilt:

$$\cos\alpha = \frac{|\vec{n}_1\cdot\vec{n}_2|}{|\vec{n}_1|\cdot|\vec{n}_2|} = \frac{\left|\begin{pmatrix}1\\0\\5\end{pmatrix}\cdot\begin{pmatrix}0\\0\\1\end{pmatrix}\right|}{\left|\begin{pmatrix}1\\0\\5\end{pmatrix}\right|\cdot\left|\begin{pmatrix}0\\0\\1\end{pmatrix}\right|}$$

$$= \frac{|1\cdot 0+0\cdot 0+5\cdot 1|}{\sqrt{1^2+0^2+5^2}\cdot\sqrt{0^2+0^2+1^2}} = \frac{5}{\sqrt{26}}$$

$$\Rightarrow\ \alpha \approx 11{,}31^\circ > 10^\circ$$

Damit wird die Empfehlung eingehalten.

c) Um zu prüfen, ob der Sandkasten vollständig oder nur teilweise im direkten Lampenlicht liegt, bestimmt man die Schattenpunkte E^* und F^* der Ecken E und F in der x_1x_2-Ebene.

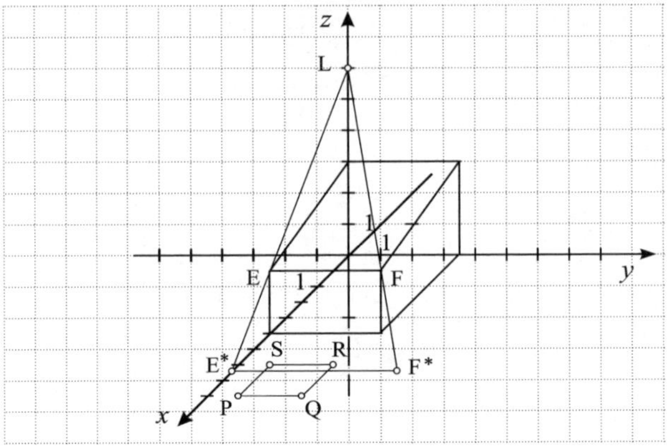

Hierzu stellt man jeweils eine Gerade durch L $(0 \mid 0 \mid 6)$ und E bzw. L und F auf und schneidet diese mit der x_1x_2-Ebene ($x_3 = 0$):

$$g_{\text{LE}}: \vec{x} = \begin{pmatrix} 0 \\ 0 \\ 6 \end{pmatrix} + s \cdot \begin{pmatrix} 5 \\ 0 \\ -4 \end{pmatrix}; \; s \in \mathbb{R}$$

$$g_{\text{LF}}: \vec{x} = \begin{pmatrix} 0 \\ 0 \\ 6 \end{pmatrix} + r \cdot \begin{pmatrix} 5 \\ 3{,}5 \\ -4 \end{pmatrix}; \; r \in \mathbb{R}$$

Schneidet man g_{LE} mit der x_1x_2-Ebene ($x_3 = 0$), ergibt sich:

$$6 - 4s = 0 \Rightarrow s = 1{,}5$$

Setzt man $s = 1{,}5$ in g_{LE} ein, ergibt sich der Schattenpunkt E* $(7{,}5 \mid 0 \mid 0)$. Schneidet man g_{LF} mit der x_1x_2-Ebene ($x_3 = 0$), ergibt sich:

$$6 - 4r = 0 \Rightarrow r = 1{,}5$$

Setzt man $r = 1{,}5$ in g_{LF} ein, ergibt sich der Schattenpunkt F* $(7{,}5 \mid 5{,}25 \mid 0)$.
Die Schattenlinie E*F* verläuft parallel zur y-Achse durch den Sandkasten hindurch, was man an den x-Koordinaten der Schattenpunkte E* und F* erkennen kann, da $7 < 7{,}5 < 9$. Damit liegt der Sandkasten nur teilweise im direkten Lampenlicht.

18 Haus am Hang

Gegeben sind die Punkte $A(8 \mid 0 \mid -2)$, $B(8 \mid 8 \mid -2)$ und $D(0 \mid 0 \mid 0)$.

a) Um eine Parameterform der Hangebene E_{Hang} zu bestimmen, kann man z.B. den Vektor $\overrightarrow{OD}$ als Stützvektor und die Vektoren $\overrightarrow{DA}$ und $\overrightarrow{DB}$ als Spannvektoren verwenden. Man erhält als Parameterform:

$$E_{\text{Hang}}: \vec{x} = \begin{pmatrix} 0 \\ 0 \\ 0 \end{pmatrix} + s \cdot \begin{pmatrix} 8 \\ 0 \\ -2 \end{pmatrix} + t \cdot \begin{pmatrix} 8 \\ 8 \\ -2 \end{pmatrix}; \; s, t \in \mathbb{R}$$

$$E_{\text{Hang}}: \vec{x} = \begin{pmatrix} 0 \\ 0 \\ 0 \end{pmatrix} + s \cdot \begin{pmatrix} 4 \\ 0 \\ -1 \end{pmatrix} + t \cdot \begin{pmatrix} 4 \\ 4 \\ -1 \end{pmatrix}; \; s, t \in \mathbb{R}$$

Um damit eine Koordinatengleichung der Ebene E_{Hang} zu erhalten, berechnet man mit Hilfe des Kreuzprodukts (siehe Seite 41) der beiden Spannvektoren einen Normalenvektor $\vec{n}$ und setzt diesen und beispielsweise den Ortsvektor $\vec{d}$ in die Punkt-Normalenform $\left(\vec{x} - \vec{d}\right) \cdot \vec{n} = 0$ ein. Man erhält:

$$\begin{pmatrix} 4 \\ 0 \\ -1 \end{pmatrix} \times \begin{pmatrix} 4 \\ 4 \\ -1 \end{pmatrix} = \begin{pmatrix} 4 \\ 0 \\ 16 \end{pmatrix} = 4 \cdot \begin{pmatrix} 1 \\ 0 \\ 4 \end{pmatrix} \Rightarrow \vec{n} = \begin{pmatrix} 1 \\ 0 \\ 4 \end{pmatrix}$$

Einsetzen ergibt:

$$E_{\text{Hang}}: \left(\vec{x} - \begin{pmatrix} 0 \\ 0 \\ 0 \end{pmatrix}\right) \cdot \begin{pmatrix} 1 \\ 0 \\ 4 \end{pmatrix} = 0$$

$$E_{\text{Hang}}: (\vec{x}) \cdot \begin{pmatrix} 1 \\ 0 \\ 4 \end{pmatrix} = 0$$

$$E_{\text{Hang}}: x_1 \cdot 1 + x_2 \cdot 0 + x_3 \cdot 4 = 0$$

$$\Rightarrow E_{\text{Hang}}: x_1 + 4x_3 = 0$$

Den Winkel, unter dem die Sonnenstrahlen den Hang treffen, erhält man, indem man den Normalenvektor $\vec{n} = \begin{pmatrix} 1 \\ 0 \\ 4 \end{pmatrix}$ der Ebene E_{Hang} und den Vektor $\vec{v} = \begin{pmatrix} -1 \\ 3 \\ -3 \end{pmatrix}$ der Richtung der Sonnenstrahlen in die Formel $\sin\alpha = \frac{|\vec{n}\cdot\vec{v}|}{|\vec{n}|\cdot|\vec{v}|}$ einsetzt:

$$\sin\alpha = \frac{\left|\begin{pmatrix}1\\0\\4\end{pmatrix}\cdot\begin{pmatrix}-1\\3\\-3\end{pmatrix}\right|}{\left|\begin{pmatrix}1\\0\\4\end{pmatrix}\right|\cdot\left|\begin{pmatrix}-1\\3\\-3\end{pmatrix}\right|} = \frac{|1\cdot(-1)+0\cdot3+4\cdot(-3)|}{\sqrt{1^2+0^2+4^2}\cdot\sqrt{(-1)^2+3^2+(-3)^2}}$$

$$= \frac{|-13|}{\sqrt{17}\cdot\sqrt{19}} = \frac{13}{\sqrt{17}\cdot\sqrt{19}} \Rightarrow \alpha \approx 46{,}3^\circ$$

Der Winkel, unter dem die Lichtstrahlen den Hang treffen, beträgt etwa $46{,}3\,^\circ$.

b) Da im Punkt $L\,(4 \mid -8 \mid -1)$ ein 26 m hoher Mast steht, hat die Spitze S des Mastes die Koordinaten $S\,(4 \mid -8 \mid 25)$.
Die Punkte $E\,(8 \mid 0 \mid 4)$, $H\,(0 \mid 0 \mid 4)$, $I\,(0 \mid 4 \mid 8)$ und $K\,(8 \mid 4 \mid 8)$ bilden die Dachfläche EHIK. Um eine Parameterform der Ebene E_{Dach} zu bestimmen, kann man z.B. den Vektor $\overrightarrow{OE}$ als Stützvektor und die Vektoren $\overrightarrow{EH}$ und $\overrightarrow{EK}$ als Spannvektoren verwenden:

$$E_{\text{Dach}}: \vec{x} = \begin{pmatrix}8\\0\\4\end{pmatrix} + s\cdot\begin{pmatrix}-8\\0\\0\end{pmatrix} + t\cdot\begin{pmatrix}0\\4\\4\end{pmatrix} \quad ; s,t \in \mathbb{R}$$

$$E_{\text{Dach}}: \vec{x} = \begin{pmatrix}8\\0\\4\end{pmatrix} + s\cdot\begin{pmatrix}-1\\0\\0\end{pmatrix} + t\cdot\begin{pmatrix}0\\1\\1\end{pmatrix} \quad ; s,t \in \mathbb{R}$$

Um damit eine Koordinatengleichung der Ebene E_{Dach} zu erhalten, berechnet man mit Hilfe des Kreuzprodukts (siehe Seite 41) der beiden Spannvektoren einen Normalenvektor $\vec{n}$ und setzt diesen und beispielsweise den Ortsvektor $\vec{e}$ in die Punkt-Normalenform $(\vec{x}-\vec{e})\cdot\vec{n} = 0$ ein. Man erhält:

$$\begin{pmatrix}-1\\0\\0\end{pmatrix} \times \begin{pmatrix}0\\1\\1\end{pmatrix} = \begin{pmatrix}0\\1\\-1\end{pmatrix} \Rightarrow \vec{n} = \begin{pmatrix}0\\1\\-1\end{pmatrix}$$

Einsetzen führt zu:

$$E_{\text{Dach}}: \left(\vec{x} - \begin{pmatrix}8\\0\\4\end{pmatrix}\right)\cdot\begin{pmatrix}0\\1\\-1\end{pmatrix} = 0$$

$$(x_1-8)\cdot 0 + (x_2-0)\cdot 1 + (x_3-4)\cdot(-1) = 0$$

Damit ergibt sich:

$$E_{\text{Dach}}: x_2 - x_3 + 4 = 0$$

Man erhält denjenigen Punkt P, der in der Ebene E_{Dach} liegt und von der Mastspitze den kleinsten Abstand hat, indem man eine Lotgerade l_S durch die Mastspitze S aufstellt und mit E_{Dach} schneidet; ein Richtungsvektor von l_S ist der Normalenvektor von E_{Dach}:

$$l_S\colon \vec{x} = \begin{pmatrix} 4 \\ -8 \\ 25 \end{pmatrix} + r \cdot \begin{pmatrix} 0 \\ 1 \\ -1 \end{pmatrix};\ r \in \mathbb{R}$$

Setzt man l_S in E_{Dach} ein, erhält man:

$$-8 + r - (25 - r) + 4 = 0 \Rightarrow r = 14{,}5$$

Setzt man $r = 14{,}5$ in l_S ein, erhält man:

$$\vec{p} = \begin{pmatrix} 4 \\ -8 \\ 25 \end{pmatrix} + 14{,}5 \cdot \begin{pmatrix} 0 \\ 1 \\ -1 \end{pmatrix} = \begin{pmatrix} 4 \\ 6{,}5 \\ 10{,}5 \end{pmatrix} \Rightarrow \mathrm{P}(4 \mid 6{,}5 \mid 10{,}5)$$

Da die x_3-Koordinate von P größer als der maximale Wert der x_3-Koordinate eines Punktes der Dachfläche EHIK ist ($x_3 = 8$), liegt P nicht in der Dachfläche EHIK.
Für alle Punkte des Firstes IK durch die Punkte $\mathrm{I}(0 \mid 4 \mid 8)$ und $\mathrm{K}(8 \mid 4 \mid 8)$ gilt:
$0 \leqslant x_1 \leqslant 8$, $x_2 = 4$ und $x_3 = 8$.

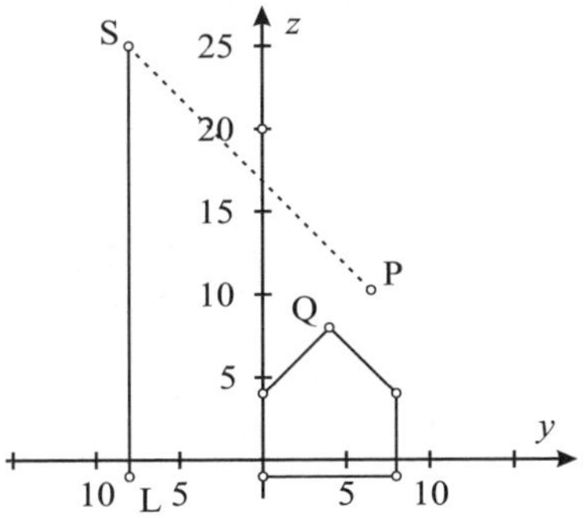

Derjenige Punkt Q des Firstes IK, der von P und damit von S die kleinste Entfernung hat, muss die gleiche x_1-Koordinate wie P besitzen: $\mathrm{Q}(4 \mid 4 \mid 8)$
Damit liegt der Punkt $\mathrm{Q}(4 \mid 4 \mid 8)$ auf dem First der Dachfläche EHIK der Mastspitze am nächsten.

c) Den Schattenpunkt S′ der Mastspitze $\mathrm{S}(4 \mid -8 \mid 25)$ auf der Ebene $E_{Hang}\colon x_1 + 4x_3 = 0$ erhält man, indem man eine Gerade g durch S mit Richtungsvektor $\vec{v} = \begin{pmatrix} -1 \\ 3 \\ -3 \end{pmatrix}$ der Sonnenstrahlen aufstellt und mit E_{Hang} schneidet:

$$g: \vec{x} = \begin{pmatrix} 4 \\ -8 \\ 25 \end{pmatrix} + t \cdot \begin{pmatrix} -1 \\ 3 \\ -3 \end{pmatrix}; t \in \mathbb{R}$$

Setzt man g in E_{Hang} ein, erhält man:

$$4 - t + 4 \cdot (25 - 3t) = 0 \Rightarrow t = 8$$

Setzt man $t = 8$ in g ein, erhält man:

$$\vec{s}' = \begin{pmatrix} 4 \\ -8 \\ 25 \end{pmatrix} + 8 \cdot \begin{pmatrix} -1 \\ 3 \\ -3 \end{pmatrix} = \begin{pmatrix} -4 \\ 16 \\ 1 \end{pmatrix} \Rightarrow S'(-4 \mid 16 \mid 1)$$

Der Schattenpunkt der Mastspitze auf der Hangebene hat die Koordinaten $S'(-4 \mid 16 \mid 1)$.

Den Abstand d des Punktes $S'(-4 \mid 16 \mid 1)$ von der Hausecke $C(0 \mid 8 \mid 0)$ erhält man, indem man die Länge des Verbindungsvektors $\overrightarrow{S'C}$ berechnet:

$$d = |\overrightarrow{S'C}| = \left| \begin{pmatrix} 4 \\ -8 \\ -1 \end{pmatrix} \right| = \sqrt{4^2 + (-8)^2 + (-1)^2} = 9$$

Der Abstand von S' zur Hausecke C beträgt 9 m.

Um zu entscheiden, ob $d = 9\,\text{m}$ die kürzeste Entfernung von S' zur Hauswand DCGH ist, kann man sich aufgrund der Lage von S' überlegen, dass der Abstand von S' zur Kante CG die kürzeste Entfernung von S' zur Hauswand DCGH darstellt. Damit müsste der Vektor

$\overrightarrow{S'C} = \begin{pmatrix} 4 \\ -8 \\ -1 \end{pmatrix}$ orthognal zum Vektor $\overrightarrow{CG} = \begin{pmatrix} 0 \\ 0 \\ 4 \end{pmatrix}$ sein.

Wegen $\begin{pmatrix} 4 \\ -8 \\ -1 \end{pmatrix} \cdot \begin{pmatrix} 0 \\ 0 \\ 4 \end{pmatrix} = 4 \cdot 0 + (-8) \cdot 0 + (-1) \cdot 4 = -4 \neq 0$ ist dies nicht der Fall.

Alternativ kann man sich auch überlegen, dass dies nicht der Fall ist, da S' auf E_{Hang} liegt, welche nicht orthogonal zur Hauswand DCGH verläuft.

Somit ist $d = 9\,\text{m}$ nicht die kürzeste Entfernung von S' zur Hauswand DCGH.

Stochastik

19 Baumdiagramme und Pfadregeln

a) I)

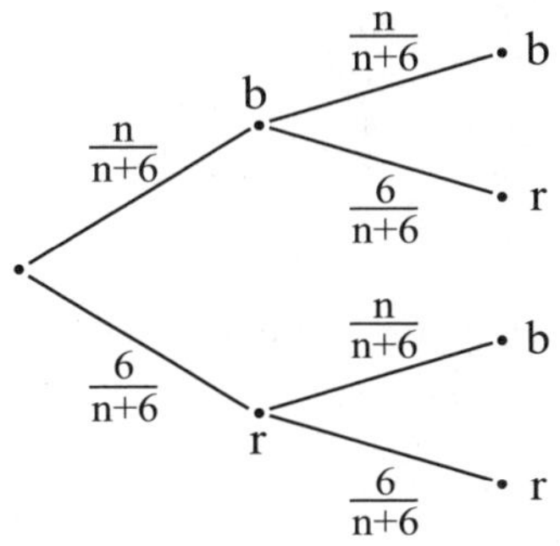

Wenn im Behälter 6 rote und n blaue Kugeln sind, gibt es insgesamt $n+6$ Kugeln. Damit beträgt die Wahrscheinlichkeit bei jedem Ziehen für blau (b): $\frac{n}{n+6}$ und für rot (r): $\frac{6}{n+6}$.

Da die Wahrscheinlichkeit, höchstens eine blaue Kugel zu ziehen, 0,64 betragen soll, erhält man (am geschicktesten) mit Hilfe des Gegenereignisses folgende Gleichung:

$$\begin{aligned} P(\text{«höchstens eine blaue Kugel»}) &= 1 - P(\text{«zwei blaue Kugeln»}) \\ 0{,}64 &= 1 - P(bb) \\ 0{,}64 &= 1 - \frac{n}{n+6} \cdot \frac{n}{n+6} \\ \frac{n}{n+6} \cdot \frac{n}{n+6} &= 0{,}36 \end{aligned}$$

Mit Hilfe des GTR/CAS erhält man: $n_1 = 9$ und $n_2 = -\frac{9}{4}$.
Wegen $n > 0$ kommt nur $n_1 = 9$ als Lösung in Frage.
Also müssen sich im Behälter 9 blaue Kugeln befinden.

II) Da die Wahrscheinlichkeit, mindestens eine blaue Kugel zu ziehen, $\frac{19}{27}$ betragen soll, erhält man (am geschicktesten) mit Hilfe des Gegenereignisses folgende Gleichung:

$$\begin{aligned} P(\text{«mindestens eine blaue Kugel»}) &= 1 - P(\text{«keine blaue Kugel»}) \\ \frac{19}{27} &= 1 - P(rrr) \\ \frac{19}{27} &= 1 - \frac{6}{n+6} \cdot \frac{6}{n+6} \cdot \frac{6}{n+6} \\ \frac{6}{n+6} \cdot \frac{6}{n+6} \cdot \frac{6}{n+6} &= \frac{8}{27} \end{aligned}$$

Man erhält mit Hilfe des GTR/CAS: $n = 3$
Also müssen sich im Behälter 3 blaue Kugeln befinden.

b) I) Die Wahrscheinlichkeiten für die einzelnen Zahlen erhält man, indem man den zugehörigen Mittelpunktswinkel durch 360° teilt:

$$P(1) = \frac{30^\circ}{360^\circ} = \frac{1}{12}$$
$$P(2) = \frac{60^\circ}{360^\circ} = \frac{1}{6}$$
$$P(3) = \frac{90^\circ}{360^\circ} = \frac{1}{4}$$
$$P(4) = \frac{180^\circ}{360^\circ} = \frac{1}{2}$$

Zur Bestimmung der Wahrscheinlichkeit, dass bei n Drehungen des Glücksrads mindestens einmal die Zahl 4 erscheint, verwendet man das Gegenereignis «keine 4 erscheint»:

$$P(\text{«mindestens einmal 4»}) = 1 - P(\text{«keine 4»}) = 1 - \left(\frac{1}{2}\right)^n$$

Damit diese Wahrscheinlichkeit etwa 97 % beträgt, muss gelten:

$$0{,}97 = 1 - \left(\frac{1}{2}\right)^n$$
$$\left(\frac{1}{2}\right)^n = 0{,}03$$

Mit Hilfe des GTR/CAS erhält man: $n \approx 5{,}06$.
Also muss man etwa fünfmal drehen, damit mit etwa 97 %-iger Wahrscheinlichkeit mindestens einmal die Zahl 4 erscheint.

II) Allgemein gilt für die Zahl 1 die Wahrscheinlichkeit $P(1) = \frac{\alpha}{360^\circ}$.
Das Gegenereignis von höchstens zweimal die Zahl 1 ziehen ist genau dreimal die Zahl 1 ziehen; dieses hat die Wahrscheinlichkeit $P(111) = \left(\frac{\alpha}{360^\circ}\right)^3$.
Damit gilt für die Wahrscheinlichkeit, höchstens zweimal die Zahl 1 ziehen:

$$P(\text{«höchstens zweimal 1»}) = 0{,}999$$
$$1 - P(111) = 0{,}999$$
$$1 - \left(\frac{\alpha}{360^\circ}\right)^3 = 0{,}999$$
$$0{,}001 = \left(\frac{\alpha}{360^\circ}\right)^3$$

Mit Hilfe des GTR/CAS erhält man: $\alpha = 36^\circ$.
Der Mittelpunktswinkel für die Zahl 1 muss also 36° betragen.

c) I)

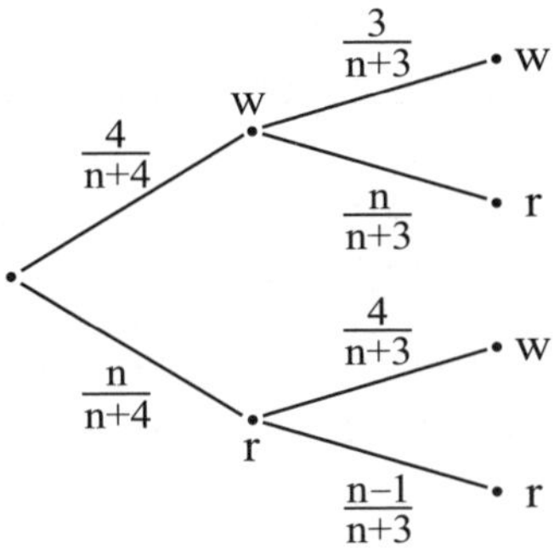

Wenn in der Urne 4 weiße und n rote Kugeln sind, gibt es insgesamt $n+4$ Kugeln. Damit beträgt die Wahrscheinlichkeit beim 1. Ziehen für weiß (w): $\frac{4}{n+4}$ und für rot (r): $\frac{n}{n+4}$. Beim 2. Ziehen sind nur noch $n+3$ Kugeln vorhanden und die Wahrscheinlichkeiten hängen davon ab, welche Farbe schon gezogen wurde.

Da die Wahrscheinlichkeit, dass beide Kugeln weiß sind, $\frac{1}{6}$ betragen soll, erhält man mit Hilfe der 1. Pfadregel folgende Gleichung:

$$
\begin{aligned}
P(\text{«beide Kugeln weiß»}) &= P(ww)\\
\frac{1}{6} &= \frac{4}{n+4}\cdot\frac{3}{n+3}\\
(n+4)\cdot(n+3) &= 72\\
n^2+7n-60 &= 0
\end{aligned}
$$

Mit Hilfe des GTR/CAS erhält man: $n_1 = 5$ und $n_2 = -12$.
Wegen $n > 0$ kommt nur $n_1 = 5$ als Lösung in Frage.
Also waren in der Urne 5 rote Kugeln vorhanden.

II) Da die Wahrscheinlichkeit, mindestens eine weiße Kugel zu ziehen, $\frac{17}{28}$ betragen soll, erhält man (am geschicktesten) mit Hilfe des Gegenereignisses folgende Gleichung:

$$
\begin{aligned}
P(\text{«mindestens eine weiße Kugel»}) &= 1 - P(\text{«keine weiße Kugel»})\\
\frac{17}{28} &= 1 - P(rrr)\\
\frac{17}{28} &= 1 - \frac{n}{n+4}\cdot\frac{n-1}{n+3}\cdot\frac{n-2}{n+2}\\
\frac{n}{n+4}\cdot\frac{n-1}{n+3}\cdot\frac{n-2}{n+2} &= \frac{11}{28}
\end{aligned}
$$

Wegen $n > 0$ erhält man mit Hilfe des GTR/CAS: $n = 12$.
Also waren in der Urne 12 rote Kugeln vorhanden.

d) I)

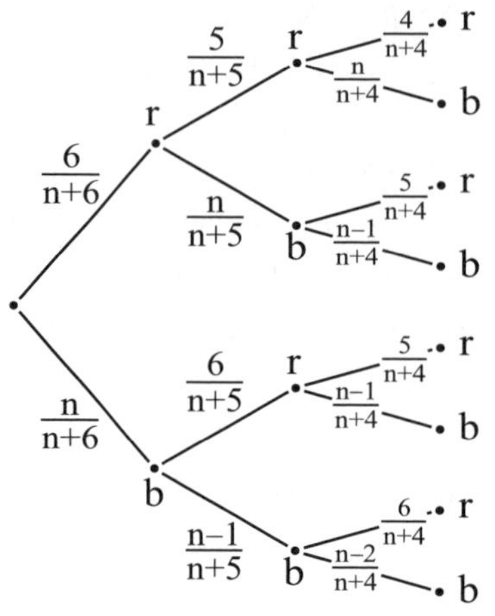

Wenn im Gefäß 6 rote und n blaue Kugeln sind, gibt es insgesamt $n+6$ Kugeln. Damit beträgt die Wahrscheinlichkeit beim 1. Ziehen Ziehen für blau (b): $\frac{n}{n+6}$ und für rot (r): $\frac{6}{n+6}$. Beim jedem weiteren Ziehen sind weniger Kugeln vorhanden und die Wahrscheinlichkeiten hängen davon ab, welche Farbe schon gezogen wurde.

Da die Wahrscheinlichkeit, mindestens eine rote Kugel zu ziehen, $\frac{11}{14}$ betragen soll, erhält man (am geschicktesten) mit Hilfe des Gegenereignisses folgende Gleichung:

$$P(\text{«mindestens eine rote Kugel»}) = 1 - P(\text{«keine rote Kugel»})$$
$$\frac{11}{14} = 1 - P(bbb)$$
$$\frac{11}{14} = 1 - \frac{n}{n+6} \cdot \frac{n-1}{n+5} \cdot \frac{n-2}{n+4}$$
$$\frac{n}{n+6} \cdot \frac{n-1}{n+5} \cdot \frac{n-2}{n+4} = \frac{3}{14}$$

Wegen $n > 0$ erhält man mit Hilfe des GTR/CAS: $n = 10$
Also waren im Gefäß 10 blaue Kugeln vorhanden.

II) Die Wahrscheinlichkeit, dass mindestens zwei der Kugeln blau sind, soll wenigstens $90\% = 0{,}9$ betragen. Man erhält daher mit Hilfe der 1. und 2. Pfadregel folgende Ungleichung:

$$0{,}9 \leqslant P(\text{«mindestens zwei blaue Kugeln»})$$
$$0{,}9 \leqslant P(bbr) + P(brb) + P(rbb) + P(bbb)$$
$$0{,}9 \leqslant \frac{n}{n+6} \cdot \frac{n-1}{n+5} \cdot \frac{6}{n+4} + \frac{n}{n+6} \cdot \frac{6}{n+5} \cdot \frac{n-1}{n+4} + \frac{6}{n+6} \cdot \frac{n}{n+5} \cdot \frac{n-1}{n+4}$$
$$+ \frac{n}{n+6} \cdot \frac{n-1}{n+5} \cdot \frac{n-2}{n+4}$$
$$0{,}9 \leqslant \frac{(18n + n \cdot (n-2)) \cdot (n-1)}{(n+6) \cdot (n+5) \cdot (n+4)}$$

Wegen $n > 0$ erhält man mit Hilfe des GTR/CAS: $n \geqslant 22{,}98$
Also müssen im Gefäß mindestens 23 blaue Kugeln vorhanden sein.

e) I) Um eine Übersicht über alle möglichen Ausgänge des Spiels und deren Wahrscheinlichkeiten zu erhalten, bietet es sich an, ein Baumdiagramm zu zeichnen. Dabei ist darauf zu achten, dass sich nach Ziehung einer roten Kugel die Verhältnisse in der Urne ändern. Es ist b: blau und r: rot.

Die einzelnen Ziehungen sind nicht unabhängig voneinander, da die Wahrscheinlichkeitsverteilung einer Ziehung vom Ausgang der vorherigen Ziehung abhängt. Die Wahrscheinlichkeit, dass mindestens eine Kugel blau ist, erhält man mit Hilfe des Gegenereignisses:

P(«mindestens eine blaue Kugel)

$= 1 - P(\text{«alle Kugeln rot}) = 1 - P(rrr)$

$= 1 - \frac{6}{7} \cdot \frac{5}{7} \cdot \frac{4}{7} = \frac{223}{343} \approx 0{,}650 = 65{,}0\,\%$

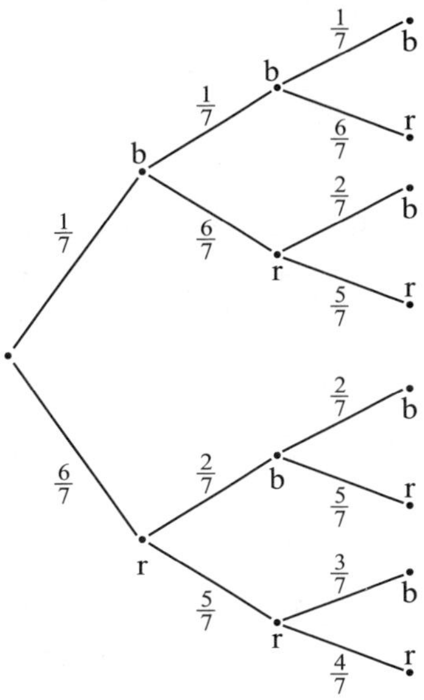

II) Zuerst bestimmt man die Wahrscheinlichkeit für das Ereignis A: «Mindestens eine Kugel ist rot bei n Ziehungen».

Hierzu verwendet man das Gegenereignis $\overline{A}$: «Alle n Kugeln sind blau.»

Es gilt:

$$P(A) = 1 - P(\overline{A}) = 1 - \left(\frac{1}{7}\right)^n$$

Der Spieler behauptet, dass $P(A) \geqslant 0{,}99$ für alle $n \geqslant 2$.

Nun berechnet man, für welche n die Wahrscheinlichkeit $P(A) \geqslant 0{,}99$ gilt:

$$1 - \left(\frac{1}{7}\right)^n \geqslant 0{,}99$$

$$0{,}01 \geqslant \left(\frac{1}{7}\right)^n$$

Mit Hilfe des GTR/CAS erhält man: $n \geqslant 2{,}37$.

Die Behauptung des Spielers ist falsch, da $P(A) \geqslant 0{,}99$ erst für $n \geqslant 3$ gilt.

20 Binomialverteilung

a) I) Da es nur die Ausgänge «Sechs» oder «nicht Sechs» gibt, handelt es sich um ein Bernoulli-Experiment. Die Kettenlänge ist $n = 50$ und die Trefferwahrscheinlichkeit ist $p = \frac{1}{6}$ für «Sechs». Damit erhält man mit Hilfe des GTR/CAS:

$$P(A) = P(X \geqslant 10) = 1 - P(X \leqslant 9) \approx 0{,}317 = 31{,}7\,\%$$
$$P(B) = P(3 < X < 14) = P(X \leqslant 13) - P(X \leqslant 3) \approx 0{,}946 = 94{,}6\,\%$$

II) Um zu bestimmen, wie oft man werfen muss, um mit einer Wahrscheinlichkeit von mindestens 99% wenigstens 10 Mal «Sechs» zu erhalten, löst man mit Hilfe des GTR/CAS folgende Ungleichung:

$$\begin{aligned} P(X \geqslant 10) &\geqslant 0{,}99 \\ 1 - P(X \leqslant 9) &\geqslant 0{,}99 \\ 0{,}01 &\geqslant P(X \leqslant 9) \end{aligned}$$

Mit Hilfe des GTR/CAS erhält man: $n \geqslant 108$.
Somit muss man mindestens 108 Mal würfeln.

b) I) In jeder Einzelbefragung gibt es nur zwei Ausgänge («Sendung bekannt» oder «Sendung nicht bekannt»); also ist jede Einzelbefragung ein Bernoulliexperiment. Da alle Einzelbefragungen unabhängig voneinander sind und insbesondere die Wahrscheinlichkeit für die beiden möglichen Ausgänge jeweils gleich bleibt, liegt eine Bernoullikette vor. Legt man X als Zufallsvariable für die Anzahl derjenigen Personen fest, welche die Sendung kennen, so ist X also eine binomialverteilte Zufallsvariable mit den Parametern $n = 20$ und $p = 0{,}25$.
Wenn genau 14 Personen die Sendung nicht kennen, so kennen genau 6 Personen die Sendung. Damit erhält man die Wahrscheinlichkeit des Ereignisses A mit Hilfe des GTR/CAS:

$$P(A) = P(X = 6) \approx 0{,}169 = 16{,}9\,\%$$

Die Wahrscheinlichkeit, dass höchstens 10 Personen die Sendung kennen, erhält man mit Hilfe des GTR/CAS:

$$P(B) = P(X \leqslant 10) \approx 0{,}996 = 99{,}6\,\%$$

II) Man legt Y als Zufallsvariable für die Anzahl derjenigen Befragten fest, welche die Sendung kennen. Y ist dann binomialverteilt mit den Parametern $n = 100$ und unbekanntem p.
Um p so zu bestimmen, dass die Wahrscheinlichkeit, dass von 100 Personen mindes-

tens 10 Personen die Sendung kennen, höher als 90% sein soll, löst man folgende Ungleichung:

$$P(Y \geqslant 10) > 0{,}9$$
$$1 - P(Y \leqslant 9) > 0{,}9$$
$$0{,}1 > P(Y \leqslant 9)$$

Mit Hilfe des GTR/CAS erhält man: $p > 0{,}13 = 13\%$.
Die Wahrscheinlichkeit, dass eine Person die Sendung kennt, muss also größer als 13% sein.

c) I) Man legt X als Zufallsvariable für die Anzahl der matschigen Äpfel bei einer Gesamtheit von 7 Äpfeln fest. Dann ist X eine binomialverteilte Zufallsvariable mit den Parametern $n = 7$ und $p = 0{,}2$.
Für die Wahrscheinlichkeit des Ereignisses A ergibt sich mit Hilfe des GTR/CAS:

$$P(A) = P(X = 2) \approx 0{,}275 = 27{,}5\,\%$$

Man legt Y als Zufallsvariable für die Anzahl der matschigen Äpfel bei einer Gesamtheit von 20 Äpfeln fest. Dann ist Y eine binomialverteilte Zufallsvariable mit den Parametern $n = 20$ und $p = 0{,}2$. Für die Wahrscheinlichkeit des Ereignisses B ergibt sich mit Hilfe des GTR/CAS:

$$P(B) = P(Y \geqslant 2) = 1 - P(Y \leqslant 1) \approx 0{,}931 = 93{,}1\,\%$$

Man legt Z als Zufallsvariable für die Anzahl der matschigen Äpfel bei einer Gesamtheit von 100 Äpfeln fest. Dann ist Z eine binomialverteilte Zufallsvariable mit den Parametern $n = 100$ und $p = 0{,}2$. Für die Wahrscheinlichkeit des Ereignisses C ergibt sich mit Hilfe des GTR/CAS:

$$P(C) = P(15 \leqslant Z \leqslant 25) = P(Z \leqslant 25) - P(Z \leqslant 14) \approx 0{,}832 = 83{,}2\,\%$$

II) Man legt X als Zufallsvariable für die Anzahl der matschigen Äpfel bei einer Gesamtheit von 50 Äpfeln fest. Dann ist X binomialverteilte Zufallsvariable mit den Parametern $n = 50$ und p.
Um p so zu bestimmen, dass die Wahrscheinlichkeit, dass sich unter 50 Äpfeln höchstens 5 matschige befinden, mindestens 90% betragen soll, löst man folgende Ungleichung:

$$P(X \leqslant 5) \geqslant 0{,}9$$

Mit Hilfe des GTR/CAS erhält man: $p \leqslant 0{,}06$.

Der Anteil matschiger Äpfel dürfte also höchstens 6% betragen.

d) I) Da 6% der erwarteten Passagiere eine Busfahrt nicht antreten, beträgt die Wahrscheinlichkeit, dass ein erwarteter Passagier die Reise antritt, $p = 94\%$.
Man legt X als Zufallsvariable für die Anzahl der belegten Plätze fest. X ist eine binomialverteilte Zufallsvariable mit $n = 90$ und $p = 0{,}94$.
Die Wahrscheinlichkeit, dass mehr als 85 Sitzplätze belegt sind, erhält man mit Hilfe des GTR/CAS:

$$P(X > 85) = 1 - P(X \leqslant 85) \approx 0{,}366 = 36{,}6\%$$

II) Man legt Y als Zufallsvariable für die Anzahl der verkauften Tickets fest. Die Wahrscheinlichkeit, dass ein erwarteter Passagier die Reise antritt, beträgt 94%. Damit ist Y eine binomialverteilte Zufallsvariable mit $p = 0{,}94$.
Um zu bestimmen, wie viele Tickets (n) das Reisebüro höchstens verkaufen darf, wenn die Wahrscheinlichkeit, dass mehr als 90 Passagiere an der Busfahrt teilnehmen wollen, weniger als 10% betragen soll, löst man folgende Ungleichung:

$$\begin{aligned} P(Y > 90) &< 0{,}1 \\ 1 - P(Y \leqslant 89) &< 0{,}1 \\ 0{,}9 &< P(Y \leqslant 89) \end{aligned}$$

Mit Hilfe des GTR/CAS erhält man: $n < 93$.
Somit darf das Reisebüro höchstens 92 Tickets verkaufen.

e) I) Da 10% der gelieferten Bauteile defekt sind, beträgt die Wahrscheinlichkeit, dass ein Bauteil einwandfrei ist, $p = 0{,}9$.
Legt man X als Zufallsvariable für die Anzahl der einwandfreien Bauteile fest, so ist X binomialverteilt mit den Parametern $n = 300$ und $p = 0{,}9$.
Die Wahrscheinlichkeit, dass von 300 Bauteilen mindestens 270 einwandfrei sind, erhält man mit Hilfe des GTR/CAS:

$$P(X \geqslant 270) = 1 - P(X \leqslant 269) \approx 0{,}548$$

Legt man p als Wahrscheinlichkeit für ein einwandfreies Bauteil und Y als Zufallsvariable für die Anzahl der einwandfreien Bauteile fest, so ist Y binomialverteilt mit den Parametern $n = 150$ und p.
Wenn von 150 Bauteilen mit mindestens 95%-iger Sicherheit höchstens 4 Bauteile defekt sein sollen, müssen mindestens 146 einwandfrei sein, also löst man folgende

Ungleichung:

$$\begin{aligned} P(Y \geqslant 146) &\geqslant 0,95 \\ 1 - P(Y \leqslant 145) &\geqslant 0,95 \\ 0,05 &\geqslant P(Y \leqslant 145) \end{aligned}$$

Mit Hilfe des GTR/CAS erhält man: $p \geqslant 0,987$.
Die Wahrscheinlichkeit für ein einwandfreies Bauteil muss also mindestens 98,7% betragen.

II) Da 10% der gelieferten Bauteile defekt sind, beträgt die Wahrscheinlichkeit, dass ein Bauteil einwandfrei ist, 90%.
Die Wahrscheinlichkeit, dass sich mindestens ein defektes Bauteil auf einer Palette mit fünf Bauteilen befindet, erhält man mit Hilfe des Gegenereignisses:

$$P(\text{«mind. ein defektes Bauteil»}) = 1 - P(\text{«kein defektes Bauteil»}) = 1 - 0,9^5$$

Legt man X als Zufallsvariable für die Anzahl der Paletten mit mindestens einem defekten Bauteil fest, so ist X binomialverteilt mit den Parametern n und $p = 1 - 0,9^5$.
Um die Anzahl der Paletten zu bestimmen, dass mit mehr als 80% Wahrscheinlichkeit damit gerechnet werden muss, dass bei mindestens drei Paletten mindestens ein Bauteil defekt ist, löst man folgende Ungleichung:

$$\begin{aligned} P(X \geqslant 3) &> 0,8 \\ 1 - P(X \leqslant 2) &> 0,8 \\ 0,2 &> P(X \leqslant 2) \end{aligned}$$

Mit Hilfe des GTR/CAS erhält man: $n > 9$.
Ab 10 Paletten muss damit gerechnet werden, dass mit mehr als 80% Wahrscheinlichkeit bei mindestens drei Paletten mindestens ein Bauteil defekt ist.

f) I) Allgemein gilt für eine binomialverteilte Zufallsvariable X mit Kettenlänge n und Trefferwahrscheinlichkeit p: Die Wahrscheinlichkeit für genau k Treffer beträgt:

$$P(X = k) = \binom{n}{k} \cdot p^k \cdot (1-p)^{n-k}$$

In diesem Fall beschreibt X die Anzahl der Überraschungseier, die eine Filmfigur enthalten, wenn man zufällig 20 Eier erwirbt: $n = 20$, $p = \frac{1}{5}$.
Die Rechnung:

$$\binom{20}{2} \cdot \left(\frac{1}{5}\right)^2 \cdot \left(\frac{4}{5}\right)^{18} \approx 0,137$$

liefert somit die Wahrscheinlichkeit $P(X = 2)$.

Damit beträgt die Wahrscheinlichkeit, dass bei 20 Eiern genau zwei Eier eine Figur aus dem Film enthalten, etwa 13,7%.

Für die Wahrscheinlichkeit des Ereignisses A, dass sich in keinem Ei eine Filmfigur befindet, gilt mit $k = 0$ entsprechend:

$$P(A) = P(X = 0) = \binom{20}{0} \cdot \left(\frac{1}{5}\right)^0 \cdot \left(\frac{4}{5}\right)^{20} = \left(\frac{4}{5}\right)^{20} \approx 0,011 = 1,1\%$$

Für die Wahrscheinlichkeit des Ereignisses B, dass sich in höchstens zwei Eiern eine Filmfigur befindet, erhält man mit Hilfe des GTR/CAS:

$$P(B) = P(X \leqslant 2) \approx 0,206 = 20,6\%$$

II) Um zu berechnen, wie viele Überraschungseier man mindestens kaufen muss, um mit einer Sicherheit von 99,9 % mindestens ein Überraschungsei mit einer Filmfigur zu erhalten, legt man X als Zufallsvariable für die Anzahl der Filmfiguren bei n gekauften Eiern fest und löst folgende Ungleichung:

$$\begin{aligned} P(X \geqslant 1) &\geqslant 0,999 \\ 1 - P(X = 0) &\geqslant 0,999 \\ 0,001 &\geqslant P(X = 0) \\ 0,001 &\geqslant \binom{n}{0} \cdot \left(\frac{1}{5}\right)^0 \cdot \left(1 - \frac{1}{5}\right)^n \\ 0,001 &\geqslant \left(\frac{4}{5}\right)^n \end{aligned}$$

Mit Hilfe des GTR/CAS erhält man: $n \geqslant 30,96$.

Es müssen also mindestens 31 Eier gekauft werden.

21 Erwartungswert

a) Es gibt neun verschiedene Ereignisse bei der Ziehung einer Kugel aus Urne A und einer Kugel aus Urne B. Diese sind im folgenden Baumdiagramm dargestellt:

Zuerst bestimmt man die Wahrscheinlichkeiten für die einzelnen Ziehungen:
In Urne A sind insgesamt 8 Kugeln. Es gibt 3 Kugeln mit Nummer 5, 2 Kugeln mit Nummer 6 und 3 Kugeln mit Nummer 8. Somit gelten folgende Wahrscheinlichkeiten für die Ereignisse «die Kugel aus Urne A hat die Nummer 5» bzw. «6»; «8»:
$P(5) = \frac{3}{8}$; $P(6) = \frac{2}{8}$; $P(8) = \frac{3}{8}$.
In Urne B sind ebenfalls insgesamt 8 Kugeln. Es gibt 2 Kugeln mit Nummer 0, 3 Kugeln mit Nummer 1 und 3 Kugeln mit Nummer 2. Somit gelten folgende Wahrscheinlichkeiten für die Ereignisse «Die Kugel aus Urne B hat die Nummer 0.» bzw. «1»; «2»:
$P(0) = \frac{2}{8}$; $P(1) = \frac{3}{8}$; $P(2) = \frac{3}{8}$.

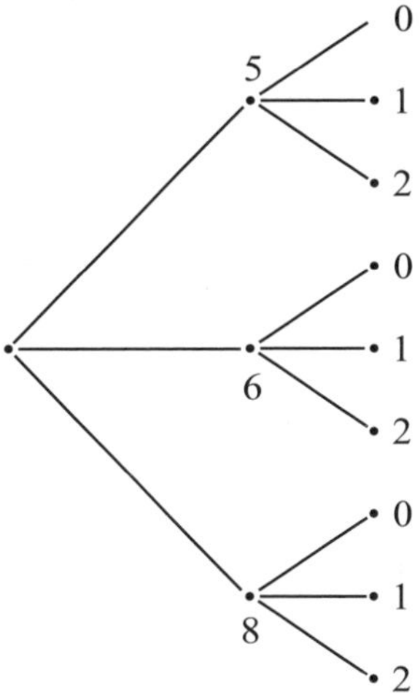

Da die Ziehung einer Kugel aus Urne A unabhängig von der Ziehung einer Kugel aus Urne B ist, gelten für die Ereignisse «Die Kugel aus Urne A hat die Nummer x und die Kugel aus Urne B hat die Nummer y.» folgende Wahrscheinlichkeiten (Produktregel):

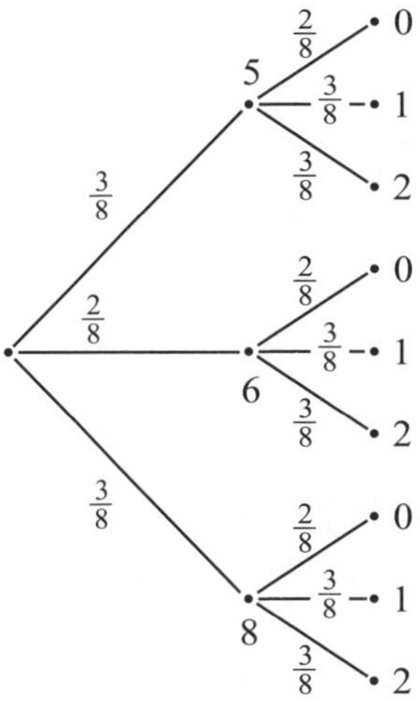

$P(5;0) = \frac{3}{8} \cdot \frac{2}{8} = \frac{6}{64}$

$P(5;1) = \frac{3}{8} \cdot \frac{3}{8} = \frac{9}{64}$

$P(5;2) = \frac{3}{8} \cdot \frac{3}{8} = \frac{9}{64}$

$P(6;0) = \frac{2}{8} \cdot \frac{2}{8} = \frac{4}{64}$

$P(6;1) = \frac{2}{8} \cdot \frac{3}{8} = \frac{6}{64}$

$P(6;2) = \frac{2}{8} \cdot \frac{3}{8} = \frac{6}{64}$

$P(8;0) = \frac{3}{8} \cdot \frac{2}{8} = \frac{6}{64}$

$P(8;1) = \frac{3}{8} \cdot \frac{3}{8} = \frac{9}{64}$

$P(8;2) = \frac{3}{8} \cdot \frac{3}{8} = \frac{9}{64}$

Um den Erwartungswert der Zufallsgröße X («Gewinn») zu bestimmen, muss man zuerst überlegen, welche Werte X annehmen kann. Dabei ist zu beachten, dass X laut Aufgabenstellung «Auszahlung minus Einsatz» ist. Folgende Fälle können auftreten:

I) Die zweite Kugel ist eine 0: Der «Gewinn» ist -2.

II) Die zweite Kugel ist eine 1: Der «Gewinn» ist -4.

III) Die zweite Kugel ist eine 2: Der Gewinn ist der Betrag der Differenz der Kugelnummern abzüglich 2 € Einsatz.

Für die neun auftretenden Ereignisse (x; y) ergibt sich also:

i	Ereignis E_i	Gewinn X_i	Wahrscheinlichkeit $P(E_i)$	$X_i \cdot P(E_i)$
1	(5;0)	-2	$\frac{6}{64}$	$-\frac{12}{64}$
2	(5;1)	-4	$\frac{9}{64}$	$-\frac{36}{64}$
3	(5;2)	$+1$	$\frac{9}{64}$	$\frac{9}{64}$
4	(6;0)	-2	$\frac{4}{64}$	$-\frac{8}{64}$
5	(6;1)	-4	$\frac{6}{64}$	$-\frac{24}{64}$
6	(6;2)	$+2$	$\frac{6}{64}$	$\frac{12}{64}$
7	(8;0)	-2	$\frac{6}{64}$	$-\frac{12}{64}$
8	(8;1)	-4	$\frac{9}{64}$	$-\frac{36}{64}$
9	(8;2)	$+4$	$\frac{9}{64}$	$\frac{36}{64}$
	Σ		1	$-\frac{71}{64}$

Den Erwartungswert von X erhält man, indem man die möglichen Gewinne mit den entsprechenden Wahrscheinlichkeiten multipliziert:

$$\begin{aligned}
E(X) &= -2\cdot\frac{6}{64}+(-4)\cdot\frac{9}{64}+1\cdot\frac{9}{64}+(-2)\cdot\frac{4}{64}+(-4)\cdot\frac{6}{64}+2\cdot\frac{6}{64}+(-2)\cdot\frac{6}{64}+(-4)\cdot\frac{9}{64}+4\cdot\frac{9}{64}\\
&= -\frac{12}{64}+\left(-\frac{36}{64}\right)+\frac{9}{64}+\left(-\frac{8}{64}\right)+\left(-\frac{24}{64}\right)+\frac{12}{64}+\left(-\frac{12}{64}\right)+\left(-\frac{36}{64}\right)+\frac{36}{64}\\
&= -\frac{71}{64}\\
&\approx -1,11
\end{aligned}$$

Da der Erwartungswert negativ ist, hat ein Spieler auf lange Sicht pro Spiel durchschnittlich mit einem Verlust von 1,11 € zu rechnen. Das Glücksspiel benachteiligt also den Spieler.

b) I) Zur Bestimmung der Wahrscheinlichkeit, mit der ein Spieler gewinnt, überlegt man sich alle möglichen Spielausgänge:
$(+2;+2)$, $(+2;+5)$, $(+2;-7)$, $(+5;+2)$, $(+5;+5)$, $(+5;-7)$, $(-7;+2)$, $(-7;+5)$, $(-7;-7)$.
Mit $P(+2) = P(+5) = 0,3 = \frac{3}{10}$ und $P(-7) = 0,4 = \frac{4}{10}$ erhält man folgendes Baumdiagramm:

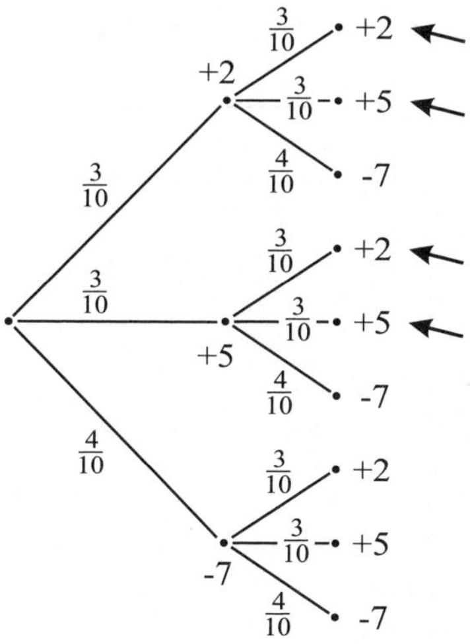

Nur in vier Fällen bekommt der Spieler Geld ausbezahlt («Gewinn»); genau dann, wenn die Summe der gezogenen Zahlen größer als Null ist:
$(+2;+2)$, $(+2;+5)$, $(+5;+2)$, $(+5;+5)$.
Mit Hilfe der 1. und 2. Pfadregel (Produkt- und Summenregel) erhält man:

$$\begin{aligned} P(\text{«Gewinn»}) &= P((+2;+2)) + P((+2;+5)) + P((+5;+2)) + P((+5;+5)) \\ &= 0,3 \cdot 0,3 + 0,3 \cdot 0,3 + 0,3 \cdot 0,3 + 0,3 \cdot 0,3 = 4 \cdot (0,3)^2 = 0,36 \end{aligned}$$

Alternativ kann man sich auch überlegen, dass man bei diesem Spiel genau dann gewinnt, wenn bei keiner der beiden Ziehungen eine Kugel mit der Aufschrift -7 gezogen wird. Damit folgt:

$$P(\text{«Gewinn»}) = (1 - P(-7)) \cdot (1 - P(-7)) = (1 - 0,4)^2 = 0,36$$

Die Wahrscheinlichkeit, mit der ein Spieler gewinnt, beträgt also 36 %.

Um die Wahrscheinlichkeit, mit der ein Spieler bei fünf Spielen genau dreimal gewinnt, zu bestimmen, legt man eine Zufallsvariable X fest, welche die Anzahl der gewonnenen Spiele bei insgesamt n Spielen angibt. X ist binomialverteilt mit den Parametern $n = 5$ und $p = 0,36$.
Da der Spieler von fünf Spielen genau dreimal gewinnen soll, gilt:

$$P(X = 3) \approx 0,19 \text{ (GTR/CAS)}$$

Die Wahrscheinlichkeit für genau drei Gewinne bei fünf Spielen beträgt etwa 19 %.

II) Die Zufallsvariable Y gebe an, wie hoch die Einnahmen von Herrn Schmitt bei einem Spiel sind. In der Tabelle sind alle möglichen Werte von Y sowie die zugehörigen Wahrscheinlichkeiten angegeben, welche man mit Hilfe von Produkt- und Summenregel sowie dem Baumdiagramm aus Aufgabenteil I) erhält:

Einnahmen Herrn Schmitts $Y = k$	zugehörige Spielausgänge	Wahrscheinlichkeit $P(Y = k)$	$k \cdot P(Y = k)$
$k = +14$	$(-7;-7)$	$0,4 \cdot 0,4 = 0,16$	$14 \cdot 0,16 = 2,24$
$k = +5$	$(+2;-7)$, $(-7;+2)$	$0,3 \cdot 0,4 + 0,4 \cdot 0,3 = 0,24$	$5 \cdot 0,24 = 1,20$
$k = +2$	$(+5;-7)$, $(-7;+5)$	$0,3 \cdot 0,4 + 0,4 \cdot 0,3 = 0,24$	$2 \cdot 0,24 = 0,48$
$k = -4$	$(+2;+2)$	$0,3 \cdot 0,3 = 0,09$	$-4 \cdot 0,09 = -0,36$
$k = -7$	$(+2;+5)$, $(+5;+2)$	$0,3 \cdot 0,3 + 0,3 \cdot 0,3 = 0,18$	$-7 \cdot 0,18 = -1,26$
$k = -10$	$(+5;+5)$	$0,3 \cdot 0,3 = 0,09$	$-10 \cdot 0,09 = -0,90$
Erwartungswert $E(Y)$			1,4

Den Erwartungswert der Einnahmen bei einem Spiel erhält man, indem man alle möglichen Einnahmen mit der jeweils zugehörigen Wahrscheinlichkeit multipliziert und die Ergebnisse addiert (Summe der letzten Spalte): $E(Y) = 1,4$. Es ergeben sich zu erwartende Einnahmen pro Spiel von 1,40 Euro.

Die Zufallsvariable Z gebe an, wie hoch die Einnahmen von Herrn Schmitt bei n Spielen sind. Der Erwartungswert der Einnahmen bei n Spielen ist gerade das n-fache des Erwartungswerts von Y: $E(Z) = n \cdot 1,4$.

Um die Anzahl n der Spiele zu bestimmen, so dass Herr Schmitt mit Einnahmen von mindestens 1000 Euro rechnen kann, muss gelten:

$$E(Z) \geqslant 1000$$
$$n \cdot 1,4 \geqslant 1000$$
$$n \geqslant \frac{1000}{1,4}$$
$$n \geqslant 714,29$$

Somit müssen also mindestens 715 Spiele stattfinden, damit Herr Schmitt mit Einnahmen von mindestens 1000 Euro rechnen kann.

c) Das einmalige Drehen des Glücksrads ist ein Bernoulliexperiment mit den beiden Ausgängen «gerade Zahl» (g) und «ungerade Zahl» (u). Laut Aufgabenstellung gilt:

$$P(g) = P(2) + P(4) + P(6) = 0,05 + 0,1 + 0,1 = 0,25$$

Für das Gegenereignis (Zahl ist ungerade) ergibt sich:

$$P(u) = 1 - P(g) = 1 - 0,25 = 0,75$$

Beim anschließenden zweimaligen Ziehen mit Zurücklegen aus U_1 bzw. U_2 entspricht das Ziehen jeder einzelnen Kugel einem Bernoulliexperiment mit den beiden Ausgängen «weiße Kugel» (w) und «Kugel nicht weiß» ($\overline{w}$).
Für die Urne U_1 gilt:

$$P(w) = \frac{5}{10} = \frac{1}{2} = 0,5 \text{ bzw. } P(\overline{w}) = 1 - P(w) = 1 - 0,5 = 0,5$$

Für die Urne U_2 gilt:

$$P(w) = \frac{9}{10} = 0,9 \text{ bzw. } P(\overline{w}) = 1 - P(w) = 1 - 0,9 = 0,1$$

Mithilfe dieser Bezeichnungen und Wahrscheinlichkeiten kann das nebenstehende Baumdiagramm angefertigt werden.
Diejenigen Ereignisse, die zu einem Gewinn von 1 € führen, sind mit G markiert; andernfalls mit V für einen Verlust von 1,50 €. Die Wahrscheinlichkeit für einen Gewinn bzw. einen Verlust erhält man mit Hilfe der Produkt- und der Summenregel:

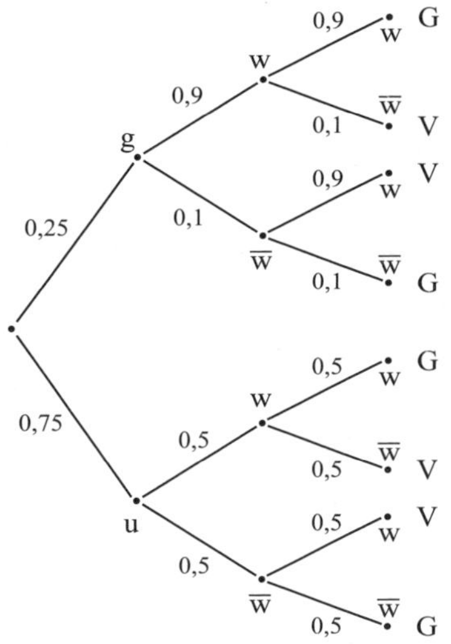

$$P(G) = 0,25 \cdot (0,9)^2 + 0,25 \cdot (0,1)^2 + 0,75 \cdot (0,5)^2 + 0,75 \cdot (0,5)^2 = 0,58$$

und

$$P(V) = 1 - P(G) = 1 - 0,58 = 0,42$$

Sei X Zufallsvariable für den Gewinn bzw. Verlust. Es können die Fälle $X = 1$ und $X = -1,5$ eintreten. Das Spiel ist genau dann fair, wenn der Erwartungswert von X Null beträgt. Man berechnet den Erwartungswert von X, indem man die möglichen «Auszahlungen» mit den zugehörigen Wahrscheinlichkeiten multipliziert:

$$E(X) = 1\,€ \cdot P(G) + (-1,50\,€ \cdot P(V)) = 1\,€ \cdot 0,58 - 1,50\,€ \cdot 0,42 = -0,05\,€$$

Da der Erwartungswert nicht Null ergibt, ist das Spiel nicht fair. Der Spieler wäre benachteiligt, weil bei vielen Durchgängen im Durchschnitt mit einem Verlust von 0,05 € pro Spiel zu rechnen ist.

22 Hypothesentests

a) Die Nullhypothese lautet: H_0: $p \leqslant 0,04$ bei Treffer «Chip defekt» und $n = 100$.
Die zugehörige Alternativhypothese lautet: H_1: $p > 0,04$.
Wegen H_1: $p > 0,04$ handelt es sich um einen rechtsseitigen Test mit $\alpha = 5\%$
Man wird die Nullhypothese verwerfen, wenn man zu viele defekte Chips in der Stichprobe findet. Ist X Zufallsvariable für die Anzahl defekter Chips, so ist ein minimales $k \in \mathbb{N}$ und damit ein Ablehnungsbereich $\overline{A} = \{k, ..., 100\}$ der Nullhypothese so zu bestimmen, dass gilt:

$$P(\overline{A}) \leqslant \alpha$$
$$P(X \geqslant k) \leqslant 0,05$$
$$1 - P(X \leqslant k-1) \leqslant 0,05$$
$$0,95 \leqslant P(X \leqslant k-1)$$

Für $n = 100$ und $p = 0,04$ erhält man mit Hilfe des GTR/CAS:

$$P(X \leqslant 6) \approx 0,894$$
$$P(X \leqslant 7) \approx 0,952$$

Also ist $k - 1 = 7 \Rightarrow k = 8$ das minimale $k \in \mathbb{N}$ und man erhält damit den Ablehnungsbereich:

$$\overline{A} = \{8, ..., 100\}$$

Da 9 im Ablehnungsbereich liegt, kann man bei $\alpha = 5\,\%$ auf mehr als $4\,\%$ Ausschuss schließen.

b) I) Die Nullhypothese lautet: H_0: $p \leqslant 0,04$ bei Treffer «Birne defekt» und $n = 50$.
Die zugehörige Alternativhypothese lautet: H_1: $p > 0,04$.
Wegen H_1: $p > 0,04$ handelt es sich um einen rechtsseitigen Test.
Der Ablehnungsbereich ist gegeben durch $\overline{A} = \{5, ..., 50\}$.
Damit gilt für die gesuchte Irrtumswahrscheinlichkeit α, wenn X Zufallsvariable für die Anzahl defekter Birnen ist:

$$\alpha = P(\overline{A}) = P(X \geqslant 5) = 1 - P(X \leqslant 4) \approx 0,049 = 4,9\,\%$$

Die Irrtumswahrscheinlichkeit beträgt somit etwa $4,9\,\%$.

II) Um $\alpha = 2\,\%$ zu erreichen, ist ein minimales $k \in \mathbb{N}$ und damit ein Ablehnungsbereich

$\overline{A} = \{k, ..., 50\}$ der Nullhypothese so zu bestimmen, dass gilt:

$$\begin{aligned} P(\overline{A}) &\leqslant \alpha \\ P(X \geqslant k) &\leqslant 0,02 \\ 1 - P(X \leqslant k-1) &\leqslant 0,02 \\ 0,98 &\leqslant P(X \leqslant k-1) \end{aligned}$$

Für $n = 50$ und $p = 0,04$ erhält man mit Hilfe des GTR/CAS:

$$\begin{aligned} P(X \leqslant 4) &\approx 0,951 \\ P(X \leqslant 5) &\approx 0,986 \end{aligned}$$

Also ist $k - 1 = 5 \Rightarrow k = 6$ das minimale $k \in \mathbb{N}$ und man erhält damit den Ablehnungsbereich: $\overline{A} = \{6, ..., 50\}$.

c) Die Nullhypothese lautet: H_0: $p \leqslant 0,03$ bei Treffer «Handy fehlerhaft» und $n = 30$.
Die zugehörige Alternativhypothese lautet H_1: $p > 0,03$.
Wegen H_1: $p > 0,03$ handelt es sich um einen rechtsseitigen Test mit der Irrtumswahrscheinlichkeit $\alpha = 2\%$.
Man wird die Nullhypothese verwerfen, wenn man zu viele defekte Handys in der Stichprobe findet. Ist X Zufallsvariable für die Anzahl der fehlerhaften Handys, so ist ein minimales $k \in \mathbb{N}$ und damit ein Ablehnungsbereich $\overline{A} = \{k, ..., 30\}$ der Nullhypothese so zu bestimmen, dass gilt:

$$\begin{aligned} P(\overline{A}) &\leqslant \alpha \\ P(X \geqslant k) &\leqslant 0,02 \\ 1 - P(X \leqslant k-1) &\leqslant 0,02 \\ 0,98 &\leqslant P(X \leqslant k-1) \end{aligned}$$

Für $n = 30$ und $p = 0,03$ erhält man mit Hilfe des GTR/CAS:

$$\begin{aligned} P(X \leqslant 2) &\approx 0,940 \\ P(X \leqslant 3) &\approx 0,988 \end{aligned}$$

Also ist $k - 1 = 3 \Rightarrow k = 4$ das minimale $k \in \mathbb{N}$ und man erhält damit den Ablehnungsbereich: $\overline{A} = \{4, ..., 30\}$.
Da 3 nicht im Ablehnungsbereich liegt, kann der Großhändler nicht schließen, dass die Firma eine falsche Angabe gemacht hat.

d) Die Nullhypothese lautet: H_0: $p = 0,07$ bei Treffer «Glas hat Luftblasen» und $n = 200$.
Die zugehörige Alternativhypothese lautet H_1: $p < 0,07$.
Wegen H_1: $p < 0,07$ handelt es sich um einen linksseitigen Test mit $\alpha = 10\%$.
Man wird die Nullhypothese verwerfen, wenn bei der Qualitätskontrolle nur sehr wenige Gläser Luftblasen haben.
Ist X die Anzahl der Gläser mit Luftblasen, so ist ein maximales $k \in \mathbb{N}$ und damit ein Ablehnungsbereich $\overline{A} = \{0, ..., k\}$ der Nullhypothese so zu bestimmen, dass gilt:

$$P(\overline{A}) \leqslant \alpha$$
$$P(X \leqslant k) \leqslant 0,1$$

Für $n = 150$ und $p = 0,07$ erhält man mit Hilfe des GTR/CAS:

$$P(X \leqslant 6) \approx 0,093$$
$$P(X \leqslant 7) \approx 0,169$$

Also ist $k = 6$ das maximale $k \in \mathbb{N}$ und man erhält damit den Ablehnungsbereich:

$$\overline{A} = \{0, ..., 6\}$$

Da 7 nicht im Ablehnungsbereich liegt, kann man nicht mit einer Irrtumswahrscheinlichkeit von höchstens 10% annehmen, dass das neue Produktionsverfahren den Ausschussanteil verringert hat.

e) I) Man legt X als Zufallsvariable für die Anzahl der Personen unter 100 zufällig ausgewählten Baumarktbesuchern fest, welche das Geschäft verlassen, ohne einen Einkauf getätigt zu haben. Unter der Voraussetzung, dass sich das Einkaufsverhalten trotz erweitertem Angebot nicht verändert hat und die Einkäufer unabhängig voneinander agieren, ist X binomialverteilt mit $n = 100$ und Trefferwahrscheinlichkeit $p = 0,15$.
Die Wahrscheinlichkeit, dass weniger als 12 der 100 erfassten Besucher ohne Einkäufe aus dem Fachmarkt gehen, erhält man mit Hilfe des GTR/CAS:

$$P(X < 12) = P(X \leqslant 11) \approx 0,163 \approx 16,3\,\%$$

Mit einer Wahrscheinlichkeit von etwa $16,3\%$ gehen weniger als 12 der erfassten Besucher ohne Einkauf aus dem Baumarkt.

II) Um zu überprüfen, ob die Vermutung der Firmenleitung gerechtfertigt ist, dass sich der Anteil der Nicht-Käufer verringert hat, verwendet man einen Hypothesentest.
Man legt wieder X als Zufallsvariable für die Anzahl der Personen unter 100 zufällig ausgewählten Baumarktbesuchern fest, welche das Geschäft verlassen, ohne einen Einkauf getätigt zu haben. Dann ist X binomialverteilt mit $n = 100$ und Trefferwahr-

scheinlichkeit $p = 0,15$.
Die Nullhypothese lautet in diesem Fall: «Der Anteil der Nicht-Käufer hat sich nicht verändert», also: $H_0: p = 0,15$ mit der Irrtumswahrscheinlichkeit $\alpha = 5\%$. Die Alternativhypothese lautet: $H_1: p < 0,15$.
Wegen $H_1: p < 0,15$ handelt es sich um einen linksseitigen Hypothesentest .
Für die Entscheidungsregel ist deshalb ein maximales $k \in \mathbb{N}$ und damit ein Ablehnungsbereich $\overline{A} = \{0,...,k\}$ der Nullhypothese so zu bestimmen, dass gilt:

$$P(\overline{A}) \leqslant \alpha$$
$$P(X \leqslant k) \leqslant 0,05$$

Für $n = 100$ und $p = 0,15$ erhält man mit Hilfe des GTR/CAS:

$$P(X \leqslant 8) \approx 0,027$$
$$P(X \leqslant 9) \approx 0,055$$

Also ist $k = 8$ das maximale $k \in \mathbb{N}$ und man erhält damit den Ablehnungsbereich $\overline{A} = \{0,...,8\}$ und dementsprechend den Annahmebereich $A = \{9,..., 100\}$.
Daraus ergibt sich die folgende Entscheidungsregel: Werden unter den 100 zufällig ausgewählten Besuchern weniger als 9 angetroffen, die nichts kaufen, so wird die Nullhypothese verworfen und die Hypothese der Firmenleitung angenommen, d.h. dass sich der Anteil der Nicht-Käufer verringert hat.
Werden mindestens 9 Besucher angetroffen, die nichts kaufen, so wird die Nullhypothese $H_0: p = 0,15$ angenommen.
Mit einer Wahrscheinlichkeit von höchstens 5 % gibt man bei dieser Entscheidungsregel der Firmenleitung also irrtümlicherweise recht.

f) I) Bei der Befragung der 800 Personen sind nur die Antworten A: «Reinil ist mir bekannt» oder B: «Reinil ist mir nicht bekannt» möglich. Damit handelt es sich bei der Befragung um eine Bernoulli-Kette. Ist X die Zufallsvariable, die die Anzahl der Antworten A bei 800 Befragten angibt, so ist X binomialverteilt mit $n = 800$ und $p = 0,4$.
Die Nullhypothese von Herrn Reinlich Junior lautet: $H_0: p < 0,4$ mit der Irrtumswahrscheinlichkeit $\alpha = 5\%$.
Die Alternativhypothese lautet: $H_1: p \geqslant 0,4$.
Wegen $H_1: p \geqslant 0,4$ handelt es sich um einen rechtsseitigen Test.
Wenn Herr Reinlich Junior die Nullhypothese $H_0: p < 0,4$ überprüfen will, wird er diese nur dann verwerfen, wenn sehr viele der befragten Personen Antwort A geben. Dabei will er den Fehler dafür, dass er auf Grund der Befragung fälschlicherweise annimmt, Reinil ist bei 40 % oder mehr der Bevölkerung bekannt, gering halten.

Für die Entscheidungsregel ist ein minimales $k \in \mathbb{N}$ und damit ein Ablehnungsbereich $\overline{A} = \{k, ..., 800\}$ der Nullhypothese so zu bestimmen, dass gilt:

$$\begin{aligned} P(\overline{A}) &\leqslant \alpha \\ P(X \geqslant k) &\leqslant 0,05 \\ 1 - P(X \leqslant k-1) &\leqslant 0,05 \\ 0,95 &\leqslant P(X \leqslant k-1) \end{aligned}$$

Für $n = 800$ und $p = 0,4$ erhält man mit Hilfe des GTR/CAS:

$$\begin{aligned} P(X \leqslant 342) &\approx 0,947 \\ P(X \leqslant 343) &\approx 0,955 \end{aligned}$$

Also ist $k - 1 = 343 \Rightarrow k = 344$ das minimale $k \in \mathbb{N}$ und man erhält damit den Ablehnungsbereich: $\overline{A} = \{344, ..., 800\}$.

Geben von den befragten 800 Personen also 344 oder mehr die Antwort A, d.h. sie sagen, dass sie Reinil kennen, wird man der Gegenhypothese, dass der Bekanntheitsgrad des Waschmittels 40 % oder mehr beträgt, Glauben schenken.

II) Die Nullhypothese von Herrn Reinlich Senior lautet: $H_0 : p \geqslant 0,4$.
Die Alternativhypothese lautet: $H_1 : p < 0,4$.
Wegen $H_1 : p < 0,4$ handelt es sich um einen linksseitigen Test.
Wenn Herr Reinlich Senior seine Nullhypothese H_0: $p \geqslant 0,4$ überprüfen will, wird er diese nur dann verwerfen, wenn sehr wenige befragte Personen die Antwort A geben. Dabei will er den Fehler dafür, dass er auf Grund der Befragung fälschlicherweise annimmt, Reinil ist bei weniger als 40 % der Bevölkerung bekannt, gering halten. Die zugehörige Irrtumswahrscheinlichkeit α, die zu der Entscheidungsregel «Ablehnung von $H_0 : p \geqslant 0,4$, wenn höchstens 290 der Befragten Reinil kennen» gehört, erhält man als Wahrscheinlichkeit des Ablehnungsbereichs $\overline{A} = \{0, .., 290\}$ mit Hilfe des GTR/CAS:

$$\alpha = P(\overline{A}) = P(X \leqslant 290) \approx 0,017 = 1,7\%$$

Also wird Herr Reinlich Senior mit etwa 1,7 % Wahrscheinlichkeit fälschlicherweise annehmen, dass der Bekanntheitsgrad von Reinil unter 40 % liegt.

Abituraufgaben ab 2007

Alle Analysis-Aufgaben wurden gekürzt, da es ab 2013 nur noch 15 statt 18 Verrechnungspunkte pro Aufgabe gibt.

Es gibt im Abitur ab 2013 nur noch zwei Analysis-Aufgaben, bei denen die Funktionstypen teilweise gemischt sind.

Alle Geometrie-Aufgaben wurden gekürzt und um eine Stochastik-Teilaufgabe erweitert.

Veränderte, ergänzte und an die neuen Richtlinien angepasste Aufgaben sind durch Fußnoten gekennzeichnet.

Die Lösungen zu den Abituraufgaben stammen von den Autoren.

Wahlteil Abitur 2007

Tipps ab Seite 126, Lösungen ab Seite 129

Mathematik Analysis Wahlteil 2007 Aufgabe A 1 *

Aufgabe A 1.1

Die Herstellungskosten eines neuen Rheumamittels werden durch eine Funktion f mit $f(x) = \dfrac{ax+b}{x+5}$; $x \in \mathbb{R}_0^+$ modellhaft kalkuliert.
Hierbei gibt $f(x)$ die Kosten in 10 000 Euro für die x-te Produktionseinheit an, wobei die Einheiten nacheinander produziert werden.
Die fünfte Produktionseinheit kostet in der Herstellung 950 000 Euro, die zwanzigste Produktionseinheit kostet nur noch 560 000 Euro.

a) Bestimmen Sie a und b.
Skizzieren Sie das Schaubild von f.
Ab der wievielten Produktionseinheit sind die Herstellungskosten für eine Produktionseinheit geringer als 400 000 Euro?
(Teilergebnis: $f(x) = \frac{30x+800}{x+5}$) (5 VP)

b) Ab der wievielten Produktionseinheit unterscheiden sich die Herstellungskosten von zwei aufeinanderfolgenden Produktionseinheiten um weniger als 10 000 Euro?
Jede Produktionseinheit besteht aus 10 000 Packungen.
Wie hoch muss der Verkaufspreis für eine Packung sein, damit die Einnahmen aus den ersten 100 verkauften Produktionseinheiten ihren Herstellungskosten entsprechen? (5 VP)

Aufgabe A 1.2

Die Funktion h ist durch $h(x) = \frac{4}{2+\cos\left(\frac{\pi}{2}x\right)}$ für $x \in \mathbb{R}$ gegeben.
Ihr Schaubild ist K.
Skizzieren Sie K im Intervall $[-4; 4]$.
Begründen Sie, dass $\mathbb{R}$ die maximale Definitionsmenge von h ist.
Geben Sie die Wertemenge von h an.
Bestimmen Sie die Periode von h.
Geben Sie alle Hoch- und Tiefpunkte von K an. (5 VP)

*Die Aufgabe wurde unter Berücksichtigung der neuen Richtlinien gekürzt und neu zusammengestellt.

Tipps ab Seite 126, Lösungen ab Seite 132 ☐

Mathematik Analysis Wahlteil 2007 Aufgabe A 2*

Die momentane Ankunftsrate an einem Kino – also die Anzahl der ankommenden Personen pro Minute – soll modellhaft beschrieben werden durch die Funktion f mit

$$f(x) = 0,27 \cdot x^2 \cdot e^{-0,12x}$$

Dabei ist x die Zeit in Minuten seit 19.00 Uhr und $f(x)$ die Anzahl der ankommenden Personen pro Minute.
Vor 19.00 Uhr befinden sich noch keine Besucher am Kartenschalter.

a) Skizzieren Sie das Schaubild von f.
Wann kommen die meisten Besucher pro Minute zum Kartenschalter, wie viele sind das?
Ab wann kommen weniger als drei Personen pro Minute zum Kino? (5 VP)

b) Zeigen Sie, dass die Anzahl der angekommenen Personen durch die Funktion g mit $g(x) = 312,5 - (2,25x^2 + 37,5x + 312,5) \cdot e^{-0,12x}$ beschrieben wird.
Wie viele Personen kommen nach diesem Modell höchstens zum Kino? (4 VP)

c) Um 19.20 Uhr öffnet der Kartenschalter des Kinos. Pro Minute können durchschnittlich für 6 Personen Karten ausgegeben werden.
Mit welcher Wartezeit muss eine Person rechnen, die um 19.20 Uhr zum Kino kommt?
Wann ist die Anzahl der Wartenden am größten?
Wie viele Besucher warten dann?
Wann hat sich die Warteschlange aufgelöst? (6 VP)

*Die Aufgabe wurde unter Berücksichtigung der neuen Richtlinien gekürzt.

Tipps ab Seite 127, Lösungen ab Seite 134

Mathematik Geometrie/Stochastik Wahlteil 2007 Aufgabe B 1 *

Aufgabe B 1.1

Die Ebene E: $x_1 + x_2 + 2x_3 = 8$ stellt für $x_3 \geqslant 0$ einen Hang dar, der aus der x_1x_2-Ebene aufsteigt.
Im Punkt H(6 | 4 | 0) steht ein 80 m hoher Sendemast senkrecht zur x_1x_2-Ebene (1 LE entspricht 10 m).

a) Stellen Sie den Hang und den Sendemast in einem Koordinatensystem dar.
Bestimmen Sie den Neigungswinkel des Hangs.
Der Sendemast wird auf halber Höhe mit einem möglichst kurzen Stahlseil am Hang verankert.
Berechnen Sie die Koordinaten des Verankerungspunktes am Hang.
Bestimmen Sie die Länge des Stahlseils. (5 VP)

b) Der Sendemast wird von der Sonne beschienen und wirft einen Schatten auf die x_1x_2-Ebene und den Hang. Der Schatten des Sendemastes endet in einem Punkt T des Hangs.
Beschreiben Sie einen Weg, wie man die Gesamtlänge des Schattens bestimmen kann. (3 VP)

Aufgabe B 1.2

Ein Hersteller von Kugelschreibern garantiert, dass höchstens 8,8% der hergestellten Kugelschreiber defekt sind.

a) Es werden 250 Kugelschreiber getestet. Wie groß dürfte die Angabe des Herstellers höchstens sein, wenn mit einer Wahrscheinlichkeit von höchstens 2% mehr als 20 Kugelschreiber defekt sein dürfen? (3 VP)

b) Mit einer Stichprobe von 200 Stück soll getestet werden, ob die Angabe des Herstellers stimmt.
Bestimmen Sie für eine Irrtumswahrscheinlichkeit von 5% einen möglichst großen Ablehnungsbereich für die Hypothese: «Höchstens 8,8% der Kugelschreiber sind defekt». (4 VP)

*Die Aufgabe wurde unter Berücksichtigung der neuen Richtlinien gekürzt und um eine Stochastik-Aufgabe ergänzt.

Tipps ab Seite 128, Lösungen ab Seite 137

Mathematik Geometrie/Stochastik Wahlteil 2007 Aufgabe B 2*

Aufgabe B 2.1

Eine quaderförmige Kiste ist in einem Koordinatensystem durch die Eckpunkte $A(0 \mid 0 \mid 0)$, $B(3 \mid 0 \mid 0)$, $D(0 \mid 5 \mid 0)$ und $F(3 \mid 0 \mid 4)$ festgelegt.
Die Fläche EFGH stellt den Deckel der geschlossenen Kiste dar.
Dieser ist drehbar um die Kante EH.
Weiterhin ist für jedes $t \geqslant 0$ eine Ebene E_t gegeben durch die Gleichung $E_t: tx_1 - x_3 = -4$.

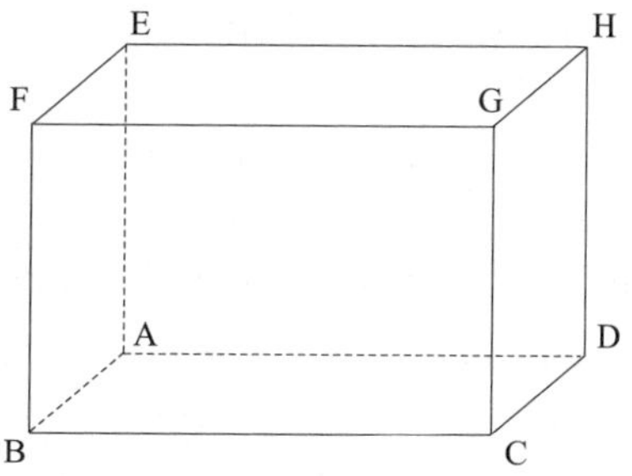

(Skizze nicht maßstabsgerecht)

a) Berechnen Sie den Abstand zwischen den Kanten AB und GH.
Zeigen Sie, dass die Gerade durch E und H in jeder Ebene E_t liegt.
In welcher Ebene E_t liegt der Deckel bei geschlossener Kiste?
Liegt der Deckel in einer Ebene E_t, wenn er um 90° geöffnet ist? (5 VP)

b) Wenn der Deckel der geöffneten Kiste in E_2 liegt, wird er durch einen Stab orthogonal zum Deckel abgestützt. Dieser Stab ist in der Mitte der Kante EF befestigt und trifft im Punkt P auf den Deckel.
Berechnen Sie die Koordinaten von P. (3 VP)

c) Wie groß ist der Öffnungswinkel, wenn der Deckel in E_2 liegt?
In welcher Ebene E_t liegt der Deckel, wenn der Öffnungswinkel 60° beträgt? (3 VP)

Aufgabe B 2.2

Ein Glücksrad hat die drei Sektoren 1, 2 und 3.
Die Zahlen des Glücksrads treten mit folgenden Wahrscheinlichkeiten auf:

1	2	3
0,6	0,2	0,2

Das Glücksrad wird 10-mal gedreht.
Wie groß ist die Wahrscheinlichkeit, dass mehr als 3-mal und weniger als 8-mal der Sektor 1 erscheint?
Bei welcher Anzahl von Drehungen ist die Wahrscheinlichkeit für vier Einsen maximal?

(4 VP)

*Die Aufgabe wurde unter Berücksichtigung der neuen Richtlinien gekürzt und um eine Stochastik-Aufgabe ergänzt.

Tipps Wahlteil Abitur 2007

Analysis Aufgabe A 1

Aufgabe A 1.1

a) Die Funktionswerte von f geben die Kosten in Einheiten von 10000 Euro an; daher gilt für die fünfte Produktionseinheit $f(5) = 95$ und für die zwanzigste Produktionseinheit $f(20) = 56$. Stellen Sie zwei Gleichungen auf und lösen Sie das entstehende Gleichungssystem mit zwei Unbekannten.
Um herauszufinden, ab der wievielten Produktionseinheit die Herstellungskosten geringer als 400000 sind, lösen Sie die Gleichung $f(x) = 40$ mit Hilfe des GTR/CAS.

b) Stellen Sie eine Funktion $g(x) = f(x) - f(x+1)$ auf, die den Kostenunterschied zwischen zwei aufeinanderfolgenden Produktionseinheiten beschreibt und bestimmen Sie die Stelle, an der $g(x) = 1$ ist, indem Sie das Schaubild von g mit der Geraden $y = 1$ schneiden.
Die Herstellungskosten für die ersten 100 Produktionseinheiten lassen sich durch Integration bestimmen. Beachten Sie, dass der Verkaufspreis pro Packung gesucht ist.

Aufgabe A 1.2

Zum Skizzieren von K müssen Sie den Zeichenbereich des GTR/CAS entsprechend einstellen.
Zur Bestimmung der maximalen Definitionsmenge von h überlegen Sie, ob der Nenner von h Null werden kann.
Zur Bestimmung der Wertemenge von h überlegen Sie, welche Werte der Nenner von h und damit h selbst annehmen kann oder Sie bestimmen die y-Werte der Extrempunkte.
Die Periode p einer Funktion n mit $n(x) = \cos(bx)$ ist $p = \frac{2\pi}{b}$ $(b > 0)$ oder Sie bestimmen den Abstand zweier Hochpunkte.
Überlegen Sie, an welchen Stellen die Funktion $n(x) = \cos\left(\frac{\pi}{2}x\right)$ Maxima bzw. Minima hat. Übertragen Sie dies auf die Lage der Hoch- und Tiefpunkte von K.

Analysis Aufgabe A 2

a) Zum Skizzieren des Schaubilds von f müssen Sie den Zeichenbereich des GTR/CAS entsprechend einstellen.
Bestimmen Sie mit Hilfe des GTR/CAS das Maximum von f.
Berechnen Sie mit Hilfe des GTR/CAS die Schnittpunkte des Schaubilds von f mit der Geraden $y = 3$; interpretieren Sie das Ergebnis.

b) Da durch f die momentane Ankunftsrate beschrieben wird, gibt eine geeignete Stammfunktion von f die Anzahl der bereits angekommenen Personen an. Bestimmen Sie mit Hilfe der Produktregel die erste Ableitung der Funktion g und zeigen Sie, dass $g'(x) = f(x)$ gilt.
Überlegen Sie, ob g auch die Anfangsbedingung erfüllt.
Skizzieren Sie das Schaubild von g und bestimmen Sie den größten Wert von g durch eine Grenzwertbetrachtung.

c) Überlegen Sie, wie Sie mit Hilfe der Funktion g die Anzahl der nach 20 Minuten angekommenen Personen berechnen können und teilen Sie das Ergebnis durch 6.
Stellen Sie eine Funktion h auf, die beschreibt, wie sich die Anzahl der Wartenden in Abhängigkeit von der Zeit x für $x \geqslant 20$ entwickelt. Verwenden Sie hierzu die Funktion g und beachten Sie, dass erst nach 20 Minuten Karten ausgegeben werden. Berechnen Sie mit Hilfe des GTR/CAS das Maximum und die Nullstelle von h.

Geometrie/ Stochastik Aufgabe B 1

Aufgabe B 1.1

a) Bestimmen Sie die Spurpunkte der Ebene E, indem Sie in der Ebenengleichung jeweils zwei Koordinaten gleich Null setzen und die fehlende Koordinate berechnen. Beachten Sie, dass 1 LE in der Zeichnung 10 m entspricht.
Den Neigungswinkel α des Hangs erhalten Sie, indem Sie einen Normalenvektor von E und einen Normalenvektor der x_1x_2-Ebene in folgende Formel einsetzen: $\cos\alpha = \frac{|\vec{n_1}\cdot\vec{n_2}|}{|\vec{n_1}|\cdot|\vec{n_2}|}$.
Um die Koordinaten des Verankerungspunkts Q am Hang zu berechnen, bestimmen Sie die Koordinaten der Spitze S und damit die des Mittelpunkts M des Sendemasts. Anschließend stellen Sie eine Gerade g durch M orthogonal zur Ebene E auf (der Normalenvektor von E ist der Richtungsvektor von g) und schneiden g mit E.
Die Länge des Stahlseils erhalten Sie, indem Sie den Abstand von M zu Q berechnen.

b) Die Gesamtlänge des Schattens erhalten Sie, indem Sie die Länge des Schattenabschnitts auf dem Hang und die Länge des Schattenabschnitts in der x_1x_2-Ebene getrennt bestimmen. Überlegen Sie, welchen Punkt Sie erhalten, wenn Sie die Gerade durch die Spitze S des Sendemasts und das Ende des Schattens T auf dem Hang mit der x_1x_2-Ebene schneiden. Anschließend müssen noch zwei Geraden in der x_1x_2-Ebene geschnitten und die beiden genannten Teillängen des Schattens bestimmt werden. Beachten Sie, dass eine Beschreibung des Rechenwegs ausreicht.

Aufgabe B 1.2

a) Legen Sie X als binomialverteilte Zufallsvariable fest, die die Anzahl defekter Kugelschreiber bei 250 getesteten Kugelschreibern mit Defektwahrscheinlichkeit p beschreibt.
Um p so zu bestimmen, dass mit einer Wahrscheinlichkeit von höchstens 2% mehr als 20 Kugelschreiber defekt sein dürfen, stellen Sie eine Ungleichung auf und lösen diese mit Hilfe des GTR/CAS.

b) Zur Bestimmung des Ablehnungsbereichs legen Sie eine binomialverteilte Zufallsvariable Y fest, die die Anzahl defekter Kugelschreiber bei 200 getesteten Kugelschreibern beschreibt.
Bestimmen Sie die Nullhypothese H_0: $p \leqslant \ldots$ und die Alternativhypothese $H_1 : p > \ldots$; beachten Sie, dass es sich um einen rechtsseitigen Test handelt. Bestimmen Sie ein minimales $k \in \mathbb{N}$ und damit einen Ablehnungsbereich $\overline{A} = \{k, \ldots, 200\}$ der Nullhypothese so, dass gilt: $P(Y \geqslant k) \leqslant \alpha$. Lösen Sie die Ungleichung mit Hilfe des GTR/CAS.

Geometrie/Stochastik Aufgabe B 2

Aufgabe B 2.1

a) Bestimmen Sie die Koordinaten der übrigen Eckpunkte der Kiste.
Den Abstand zwischen den Kanten AB und GH erhalten Sie, indem Sie zum Beispiel die Entfernung der Punkte A und H berechnen.
Stellen Sie die Gleichung der Geraden g durch E und H auf und setzen Sie diese in die Ebenengleichung E_t ein. Bei einer wahren Aussage liegt die Gerade in E_t.
Setzen Sie die Koordinaten von F in E_t ein und lösen Sie die Gleichung nach t auf, um diejenige Ebene E_t zu bestimmen, in welcher der Deckel bei geschlossener Kiste liegt.
Beim Öffnen des Deckels um 90° geht der Punkt F in einen Punkt $\overline{F}$ über. Bestimmen Sie den Punkt $\overline{F}$ und setzen Sie die Koordinaten von $\overline{F}$ in E_t ein. Bei einem Widerspruch liegt der Deckel nicht in einer Ebene E_t.

b) Setzen Sie $t = 2$ in E_t ein.
Bestimmen Sie die Koordinaten des Mittelpunkts M_{EF} der Kante EF.
Stellen Sie eine Lotgerade l durch M_{EF} orthogonal zu E_2 auf (der Richtungsvektor von l ist der Normalenvektor von E_2).
Sie erhalten die Koordinaten von P, indem Sie l und E_2 schneiden.

c) Um den Öffnungswinkel α zu bestimmen, setzen Sie einen Normalenvektor $\overrightarrow{n_2}$ von E_2 und einen Normalenvektor $\overrightarrow{n_1}$ der Ebene EFGH, die parallel zur x_1x_2-Ebene ist, in folgende Formel ein: $\cos\alpha = \frac{|\overrightarrow{n_1} \cdot \overrightarrow{n_2}|}{|\overrightarrow{n_1}| \cdot |\overrightarrow{n_2}|}$

Um diejenige Ebene E_t zu bestimmen, in welcher der Deckel bei einem Öffnungswinkel von 60° liegt, setzen Sie einen Normalenvektor $\overrightarrow{n_t}$ von E_t, einen Normalenvektor $\overrightarrow{n_1}$ der Ebene EFGH und $\alpha = 60°$ in die Formel $\cos\alpha = \frac{|\overrightarrow{n_1} \cdot \overrightarrow{n_t}|}{|\overrightarrow{n_1}| \cdot |\overrightarrow{n_t}|}$ ein und lösen nach t auf.

Aufgabe B 2.2

Betrachten Sie nur die Ausgänge «Eins» oder «nicht Eins». Legen Sie X als binomialverteilte Zufallsvariable für die Anzahl der Einsen bei 10 Drehungen fest.
Berechnen Sie die gesuchte Wahrscheinlichkeit mit Hilfe des GTR/CAS; verwenden Sie $P(X < k) = P(X \leqslant k-1)$.

Um zu bestimmen, bei welcher Anzahl von Drehungen die Wahrscheinlichkeit für vier Einsen maximal ist, berechnen Sie mit Hilfe des GTR/CAS das Maximum der binomialverteilten Zufallsvariablen X mit $n \leqslant 10$ und $p = 0{,}6$ für $k = 4$.

Lösungen Wahlteil Abitur 2007

Analysis Aufgabe A 1

Aufgabe A 1.1

a) Es ist $f(x) = \frac{ax+b}{x+5}$; $x \in \mathbb{R}_0^+$.

Um a und b zu bestimmen, stellt man zwei Gleichungen auf und löst das dabei entstandene lineare Gleichungssystem mit zwei Unbekannten. Da die Kosten in Einheiten von 10 000 Euro angegeben werden, gilt $f(5) = 95$ und $f(20) = 56$.

$f(5) = 95$ führt zu $\frac{5a+b}{5+5} = 95$ bzw. $5a + b = 950$.

$f(20) = 56$ führt zu $\frac{20a+b}{20+5} = 56$ bzw. $20a + b = 1400$.

Damit ergibt sich folgendes Gleichungssystem:

$$\begin{array}{lrcrcr} \text{I} & 5a & + & b & = & 950 \\ \text{II} & 20a & + & b & = & 1400 \end{array}$$

Subtrahiert man Gleichung I von Gleichung II, so erhält man $15a = 450$ und damit $a = 30$.
Einsetzen von $a = 30$ in eine der Gleichungen ergibt $b = 800$.
Somit ist $f(x) = \frac{30x+800}{x+5}$.
Für die Erstellung der Skizze des Schaubild von f verwendet man den GTR/CAS (Zeichenbereich $0 \leqslant x \leqslant 110$ und $0 \leqslant y \leqslant 160$).

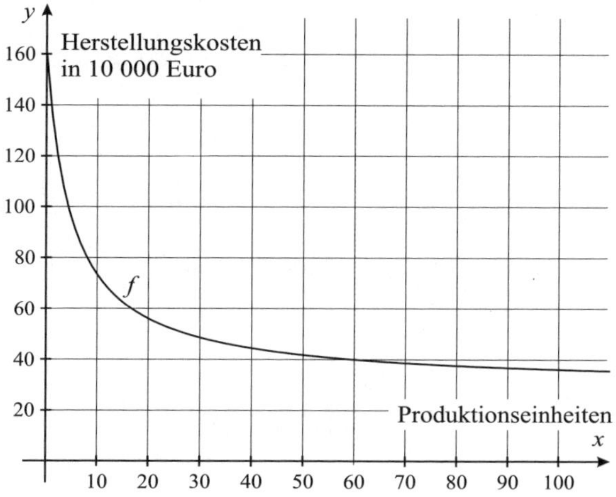

Um zu berechnen, ab welcher Produktionseinheit die Herstellungkosten geringer als 400 000 Euro sind, bestimmt man den x-Wert, bei dem $f(x) = 40$ gilt. Dies führt zu: $\frac{30x+800}{x+5} = 40$.
Mit Hilfe des GTR/CAS erhält man: $x = 60$.
Damit sind die Produktionskosten ab der **61.** Produktionseinheit geringer als 400 000 Euro.

b) Auch bei den folgenden Rechnungen ist zu beachten, dass in Einheiten von 10 000 Euro gerechnet wird. Um zu berechnen, ab welcher Produktionseinheit sich die Herstellungskosten zweier aufeinanderfolgender Einheiten um weniger als 10000 Euro unterscheiden, kann man eine Funktion g definieren, welche die Differenz der Herstellungskosten von zwei aufeinanderfolgenden Produktionseinheiten beschreibt:

$$g(x) = f(x) - f(x+1) = \frac{30x+800}{x+5} - \frac{30(x+1)+800}{(x+1)+5} = \frac{30x+800}{x+5} - \frac{30x+830}{x+6}\ ; x \geqslant 0$$

Schneidet man nun das Schaubild von g mit der Geraden $y = 1$, so erhält man als positive Lösung $x = 20$ (GTR/CAS).
Also unterscheiden sich die Herstellungskosten aufeinanderfolgender Produktionseinheiten ab der **21.** Produktionseinheit um weniger als 10000 Euro.

Damit die ersten 100 verkauften Produktionseinheiten ihre Herstellungskosten decken, muss der Verkaufserlös genauso groß sein wie die Herstellungskosten dieser Produktionseinheiten. Die Herstellungskosten der ersten 100 verkauften Produktionseinheiten erhält man, indem man $f(x)$ in den Grenzen von 0 bis 100 integriert:

$$\int_0^{100} f(x)dx = \int_0^{100} \frac{30x+800}{x+5}\, dx = 4978{,}94$$

Damit betragen die durchschnittlichen Herstellungskosten für eine dieser Produktionseinheiten ca. $\frac{4978{,}94}{100} = 49{,}79$ (gerechnet in Einheiten zu 10000 Euro), also etwa 497900 Euro. Da der Verkaufspreis pro Packung gesucht ist und eine Produktionseinheit 10000 Packungen enthält, müssen die durchschnittlichen Herstellungskosten einer dieser Produktionseinheiten durch 10000 geteilt werden.
Somit muss eine dieser Packungen für etwa $49{,}79$ Euro verkauft werden.

Aufgabe A 1.2

Es ist $h(x) = \frac{4}{2+\cos\left(\frac{\pi}{2}x\right)}$ für $x \in \mathbb{R}$.

Für die Erstellung der Skizze des Schaubilds von h verwendet man den GTR/CAS (Zeichenbereich $-4 \leqslant x \leqslant 4$ und $0 \leqslant y \leqslant 5$).

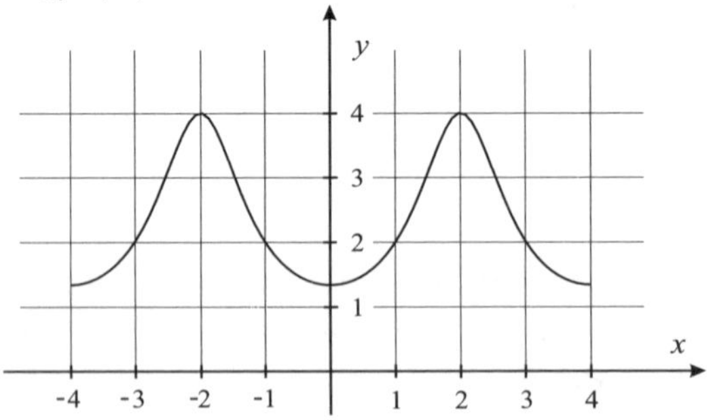

Der Nenner der Funktionsgleichung von h kann nicht Null werden, da

$$1 \leqslant 2 + \cos\left(\frac{\pi}{2}x\right) \leqslant 3$$

weil $-1 \leqslant \cos x \leqslant 1$ ist.
Somit ist $\mathbb{R}$ die maximale Definitionsmenge von h.
Für den Nenner von $h(x)$ gilt: $1 \leqslant 2+\cos\left(\frac{\pi}{2}x\right) \leqslant 3$.
Damit gilt für die Funktionswerte von h: $\frac{4}{3} \leqslant h(x) \leqslant \frac{4}{1}$.
Alternativ kann man auch die y-Werte der Hoch- und Tiefpunkte mit Hilfe des GTR/CAS bestimmen:
$H_1(-2 \mid 4)$, $H_2(2 \mid 4)$, $T\left(0 \mid \frac{4}{3}\right)$.
Somit ist die Wertemenge W_h von h: $W_h = \left[\frac{4}{3}; 4\right]$.

Um die Periode von h zu bestimmen, betrachtet man die Periode p der Funktion n mit $n(x) = \cos\left(\frac{\pi}{2}x\right)$. Man erhält: $p = \frac{2\pi}{\frac{\pi}{2}} = 4$. Alternativ kann man auch den Abstand von $H_1(-2 \mid 4)$ zu $H_2(2 \mid 4)$ bestimmen: $p = 2-(-2) = 4$.
Somit hat die Funktion h die Periode $p = 4$.

Um alle Tief- und Hochpunkte von K anzugeben, bestimmt man die Maxima bzw. Minima der Funktion $n(x) = \cos\left(\frac{\pi}{2}x\right)$, die im Nenner von $h(x)$ steht.
Die Funktion n hat an den Stellen $x_k = k \cdot 4$; $k \in \mathbb{Z}$ Maxima.
Da $n(x)$ im Nenner von $f(x)$ steht, fallen die x-Werte der Maxima von n mit den x-Werten der Tiefpunkte T_k von K zusammen: $T_k\left(4k \mid \frac{4}{3}\right)$; $k \in \mathbb{Z}$.
Die Funktion n hat an den Stellen $x_k = 2+k \cdot 4$; $k \in \mathbb{Z}$ Minima.
Da $n(x)$ im Nenner von $f(x)$ steht, fallen die x-Werte der Minima von n mit den x-Werten der Hochpunkte H_k von K zusammen: $H_k(2+4k \mid 4)$; $k \in \mathbb{Z}$.

Analysis Aufgabe A 2

a) Es ist $f(x) = 0,27 \cdot x^2 \cdot e^{-0,12x}$.

Für die Erstellung der Skizze des Schaubilds von f verwendet man den GTR/ CAS (Zeichenbereich $0 \leqslant x \leqslant 100$ und $0 \leqslant y \leqslant 12$).

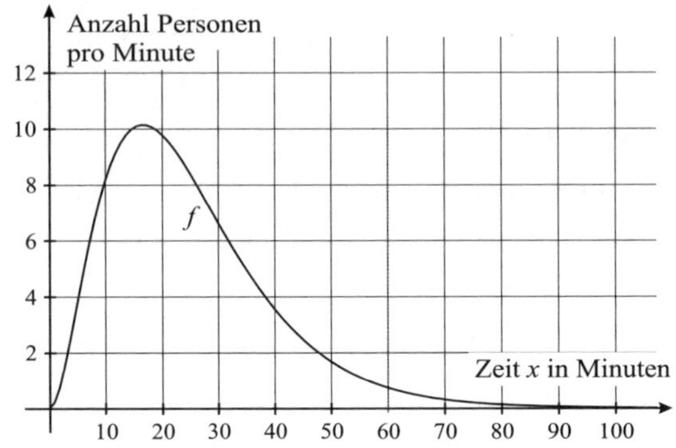

Um zu bestimmen, wann die meisten Besucher pro Minute zum Kartenschalter kommen, berechnet man mit Hilfe des GTR/ CAS das Maximum von f: $x = 16,7$ und als zugehörigen Funktionswert $f(16,7) = 10,2$.

Etwa um 19.17 Uhr kommen die meisten Besucher pro Minute zum Kartenschalter; es sind dann etwas mehr als 10 Besucher pro Minute.

Um herauszufinden, ab wann weniger als drei Personen pro Minute zum Kino kommen, löst man die Gleichung $f(x) = 3$. Hierzu berechnet man mit Hilfe des GTR/CAS die Schnittstellen des Schaubilds von f mit der Geraden $y = 3$. Man erhält: $x_1 = 4,3$ und $x_2 = 42,4$. Anhand des Schaubilds von f erkennt man, dass die Anzahl der neu ankommenden Besucher bei $x_1 = 4,3$ noch zunimmt. Erst für $x > 42,4$ bleibt die Anzahl der Neuankömmlinge dauerhaft unter 3.

Somit kommen ab 19.43 Uhr im Schnitt weniger als drei Personen pro Minute zum Kino.

b) Da durch f die momentane Ankunftsrate am Kino beschrieben wird, gibt eine geeignete Stammfunktion von f die Anzahl der bereits angekommenen Personen an.

Um zu zeigen, dass die Anzahl der angekommenen Personen durch die Funktion g mit $g(x) = 312,5 - (2,25x^2 + 37,5x + 312,5) \cdot e^{-0,12x}$ beschrieben wird, bestimmt man zunächst mit Hilfe der Produktregel die erste Ableitung von g. Man erhält:

$$\begin{aligned} g'(x) &= 0 - \left((4,5x + 37,5) \cdot e^{-0,12x} + \left(2,25x^2 + 37,5x + 312,5\right) \cdot e^{-0,12x} \cdot (-0,12)\right) \\ &= -\left(4,5x + 37,5 - 0,12 \cdot 2,25x^2 - 0,12 \cdot 37,5x - 0,12 \cdot 312,5\right) \cdot e^{-0,12x} \\ &= 0,27 \cdot x^2 \cdot e^{-0,12x} \\ &= f(x) \end{aligned}$$

Somit ist g eine Stammfunktion von f.

Es ist aber noch zu prüfen, ob g auch die Anfangsbedingung «um 19.00 Uhr befinden sich noch kein Besucher am Kartenschalter» erfüllt. Hierzu setzt man $x = 0$ in $g(x)$ ein. Man erhält:

$$g(0) = 312,5 - (2,25 \cdot 0^2 + 37,5 \cdot 0 + 312,5) \cdot e^{-0,12 \cdot 0} = 312,5 - 312,5 \cdot e^0 = 0$$

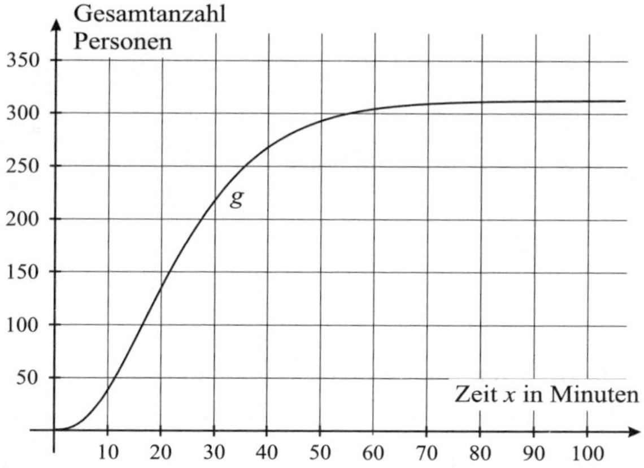

Da g auch die Anfangsbedingung erfüllt, beschreibt g wie behauptet die Anzahl der bereits angekommenen Besucher.
Das Schaubild von g legt nahe, dass g einen bestimmten Wert nicht überschreitet. Eine Untersuchung des Funktionsterms zeigt: Für $x \to +\infty$ geht $g(x) \to 312,5$, da $e^{-0,12x}$ schneller gegen Null geht, als der Summenterm in der wächst. Somit kommen höchstens 312 Personen zum Kino.

c) Die Wartezeit einer Person vor dem Kartenschalter, die um 19.20 Uhr zum Kino kommt, erhält man, indem man mit Hilfe der Funktion g oder durch Integration der Funktion f die Anzahl der bis um 19.20 Uhr angekommenen Personen berechnet:

$$g(20) = 134,5 \text{ bzw. } \int_0^{20} f(x)\mathrm{d}x = 134,5 \text{ (GTR/CAS)}$$

Es befinden sich um 19.20 Uhr also etwa 134 Personen am Kartenschalter.
Da durchschnittlich laut Aufgabenstellung pro Minute Karten für 6 Personen ausgegeben werden, muss man das Ergebnis durch 6 teilen: $134 : 6 = 22,3$.
Somit muss eine Person, die um 19.20 Uhr kommt, mit einer Wartezeit von etwas mehr als 22 Minuten rechnen.

Um zu bestimmen, wann die Anzahl der am Kartenschalter Wartenden am größten ist, stellt man eine Funktion h auf, die die Anzahl der Wartenden nach der Öffnung des Kartenschalters beschreibt:

$$h(x) = g(x) - 6 \cdot (x - 20)\,;\; x \geqslant 20$$

(x: Zeit in Minuten seit 19 Uhr).
Mit Hilfe des GTR/CAS bestimmt man das Maximum von h. Man erhält: $x = 31,8$ und damit $h(31,8) = 158,5$.
Etwa nach 32 Minuten, also um 19.32 Uhr, ist die Anzahl der am Kartenschalter Wartenden am größten. Es warten dann ca. 158 Personen.
Die Warteschlange hat sich aufgelöst hat, wenn gilt: $h(x) = 0$.
Mit Hilfe des GTR/CAS erhält man: $x = 71,6$.
Nach etwa 72 Minuten, also um 20.12 Uhr, hat sich die Warteschlange aufgelöst.

Geometrie/Stochastik Aufgabe B 1

Aufgabe B 1.1

a)

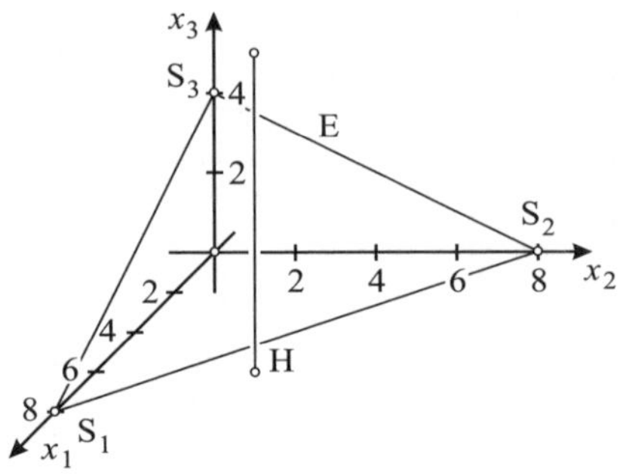

Zur Darstellung des Hangs in einem Koordinatensystem bestimmt man die Koordinaten der Spurpunkte S_1, S_2 und S_3 der Ebene E. Diese erhält man, indem man in der Ebenengleichung jeweils zwei Koordinaten Null setzt und die fehlende Koordinate berechnet.
Man erhält: $S_1\,(8\mid 0\mid 0)$, $S_2\,(0\mid 8\mid 0)$ und $S_3\,(0\mid 0\mid 4)$.

Um den Neigungswinkel α des Hangs zu bestimmen, verwendet man einen Normalenvektor von E und einen Normalenvektor der x_1x_2-Ebene. Man erhält:

$$\cos\alpha = \frac{\left|\begin{pmatrix}1\\1\\2\end{pmatrix}\cdot\begin{pmatrix}0\\0\\1\end{pmatrix}\right|}{\left|\begin{pmatrix}1\\1\\2\end{pmatrix}\right|\cdot\left|\begin{pmatrix}0\\0\\1\end{pmatrix}\right|} = \frac{|1\cdot 0+1\cdot 0+2\cdot 1|}{\sqrt{1^2+1^2+2^2}\cdot\sqrt{0^2+0^2+1^2}} = \frac{2}{\sqrt{6}\cdot 1} \Rightarrow \alpha \approx 35{,}26^\circ$$

Der Neigungswinkel des Hangs beträgt also etwa $35{,}26^\circ$.
Die Koordinaten des Verankerungspunkts Q am Hang erhält man, indem man zuerst die Koordinaten der Spitze S und damit die des Mittelpunkts M des Sendemasts bestimmt:
$S\,(6\mid 4\mid 8)$ und $M\,(6\mid 4\mid 4)$.
Nun stellt man diejenige Gerade g auf, die durch M verläuft und senkrecht auf der Ebene E steht (der Normalenvektor von E ist der Richtungsvektor von g) und schneidet g mit E:

$$g:\ \vec{x} = \begin{pmatrix}6\\4\\4\end{pmatrix} + t\cdot\begin{pmatrix}1\\1\\2\end{pmatrix};\ t\in\mathbb{R}$$

Einsetzen von g in E liefert: $(6+t)+(4+t)+2\cdot(4+2t)=8 \Rightarrow t=-\frac{5}{3}$
Setzt man $t=-\frac{5}{3}$ in die Geradengleichung von g ein, so ergeben sich die Koordinaten des Verankerungspunkts $Q\left(\frac{13}{3}\mid\frac{7}{3}\mid\frac{2}{3}\right)$.

Die Länge des Stahlseils ist nun der Abstand von M zum Verankerungspunkt Q:

$$|\overrightarrow{QM}| = \left| \begin{pmatrix} \frac{5}{3} \\ \frac{5}{3} \\ \frac{10}{3} \end{pmatrix} \right| = \sqrt{\left(\frac{5}{3}\right)^2 + \left(\frac{5}{3}\right)^2 + \left(\frac{10}{3}\right)^2} \approx 4,08$$

Die Länge des Stahlseils beträgt also etwa 40,8 m.

b)

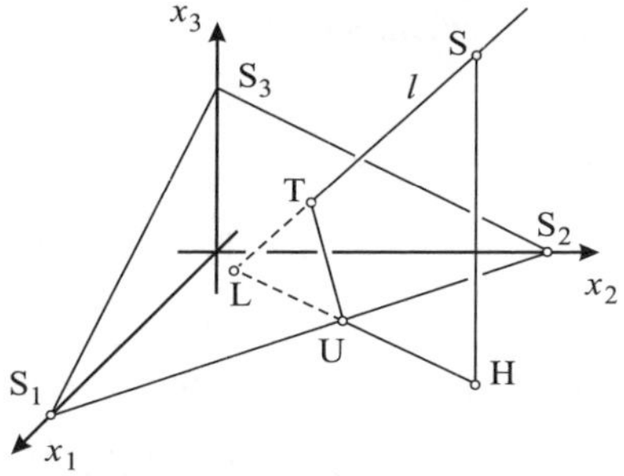

Die Gesamtlänge des Schattens erhält man, indem man die Länge des Schattenabschnitts auf dem Hang und die Länge des Schattenabschnitts in der x_1x_2-Ebene getrennt bestimmt. Hierzu stellt man die Gleichung der Gerade l durch die Spitze S des Sendemasts und das Ende des Schattens T auf dem Hang auf und schneidet diese mit der x_1x_2-Ebene. Man erhält so den Punkt L.

Schneidet man die Gerade durch L und H mit der «Hangebene», so erhält man den Punkt U, an dem der Schatten «abknickt». Die Gesamtlänge des Schattens ist somit $\overline{HU} + \overline{UT}$.

Aufgabe B 1.2

a) Zur Bestimmung der gesuchten Wahrscheinlichkeit legt man die Zufallsvariable X fest, die die Anzahl defekter Kugelschreiber bei 250 getesteten Kugelschreibern beschreibt. X ist binomialverteilt mit den Parametern n = 250 und Wahrscheinlichkeit p.

Um p so zu bestimmen, dass mit einer Wahrscheinlichkeit von höchstens 2% mehr als 20 Kugelschreiber defekt sein dürfen, löst man folgende Ungleichung:

$$P(X > 20) \leqslant 0,02$$
$$1 - P(X \leqslant 20) \leqslant 0,02$$
$$0,98 \leqslant P(X \leqslant 20)$$

Mit Hilfe des GTR/CAS erhält man: $p \leqslant 0,051$.

Also dürfen höchstens 5,1% der hergestellten Kugelschreiber defekt sein.

b) Zur Bestimmung des Ablehnungsbereichs legt man eine Zufallsvariable Y fest, die die Anzahl defekter Kugelschreiber bei 200 getesteten Kugelschreibern beschreibt. Y ist binomialverteilt mit den Parametern n = 200 und p = 0,088.

Die zu untersuchende Nullhypothese H_0 lautet: «Höchstens 8,8% der Kugelschreiber sind

defekt», also H_0: $p \leqslant 0,088$ mit der Irrtumswahrscheinlichkeit $\alpha = 5\%$. Die Alternativhypothese lautet: $H_1 : p > 0,088$.
Wegen $H_1 : p > 0,088$ handelt es sich um einen rechtsseitigen Test.
Man wird die Nullhypothese verwerfen, wenn man zu viele defekte Kugelschreiber in der Stichprobe findet.
Deshalb ist ein minimales $k \in \mathbb{N}$ und damit ein Ablehnungsbereich $\overline{A} = \{k, ..., 200\}$ der Nullhypothese so zu bestimmen, dass gilt:

$$P(\overline{A}) \leqslant \alpha$$
$$P(Y \geqslant k) \leqslant 0,05$$
$$1 - P(Y \leqslant k-1) \leqslant 0,05$$
$$0,95 \leqslant P(Y \leqslant k-1)$$

Für $n = 200$ und $p = 0,088$ erhält man mit Hilfe des GTR/CAS:

$$P(Y \leqslant 23) \approx 0,9250$$
$$P(Y \leqslant 24) \approx 0,9522$$

Also ist $k - 1 = 24 \Rightarrow k = 25$ das minimale $k \in \mathbb{N}$ und man erhält damit den Ablehnungsbereich: $\overline{A} = \{25, ..., 200\}$.
Findet man unter den 200 untersuchten Kugelschreibern also mindestens 25 defekte, so wird die Nullhypothese verworfen. Man irrt sich dabei höchstens mit einer Wahrscheinlichkeit von 5%.

Geometrie/Stochastik Aufgabe B 2

Aufgabe B 2.1

a)

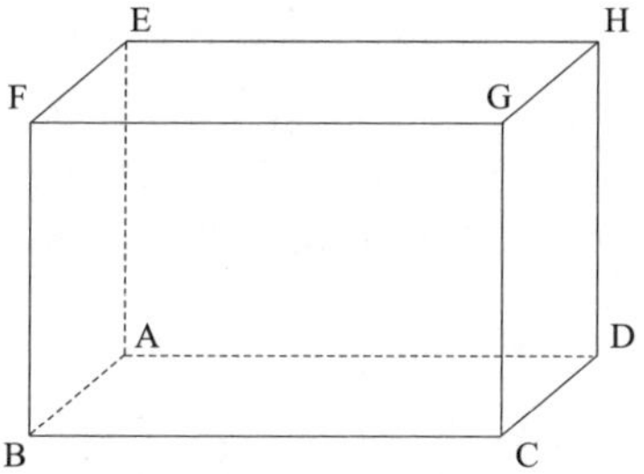

Die Koordinaten der Eckpunkte der Kiste sind $A(0 \mid 0 \mid 0)$, $B(3 \mid 0 \mid 0)$, $C(3 \mid 5 \mid 0)$, $D(0 \mid 5 \mid 0)$, $E(0 \mid 0 \mid 4)$, $F(3 \mid 0 \mid 4)$, $G(3 \mid 5 \mid 4)$ und $H(0 \mid 5 \mid 4)$.
Den Abstand zwischen den Kanten AB und GH erhält man, indem man die Entfernung der Punkte A und H berechnet, da die Kiste quaderförmig ist :

$$\overline{AH} = |\overrightarrow{AH}| = \left| \begin{pmatrix} 0 \\ 5 \\ 4 \end{pmatrix} \right| = \sqrt{0^2 + 5^2 + 4^2} = \sqrt{41} = 6,4$$

Der Abstand der Kanten AB und GH beträgt etwa 6,4 LE.

Um zu zeigen, dass die Gerade g durch E und H in jeder Ebene $E_t : tx_1 - x_3 = -4$ liegt, stellt man die Geradengleichung von g auf und setzt sie in E_t ein. Man erhält:

$$g : \vec{x} = \begin{pmatrix} 0 \\ 0 \\ 4 \end{pmatrix} + s \cdot \begin{pmatrix} 0 \\ 1 \\ 0 \end{pmatrix}; s \in \mathbb{R}$$

Einsetzen von g in E_t ergibt: $t \cdot 0 - (4 + s \cdot 0) = -4$ bzw. $-4 = -4$.
Aufgrund der wahren Aussage liegt die Gerade g in jeder der Ebenen E_t.

Bei geschlossener Kiste liegt der Punkt $F(3 \mid 0 \mid 4)$ auf dem Deckel. Setzt man die Koordinaten von F in E_t ein, so erhält man: $t \cdot 3 - 4 = -4 \Rightarrow t = 0$.
Somit liegt der Deckel bei geschlossener Kiste in der Ebene E_0.

Wird der Deckel um 90° geöffnet, so geht der Eckpunkt F des geschlossenen Deckels in den Eckpunkt $\overline{F}(0 \mid 0 \mid 7)$ über.
Setzt man die Koordinaten von $\overline{F}$ in E_t ein, so erhält man: $t \cdot 0 - 7 = -4 \Rightarrow -7 = -4$.
Aufgrund des Widerspruchs liegt der um 90° geöffnete Deckel in keiner der Ebenen E_t.

b) 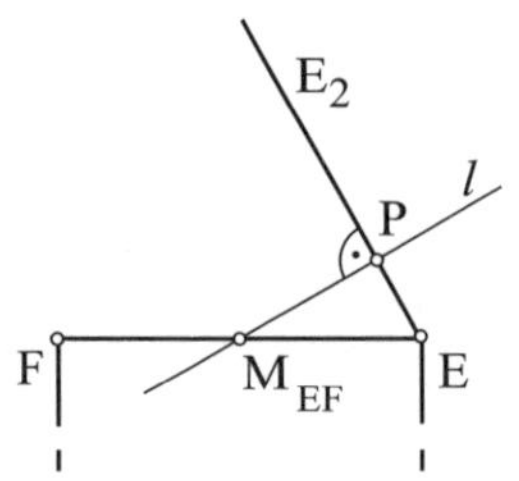

Der Punkt P ist der Schnittpunkt der Lotgeraden l und der Ebene E_2.
Die Ebene E_2 hat die Gleichung $E_2:\ 2x_1 - x_3 = -4$. Der Mittelpunkt der Kante EF hat die Koordinaten $M_{EF}\,(1,5 \mid 0 \mid 4)$. Die Lotgerade l geht durch den Punkt M_{EF} und ist orthogonal zu E_2 (der Richtungsvektor von l ist somit der Normalenvektor von E_2):

$$l:\ \vec{x} = \begin{pmatrix} 1,5 \\ 0 \\ 4 \end{pmatrix} + r \cdot \begin{pmatrix} 2 \\ 0 \\ -1 \end{pmatrix};\ r \in \mathbb{R}$$

Schneidet man l mit E_2, so ergibt sich: $2 \cdot (1,5 + 2r) - (4 - r) = -4 \Rightarrow r = -0,6$.
Setzt man $r = -0,6$ in l ein, so erhält man den gesuchten Punkt $P\,(0,3 \mid 0 \mid 4,6)$, in welchem der Stützstab auf den Deckel trifft.

c) Um den Öffnungswinkel α zu bestimmen, wenn der Deckel in E_2 liegt, berechnet man den Winkel zwischen dem Normalenvektor $\vec{n_2} = \begin{pmatrix} 2 \\ 0 \\ -1 \end{pmatrix}$ von E_2 und dem Normalenvektor $\vec{n_1} = \begin{pmatrix} 0 \\ 0 \\ 1 \end{pmatrix}$ der Ebene EFGH. Man erhält:

$$\cos\alpha = \frac{|\vec{n_1} \cdot \vec{n_2}|}{|\vec{n_1}| \cdot |\vec{n_2}|} = \frac{\left|\begin{pmatrix} 0 \\ 0 \\ 1 \end{pmatrix} \cdot \begin{pmatrix} 2 \\ 0 \\ -1 \end{pmatrix}\right|}{\left|\begin{pmatrix} 0 \\ 0 \\ 1 \end{pmatrix}\right| \cdot \left|\begin{pmatrix} 2 \\ 0 \\ -1 \end{pmatrix}\right|} = \frac{|-1|}{\sqrt{1} \cdot \sqrt{5}} = \frac{1}{\sqrt{5}} \Rightarrow \alpha \approx 63,4^\circ$$

Wenn der Deckel in E_2 liegt, beträgt der Öffnungswinkel etwa 63,4°.

Bei einem Öffnungswinkel von $\alpha = 60^\circ$ erhält man:

$$\cos 60^\circ = \frac{|\vec{n_1} \cdot \vec{n_t}|}{|\vec{n_1}| \cdot |\vec{n_t}|} = \frac{\left|\begin{pmatrix} 0 \\ 0 \\ 1 \end{pmatrix} \cdot \begin{pmatrix} t \\ 0 \\ -1 \end{pmatrix}\right|}{\left|\begin{pmatrix} 0 \\ 0 \\ 1 \end{pmatrix}\right| \cdot \left|\begin{pmatrix} t \\ 0 \\ -1 \end{pmatrix}\right|} = \frac{|-1|}{\sqrt{1} \cdot \sqrt{t^2 + (-1)^2}} = \frac{1}{\sqrt{t^2 + 1}}$$

Da $\cos 60 = \frac{1}{2}$ ist, gilt: $\frac{1}{2} = \frac{1}{\sqrt{t^2+1}} \Rightarrow t = \sqrt{3} \approx 1,73$ (GTR/CAS) ist die einzige Lösung wegen $t \geqslant 0$.

Somit liegt der um 60° geöffnete Deckel in der Ebene $E_{\sqrt{3}}$.

Aufgabe B 2.2

Die Wahrscheinlichkeit für den Sektor 1 beträgt $p = 0,6$. Das Glücksrad wird 10-mal gedreht. Legt man X als Zufallsvariable für die Anzahl der Einsen bei 10 Drehungen fest, so ist X binomialverteilt mit $n = 10$ und $p = 0,6$.
Die Wahrscheinlichkeit, dass mehr als 3-mal und weniger als 8-mal der Sektor 1 erscheint, erhält man mit Hilfe des GTR/CAS:

$$P(3 < X < 8) = P(X \leqslant 7) - P(X \leqslant 3) \approx 0,778$$

Die gesuchte Wahrscheinlichkeit beträgt etwa 77,8%.

Um zu bestimmen, bei welcher Anzahl von Drehungen die Wahrscheinlichkeit für vier Einsen maximal ist, berechnet man mit Hilfe des GTR/CAS das Maximum der binomialverteilten Zufallsvariablen X mit $n \leqslant 10$ und $p = 0,6$ für $k = 4$. Man erhält als Maximum:

$$P(X = 4) \approx 0,311 \text{ für } n = 6$$

Also muss man 6-mal drehen.

Wahlteil Abitur 2008

Tipps ab Seite 144, Lösungen ab Seite 148

☐

Mathematik Analysis Wahlteil 2008 Aufgabe A 1 *

Aufgabe A 1.1

Ein Tal in den Bergen wird nach Westen von einer steilen Felswand, nach Osten von einem flachen Höhenzug begrenzt.

Der Querschnitt des Geländes wird beschrieben durch das Schaubild der Funktion f mit

$$f(x) = -0,125x^3 + 0,75x^2 - 3,125$$

im Bereich $-2,5 \leqslant x \leqslant 5$,

dabei weist die positive x-Achse nach Osten (1 LE entspricht 100 m).

a) Skizzieren Sie den Querschnitt des Geländes.
Berechnen Sie die Stelle, an der die östliche Talseite am steilsten ist, und dann die Stelle, an der die westliche Talseite gleich steil ist.
Quer zum Tal befindet sich in West-Ost-Richtung eine Staumauer. Vom tiefsten Punkt des Tals aus gemessen ist sie 312,5 m hoch.
Berechnen Sie die Breite der Staumauer an ihrer Oberkante.
Bevor das Wasser aufgestaut wird, muss die dem See zugewandte Seite der Staumauer versiegelt werden.
Bestimmen Sie den Inhalt dieser Fläche. (8 VP)

b) In der Talsohle befindet sich ein Dorf, das bereits nachmittags im Schatten liegt.
Nach dem Vorbild des italienischen Ortes Viganella soll auf dem höchsten Punkt des Höhenzugs östlich des Dorfes ein Gerüst mit einem drehbaren Spiegel zur Reflexion von Sonnenlicht aufgestellt werden. Auch hier wird der Querschnitt des Geländes durch das Schaubild der Funktion f beschrieben.
Bestimmen Sie die Mindesthöhe dieses Gerüsts, bei der das Sonnenlicht den tiefsten Punkt des Geländequerschnitts erreichen kann. (3 VP)

Aufgabe A 1.2

Für jedes $t > 0$ ist eine Funktion f_t gegeben durch

$$f_t(x) = t \cdot \cos x; \quad -\frac{\pi}{2} \leqslant x \leqslant \frac{\pi}{2}.$$

Das Schaubild der Funktion f_t schließt mit der x-Achse eine Fläche ein.
Bei Rotation dieser Fläche um die x-Achse entsteht ein Drehkörper.
Berechnen Sie dessen Volumen in Abhängigkeit von t. (4 VP)

*Die Aufgabe wurde unter Berücksichtigung der neuen Richtlinien gekürzt und neu zusammengestellt.

Tipps ab Seite 144, Lösungen ab Seite 151

Mathematik Analysis Wahlteil 2008 Aufgabe A 2 *

Aufgabe A 2.1

Ein Behälter hat ein Fassungsvermögen von 1200 Liter. Die enthaltene Flüssigkeitsmenge zum Zeitpunkt t wird beschrieben durch die Funktion f mit

$$f(t) = 1000 - 800 \cdot e^{-0,01t}\ ;\ t \geqslant 0$$

(t in Minuten, $f(t)$ in Liter).

a) Zu welchem Zeitpunkt ist der Behälter zur Hälfte gefüllt?
Zeigen Sie, dass die Flüssigkeitsmenge im Behälter stets zunimmt.
Bestimmen Sie die mittlere Flüssigkeitsmenge während der ersten Stunde.
Aus Sicherheitsgründen darf die Flüssigkeitsmenge höchstens 85 % des Fassungsvermögens betragen.
Wird diese Vorschrift zu jeder Zeit eingehalten? Begründen Sie Ihre Antwort. (6 VP)

b) In einem anderen Behälter mit einem Fassungsvermögen von 1000 Liter mit einem Zufluss und einem Abfluss befinden sich zu Beginn 500 Liter Flüssigkeit. Die Zuflussrate ist konstant, die momentane Abflussrate beträgt 1 % des jeweiligen Inhalts pro Minute.

Wie viele Liter pro Minute müssen zufließen, damit sich die Wassermenge im Behälter nicht ändert ?
Welche Werte für die Zuflussrate sind möglich, wenn der Behälter mindestens 200 Liter und höchstens 800 Liter Flüssigkeit enthalten soll? (4 VP)

Aufgabe A 2.2

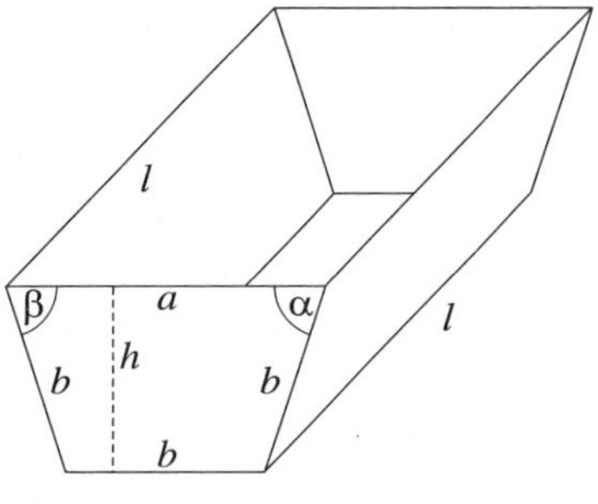

Eine Firma stellt aus Holzbrettern der Länge l und der Breite b oben offene Blumentröge mit trapezförmigem Querschnitt her (siehe Abb.).
Drücken Sie die Höhe h und die obere Breite a des Blumentrogs in Abhängigkeit vom Neigungswinkel α aus.
Weisen Sie damit nach, dass sich der Flächeninhalt der Querschnittsfläche durch die Funktion A mit $A(\alpha) = b^2 \cdot (1 + \cos\alpha) \cdot \sin\alpha$ darstellen lässt. (5 VP)

*Die Aufgabe wurde unter Berücksichtigung der neuen Richtlinien gekürzt und neu zusammengestellt.

Tipps ab Seite 145, Lösungen ab Seite 153 ☐

Mathematik Geometrie/Stochastik Wahlteil 2008 Aufgabe B 1 *

Aufgabe B 1.1

In einem Würfel mit den Eckpunkten $O(0\,|\,0\,|\,0)$, $P(10\,|\,10\,|\,0)$ und $S(0\,|\,0\,|\,10)$ befindet sich eine Pyramide mit einem Dreieck als Grundfläche und der Spitze S (vgl. Skizze).
Die Eckpunkte der Pyramidengrundfläche sind $A(10\,|\,6\,|\,0)$, $B(6\,|\,10\,|\,0)$ und $C(10\,|\,10\,|\,5)$.

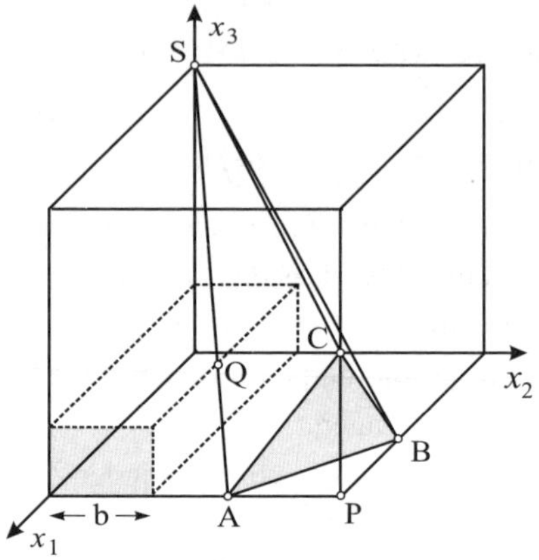

a) Bestimmen Sie eine Koordinatengleichung der Ebene E, in der die Grundfläche der Pyramide liegt.
Welchen Winkel schließen die Grundflächen von Würfel und Pyramide ein?
Untersuchen Sie, ob die Höhe der Pyramide auf der Diagonalen PS des Würfels liegt.
(Teilergebnis: $E: 5x_1 + 5x_2 - 4x_3 = 80$) (6 VP)

b) Zusätzlich zur Pyramide soll nun noch ein Quader der Breite b in den Würfel gelegt werden. Die Abmessungen des Quaders werden so gewählt, dass er die Pyramide nur in einem Punkt Q der Pyramidenkante AS berührt (vgl. Skizze).
Welches Volumen hat ein solcher Quader mit der Breite $b = 4$?
Welche Werte kann das Volumen eines solchen Quaders annehmen, wenn die Breite b variabel ist? (5 VP)

Aufgabe B 1.2

Eine Lieferung Äpfel kommt bei einem Obsthändler verspätet an. Dieser ist nicht sicher, ob die Ladung den in solchen Fällen üblichen Anteil von etwa 20% matschigen Früchten enthält oder ob sich der Anteil der matschigen Äpfel durch die Verspätung vergrößert hat. Der Obsthändler will 20 zufällig ausgewählte Äpfel überprüfen.
Er stellt folgende Nullhypothese auf: H_0: $p \leqslant 0{,}2$.
Ermitteln Sie den Annahme- und Ablehnungsbereich für eine Irrtumswahrscheinlichkeit von $\alpha = 5\%$ und erläutern Sie deren Bedeutung im Sachzusammenhang. (4 VP)

*Die Aufgabe wurde unter Berücksichtigung der neuen Richtlinien gekürzt und um eine Stochastikaufgabe ergänzt.

Tipps ab Seite 146, Lösungen ab Seite 157 □

Mathematik Geometrie/Stochastik Wahlteil 2008 Aufgabe B 2*

Aufgabe B 2.1

Die Punkte A(5 | 0 | 0), B(5 | 3 | 0), C(5 | 0 | 4), F(0 | 0 | 0), G(0 | 3 | 0) und H(0 | 0 | 4) sind die Ecken eines dreiseitigen Prismas mit Grundfläche ABC.

a) Stellen Sie das Prisma in einem Koordinatensystem dar.
Bestimmen Sie eine Koordinatengleichung der Ebene E, in der die Fläche BGHC liegt.
Unter welchem Winkel schneidet E die x_1x_2-Ebene?
Berechnen Sie den Abstand des Punktes A von der Geraden CG.
(Teilergebnis: $E: 4x_2 + 3x_3 = 12$) (6 VP)

b) Im Prisma liegt ein Zylinder mit Radius 0,5 und Grundkreismittelpunkt M(0 | 0,5 | 0,5), dessen Achse parallel zur x_1-Achse verläuft.
Ermitteln Sie die Abstände des Punktes M von den drei rechteckigen Seitenflächen des Prismas.
Berührt der Zylinder alle drei rechteckigen Seitenflächen des Prismas?
(3 VP)

Aufgabe B 2.2

Zwei Urnen U_1 und U_2 haben folgende Inhalte:
U_1 enthält 12 blaue und 12 weiße Kugeln,
U_2 enthält 1 blaue und 5 weiße Kugeln.
Es wird blind aus einer Urne eine Kugel gezogen. Ist die gezogene Kugel blau, erhält man einen Gewinn.

a) Berechnen Sie die Wahrscheinlichkeit, dass man einen Gewinn erhält.
Erhöht sich die Wahrscheinlichkeit für einen Gewinn, wenn aus U_1 3 blaue Kugeln entfernt und in U_2 dazugelegt werden? (3 VP)

b) Aus der Urne U_1 werden n blaue Kugeln entfernt und in U_2 gelegt.
Für welchen Wert von n ist die Wahrscheinlichkeit für einen Gewinn maximal? (3 VP)

*Die Aufgabe wurde unter Berücksichtigung der neuen Richtlinien gekürzt und um eine Stochastikaufgabe ergänzt.

Tipps Wahlteil Abitur 2008

Analysis Aufgabe A 1

Aufgabe A 1.1

a) Zum Skizzieren des Schaubilds von f müssen Sie den Zeichenbereich des GTR/CAS entsprechend einstellen.
Bestimmen Sie mit Hilfe des GTR/CAS das Maximum von $f'(x)$ oder alternativ die Wendestelle von f. Bestimmen Sie mit Hilfe von $f'(x)$ die Steigung m an dieser Stelle und beachten Sie, dass die Steigung an der gleich steilen Stelle in westlicher Richtung ein anderes Vorzeichen hat. Lösen Sie daher die Gleichung $f'(x) = -m$.
Berechnen Sie mit Hilfe des GTR/CAS die Koordinaten des Tiefpunkts T des Schaubilds von f und überlegen Sie, auf welcher Geraden die Oberkante der Staumauer liegt. Berechnen Sie die Schnittstellen des Schaubilds von f mit dieser Geraden mit Hilfe des GTR/CAS. Die Breite der Oberkante erhalten Sie als Differenz der Schnittstellen. Beachten Sie, dass 1 LE 100 m entspricht.
Den Flächeninhalt A der Staumauer erhalten Sie mit Hilfe eines Integrals; die Integrationsgrenzen sind die bereits berechneten Schnittstellen. Beachten Sie, dass die Kurve unterhalb der x-Achse verläuft. Überlegen Sie, wie groß eine Flächeneinheit ist.

b) Skizzieren Sie die Problemstellung.
Zur Berechnung der Mindesthöhe des Gerüsts, bei der der Tiefpunkt T beleuchtet wird, berechnen Sie zuerst mit Hilfe des GTR/CAS die Koordinaten des Hochpunkts H des Schaubilds von f. Setzen Sie anschließend in die Gleichung der Tangente t: $y = f'(u) \cdot (x-u) + f(u)$ an das Schaubild von f im Berührpunkt $B\,(u \mid f(u))$ zwischen Tiefpunkt und Hochpunkt die Koordinaten von T ein; lösen Sie die entstandene Gleichung nach u auf. Setzen Sie den berechneten u-Wert in die Tangentengleichung ein. Bestimmen Sie den Schnittpunkt G_1 der Tangente t mit der zur y-Achse parallelen Geraden durch H durch Einsetzen des x-Werts von H in die Tangentengleichung. Die Höhe h des Gerüsts erhalten Sie als Differenz der y-Werte des Hochpunkts H und des Schnittpunkts G. Beachten Sie, dass 1 LE 100 m entspricht.

Aufgabe A 1.2

Für das Volumen V des Drehkörpers bestimmen Sie die Nullstellen x_1 und x_2 von f_t und berechnen das Integral $V(t) = \pi \cdot \int_{x_1}^{x_2} (f_t(x))^2 \,dx$; klammern Sie t^2 aus und verwenden Sie den GTR/CAS.

Analysis Aufgabe A 2

Aufgabe A 2.1

a) Lösen Sie mit Hilfe des GTR/CAS die Gleichung $f(t) = 600$.
Um zu zeigen, dass die Flüssigkeitsmenge im Behälter stets zunimmt, bestimmen Sie mit

Hilfe der Kettenregel die 1. Ableitung von $f(t)$, welche größer als Null sein muss.
Die mittlere Flüssigkeitsmenge $\overline{V}$ im Behälter während der ersten Stunde erhalten Sie mit Hilfe eines Integrals:

$$\overline{V} = \frac{1}{b-a} \cdot \int_a^b f(t)\mathrm{d}t$$

Zur Bestimmung der Integrationsgrenzen beachten Sie, dass t in Minuten angegeben ist.
Berechnen Sie 85 % des Fassungsvermögens und bestimmen Sie für $t \longrightarrow \infty$ den Grenzwert von $f(t)$.

b) Überlegen Sie, wie viele Liter pro Minute abfließen, wenn 500 Liter enthalten sind.
Wählen Sie den Parameter a als konstante Zuflussrate und stellen Sie eine Differentialgleichung für die momentane Änderungsrate $g'(t)$ des Befüllungsvorgangs auf. Bringen Sie diese in die Form $g'(t) = k \cdot (S - g(t))$ und lesen Sie die Schranke S in Abhängigkeit von a ab. Setzen Sie $S = 200$ bzw. $S = 800$ und lösen Sie die entstandenen Gleichungen nach a auf.

Aufgabe A 2.2

Bestimmen Sie h und a mit Hilfe trigonometrischer Verhältnisse. Zur Bestimmung der Trapezfläche verwenden Sie die Formel: $A_{\text{Trapez}} = \frac{a+b}{2} \cdot h$.

Geometrie/Stochastik Aufgabe B 1

Aufgabe B 1.1

a) Zur Bestimmung der Koordinatengleichung benötigen Sie einen Normalenvektor $\vec{n}$, den Sie mit Hilfe des Kreuzprodukts (siehe Seite 41) der beiden Spannvektoren $\overrightarrow{AB}$ und $\overrightarrow{AC}$ erhalten. Anschließend setzen Sie den Ortsvektor des Punktes A und $\vec{n}$ in die Normalenform $(\vec{x} - \vec{a}) \cdot \vec{n} = 0$ ein.
Zur Bestimmung des Winkels α zwischen der Pyramiden- und der Würfelgrundfläche verwenden Sie die Formel $\cos\alpha = \frac{|\vec{n}_1 \cdot \vec{n}_2|}{|\vec{n}_1| \cdot |\vec{n}_2|}$. Dabei ist $\vec{n}_1$ ein Normalenvektor der x_1x_2-Ebene, in der die Würfelgrundfläche liegt, und $\vec{n}_2$ der schon bestimmte Normalenvektor $\vec{n}$ der Ebene E, in der die Pyramidengrundfläche liegt.
Um zu untersuchen, ob die Höhe der Pyramide auf der Raumdiagonalen PS des Würfels liegt, genügt es, die entsprechenden Richtungsvektoren zu vergleichen. Als Richtungsvektor der Höhe kann $\vec{n}$ verwendet werden. Prüfen Sie, ob die beiden Richtungsvektoren ein Vielfaches voneinander sind.

b) Das Quadervolumen in Abhängigkeit von b erhalten Sie mit der Formel: $V_Q(b) = a \cdot b \cdot c$ mit $a = 10$; b ist die x_2-Koordinate, c ist die x_3-Koordinate des Berührpunkts Q, die ebenfalls von b abhängt.
Stellen Sie die Gleichung der Geraden g_{AS} durch die Punkte A und S auf.
Bestimmen Sie für $b = 4$ die Koordinaten von Q, indem Sie in der Gleichung der Geraden

g_{AS} für $x_2 = 4$ einsetzen. Mit Hilfe der x_3-Koordinate von Q erhalten Sie das Quadervolumen $V_Q(4)$.
Bestimmen Sie die Koordinaten von Q_b in Abhängigkeit von b $(0 < b < 6)$ und daraus das Quadervolumen $V_Q(b)$ in Abhängigkeit von b. Zeichnen das Schaubild von $V_Q(b)$ mit dem GTR/ CAS und bestimmen Sie mit Hilfe des GTR/ CAS den Extrempunkt sowie die Randwerte für $b = 0$ und $b = 6$. Geben Sie den Wertebereich von $V_Q(b)$ für $0 < b < 6$ an.

Aufgabe B 1.2

Formulieren Sie die Alternativhypothese $H_1 : p > .....$ Beachten Sie, dass es sich um einen rechtsseitigen Test handelt. Bestimmen Sie deshalb ein minimales $k \in \mathbb{N}$ und damit einen Ablehnungsbereich $\overline{A} = \{k, ..., 20\}$ so, dass gilt: $P(X \geqslant k) \leqslant \alpha$. Verwenden Sie hierzu $P(X \geqslant k) = 1 - P(X \leqslant k-1)$. Lösen Sie die Ungleichung mit Hilfe des GTR/ CAS.

Geometrie/Stochastik Aufgabe B 2

Aufgabe B 2.1

a) Zur Bestimmung der Koordinatengleichung von E benötigen Sie einen Normalenvektor $\vec{n}$, den Sie z.B. mit Hilfe des Kreuzprodukts (siehe Seite 41) der beiden Spannvektoren $\overrightarrow{BC}$ und $\overrightarrow{BG}$ erhalten. Anschließend setzen Sie den Ortsvektor von B und $\vec{n}$ in die Normalenform $\left(\vec{x} - \vec{b}\right) \cdot \vec{n} = 0$ ein.
Verwenden Sie zur Berechnung des Winkels α zwischen E und der x_1x_2-Ebene die Formel $\cos\alpha = \frac{|\vec{n}_1 \cdot \vec{n}_2|}{|\vec{n}_1| \cdot |\vec{n}_2|}$; dabei ist $\vec{n}_1$ ein Normalenvektor der x_1x_2-Ebene und $\vec{n}_2$ der schon bestimmte Normalenvektor $\vec{n}$ der Ebene E. Alternativ können Sie den Winkel α auch berechnen, indem Sie den Winkel zwischen den Vektoren $\overrightarrow{BA}$ und $\overrightarrow{BC}$ mit der Formel $\cos\alpha = \frac{|\overrightarrow{BA} \cdot \overrightarrow{BC}|}{|\overrightarrow{BA}| \cdot |\overrightarrow{BC}|}$ bestimmen.
Um den Abstand d des Punktes A zur Geraden g_{CG} durch C und G zu bestimmen, benötigen Sie die Gleichung einer Hilfsebene E_H, die durch A geht und orthogonal zur Geraden g_{CG} verläuft, d.h. ein Normalenvektor von E_H ist der Richtungsvektor $\overrightarrow{CG}$ der Geraden g_{CG}. Schneiden Sie E_H mit g_{CG} und berechnen Sie den Abstand des Schnittpunkts vom Punkt A mit Hilfe des Betrags des zugehörigen Verbindungsvektors. Alternativ können Sie den Abstand d des Punktes A zur Geraden g_{CG} auch dadurch bestimmen, dass Sie das Minimum des Abstands $d(t)$ des Punktes A zu einem allgemeinen Punkt P_t der Geraden g_{CG} mit Hilfe des GTR/ CAS berechnen.

b) Die Abstände d_1 von M zur Seitenfläche AFHC und d_2 von M zur Seitenfläche ABGF erhalten Sie mit Hilfe der x_2- bzw. x_3-Koordinate von M.
Den Abstand d_3 von M zur Seitenfläche BGHC erhalten Sie, indem Sie den Abstand von M zur Ebene E mit Hilfe der Hesseschen Normalenform (HNF) von E bestimmen.
Überlegen Sie, welchen Wert d_3 annehmen muss, damit der Zylinder alle drei Seitenflächen berührt.

Aufgabe B 2.2

a) Überlegen Sie, wie groß die Wahrscheinlichkeit ist, dass blind aus einer der Urnen eine Kugel gezogen wird.
Bestimmen Sie jeweils die Wahrscheinlichkeit, dass die aus U_1 bzw. U_2 gezogene Kugel blau ist und zeichnen Sie ein Baumdiagramm.
Die Wahrscheinlichkeit für einen Gewinn erhalten Sie mit Hilfe der Pfadregeln.
Werden aus der Urne U_1 3 blaue Kugeln entfernt und in U_2 gelegt, so ändern sich die Wahrscheinlichkeiten für eine blaue Kugel und Sie erhalten die Wahrscheinlichkeit für einen Gewinn wieder mit Hilfe der Pfadregeln.

b) Werden aus der Urne U_1 n blaue Kugeln entfernt und in U_2 gelegt, so ändern sich die Wahrscheinlichkeiten für eine blaue Kugel in Abhängigkeit von n und Sie erhalten die Wahrscheinlichkeit $P(n)$ für einen Gewinn mit Hilfe der Pfadregeln in Abhängigkeit von n.
Bestimmen Sie das Maximum von $P(n)$ mit Hilfe des GTR/CAS.

Lösungen Wahlteil Abitur 2008

Analysis Aufgabe A 1

Aufgabe A 1.1

a) Es ist $f(x) = -0,125x^3 + 0,75x^2 - 3,125$

Für die Erstellung der Skizze des Schaubilds von f verwendet man den GTR/CAS (Zeichenbereich $-2,5 \leqslant x \leqslant 5$ und $-4 \leqslant y \leqslant 4$).

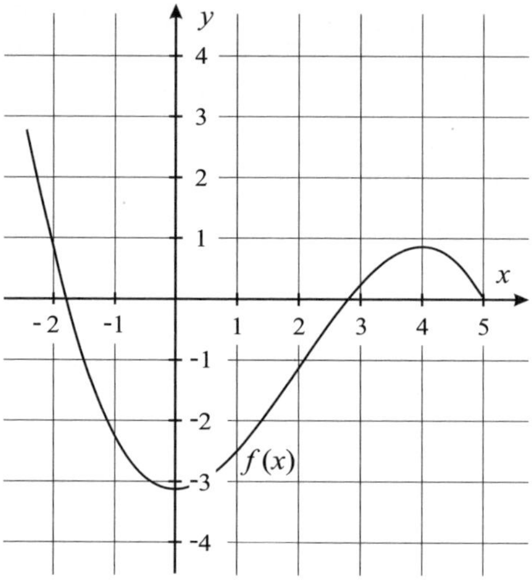

Die Stelle, an der die östliche Talsteite am steilsten ist, erhält man, indem man mit Hilfe des GTR/CAS im Bereich $-2,5 \leqslant x \leqslant 5$ das Maximum der ersten Ableitung $f'(x) = -0,375x^2 + 1,5x$ berechnet. Man erhält: $x = 2$ und $f'(2) = 1,5$ (GTR/CAS).
Alternativ kann man mit Hilfe von $f''(x) = -0,75x + 1,5$ die Wendestelle von f bestimmen: $f''(x) = 0$ führt zu $-0,75x + 1,5 = 0 \Rightarrow x = 2$.
Bei 200 m in Richtung Osten ist die östliche Talseite am steilsten.

Die westliche Talseite ist an der Stelle gleich steil, für die die Steigung den negativen Wert der steilsten Steigung der östlichen Talseite annimmt; wegen $f'(2) = 1,5$ muss nun gelten: $f'(x) = -1,5$
Mit Hilfe des GTR/CAS schneidet man das Schaubild von $f'(x)$ mit der Geraden $y = -1,5$ im Bereich $-2,5 \leqslant x \leqslant 0$ und erhält: $x \approx -0,83$.
Bei etwa 83 m in westlicher Richtung ist die westliche Talseite gleich steil.

Die Koordinaten des Tiefpunkts des Schaubilds von f bestimmt man mit Hilfe des GTR/CAS: $T(0 \mid -3,125)$
Da die Staumauer vom tiefsten Punkt des Tals aus gemessen 312,5 m hoch ist und 1 LE 100 m entspricht, liegt die Oberkante der Staumauer auf der x-Achse. Die linke und die rechte Begrenzung der Staumauer sind damit durch die beiden Nullstellen des Schaubilds

von f festgelegt, die dem Ursprung am nächsten liegen. Mit Hilfe des GTR/ CAS erhält man die Nullstellen $x_1 \approx -1,79$ und $x_2 \approx 2,79$.
Die Breite b der Oberkante der Staumauer ist die Differenz der beiden x-Werte:

$$b = 2,79 - (-1,79) = 4,58$$

Also hat die Oberkante der Staumauer eine Breite von etwa 458 m.

Den Flächeninhalt A der Staumauer erhält man mit Hilfe eines Integrals; die Integrationsgrenzen sind die Nullstellen von f. Da das Schaubild von f unterhalb der x-Achse verläuft, gilt:

$$A = \int_{x_1}^{x_2} (0 - f(x))\,dx \approx \int_{-1,79}^{2,79} \Big(0 - \big(-0,125x^3 + 0,75x^2 - 3,125\big)\Big)\,dx \approx 9,02\,\text{FE}$$

Da 1 Längeneinheit 100 m entspricht, entspricht 1 Flächeneinheit $100\,\text{m} \cdot 100\,\text{m} = 10000\,\text{m}^2$. Somit beträgt der Flächeninhalt etwa $90\,200\,\text{m}^2$.

b)

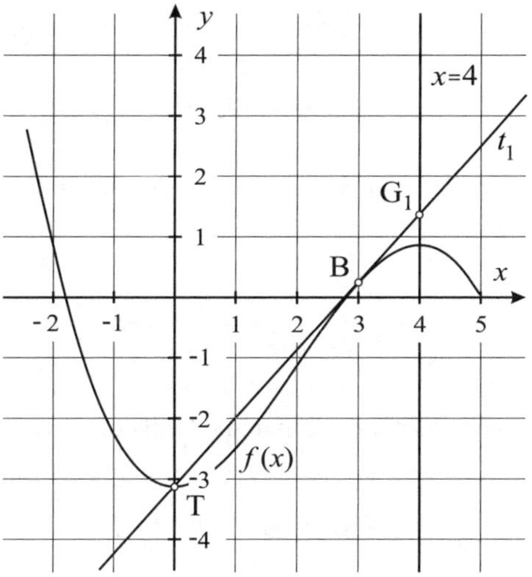

Das Gerüst soll auf dem höchsten Punkt des östlichen Hügels errichtet werden, also berechnet man zuerst die Koordinaten des Hochpunkts des Schaubilds von f mit Hilfe des GTR/ CAS: $H(4 \mid 0,875)$.
Damit das Sonnenlicht den tiefsten Punkt T des Geländequerschnitts erreichen kann, stellt man die Gleichung der Tangente t an das Schaubild von f im Berührpunkt $B(u \mid f(u))$ mit $0 < u \leqslant 4$ auf, welche durch den Punkt T verläuft:

$$t: y = f'(u) \cdot (x - u) + f(u)$$

Setzt man die Koordinaten von T $(0 \mid -3,125)$ in t ein, erhält man:

$$\begin{aligned} -3,125 &= \left(-0,375u^2 + 1,5u\right) \cdot (0-u) + \left(-0,125u^3 + 0,75u^2 - 3,125\right) \\ 0 &= 0,375u^3 - 1,5u^2 - 0,125u^3 + 0,75u^2 \\ 0 &= 0,25u^3 - 0,75u^2 \\ 0 &= u^2 \cdot (0,25u - 0,75) \end{aligned}$$

Wegen $0 < u \leqslant 4$ erhält man die Lösung $u = 3$.
Setzt man $u = 3$ in t ein, erhält man mit $f(3) = 0,25$ und $f'(3) = 1,125$ die Gleichung der Tangente:

$$\begin{aligned} t\colon y &= f'(3) \cdot (x-3) + f(3) \\ y &= 1,125 \cdot (x-3) + 0,25 \\ y &= 1,125x - 3,125 \end{aligned}$$

Um die Tangente t mit der (senkrechten) Geraden $x = 4$ zu schneiden, setzt man $x = 4$ in die Tangentengleichung t ein und erhält: $y = 1,125 \cdot 4 - 3,125 = 1,375 \Rightarrow$ G $(4 \mid 1,375)$
Die Höhe h des Gerüsts ist die Differenz der y-Werte von G und H:

$$h = 1,375 - 0,875 = 0,5\,\text{LE}$$

Die Mindesthöhe des Gerüsts beträgt 50 m, wenn der tiefste Punkt des Tals beleuchtet werden soll.

Aufgabe A 1.2

Es ist $f_t(x) = t \cdot \cos x;\ -\frac{\pi}{2} \leqslant x \leqslant \frac{\pi}{2}$.

Für das Volumen V des Drehkörpers benötigt man die Nullstellen von f_t : $x_1 = -\frac{\pi}{2}$ und $x_2 = +\frac{\pi}{2}$.
Damit gilt

$$\mathrm{V}(t) = \pi \cdot \int_{-\frac{\pi}{2}}^{+\frac{\pi}{2}} (t \cdot \cos x)^2\,dx = \pi \cdot t^2 \cdot \int_{-\frac{\pi}{2}}^{+\frac{\pi}{2}} (\cos x)^2\,dx.$$

Da $\int_{-\frac{\pi}{2}}^{+\frac{\pi}{2}} (\cos x)^2\,dx = 1,57$ (GTR/CAS), ergibt sich für das Volumen des Drehkörpers:

$$\mathrm{V}(t) = 1,57 \cdot \pi \cdot t^2$$

Analysis Aufgabe A 2

Aufgabe A 2.1

Es ist $f(t) = 1000 - 800 \cdot e^{-0{,}01t}$; $t \geqslant 0$.

a) Der Behälter ist zur Hälfte gefüllt, wenn gilt: $f(t) = 600$
Mit Hilfe des GTR/ CAS erhält man $t \approx 69{,}31$.
Nach etwa 69 Minuten ist der Behälter also zur Hälfte gefüllt.

Um zu zeigen, dass die Flüssigkeitsmenge im Behälter stets zunimmt, bestimmt man mit Hilfe der Kettenregel die 1. Ableitung von $f(t)$:

$$f'(t) = 0 - 800 \cdot e^{-0{,}01t} \cdot (-0{,}01) = 8 \cdot e^{-0{,}01t}$$

Wegen $f'(t) > 0$ für $t \geqslant 0$ nimmt die Flüssigkeitsmenge im Behälter stets zu.

Die mittlere Flüssigkeitsmenge $\overline{\mathrm{V}}$ im Behälter während der ersten Stunde erhält man mit Hilfe eines Integrals:

$$\overline{\mathrm{V}} = \frac{1}{b-a} \cdot \int_a^b f(t)\mathrm{d}t = \frac{1}{60} \cdot \int_0^{60} \left(1000 - 800 \cdot e^{-0{,}01t}\right) \mathrm{d}t \approx 398{,}42 \text{ (GTR/CAS)}$$

Die mittlere Flüssigkeitsmenge beträgt während der ersten Stunde etwa 398 Liter.

Für $t \to \infty$ geht $f(t) \to 1000$, da $e^{-0{,}01t}$ gegen Null geht, d.h. $f(t) < 1000$ für $t \geqslant 0$.
85 % des Fassungsvermögens von 1200 Litern sind $0{,}85 \cdot 1200 = 1020$ Liter.
Da zu keinem Zeitpunkt mehr als 1000 Liter Flüssigkeit im Behälter sind, wird die Sicherheitsvorschrift zu jeder Zeit eingehalten.

b) Wenn sich die anfängliche Wassermenge von 500 Litern im Behälter nicht ändern soll, beträgt der Abfluss 1 % von 500 Litern, also 5 Liter pro Minute. Somit müssen pro Minute 5 Liter zufließen.
Ist der Parameter a die konstante Zuflussrate, so kann die momentane Änderungsrate $g'(t)$ des Befüllungsvorgangs durch folgende Differenzialgleichung beschrieben werden:

$$g'(t) = a - 0{,}01 \cdot g(t)$$

Bringt man diese auf die Form $g'(t) = k \cdot (\mathrm{S} - g(t))$, so erhält man:

$$g'(t) = 0{,}01 \cdot \left(\frac{a}{0{,}01} - g(t)\right)$$

Damit erhält man die Schranke $\mathrm{S} = \frac{a}{0{,}01}$ in Abhängigkeit von a.
Da mindestens 200 Liter enthalten sein sollen, gilt: $\mathrm{S} = 200 \Rightarrow \frac{a}{0{,}01} = 200 \Rightarrow a = 2$
Da höchstens 800 Liter enthalten sein dürfen, gilt: $\mathrm{S} = 800 \Rightarrow \frac{a}{0{,}01} = 800 \Rightarrow a = 8$
Damit gilt für die konstante Zuflussrate: $2 \leqslant a \leqslant 8$

Somit müssen mindestens 2 Liter pro Minute und dürfen höchstens 8 Liter pro Minute zufließen.

Aufgabe A 2.2

Um h und a in Abhängigkeit von α zu bestimmen, betrachtet man folgende Skizze:

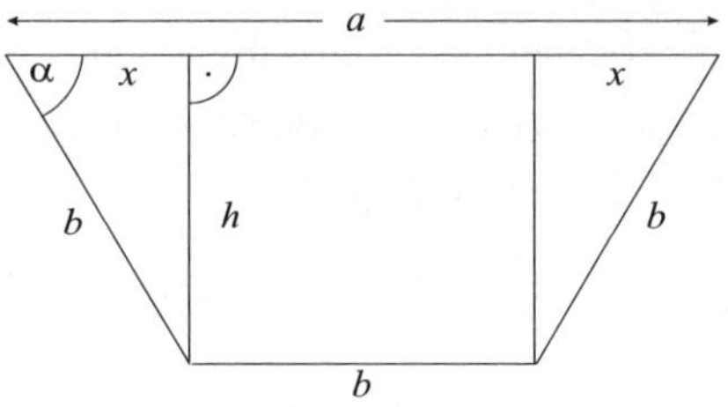

Es ist

$$\sin\alpha = \frac{h}{b} \Rightarrow h = b\cdot\sin\alpha$$
$$\cos\alpha = \frac{x}{b} \Rightarrow x = b\cdot\cos\alpha$$
$$\Rightarrow a = b + 2x = b + 2b\cos\alpha$$

Für die Trapezfläche gilt:

$$\mathrm{A} = \frac{a+b}{2}\cdot h$$

Setzt man $h = b\cdot\sin\alpha$ und $a = b + 2b\cos\alpha$ in A ein, so ergibt sich:

$$\begin{aligned}\mathrm{A}(\alpha) &= \frac{b+2b\cos\alpha+b}{2}\cdot b\cdot\sin\alpha = \frac{2b+2b\cos\alpha}{2}\cdot b\cdot\sin\alpha\\ &= \frac{2b\cdot(1+\cos\alpha)}{2}\cdot b\cdot\sin\alpha = b^2\cdot(1+\cos\alpha)\cdot\sin\alpha\end{aligned}$$

Geometrie/Stochastik Aufgabe B 1

Aufgabe B 1.1

Gegeben sind die Punkte der Pyramidengrundfläche A$(10 \mid 6 \mid 0)$, B$(6 \mid 10 \mid 0)$ und C$(10 \mid 10 \mid 5)$.

a) Um eine Koordinatengleichung der Ebene E zu erhalten, berechnet man mit Hilfe des Kreuzprodukts (siehe Seite 41) der beiden Spannvektoren $\overrightarrow{AB}$ und $\overrightarrow{AC}$ einen Normalenvektor $\vec{n}$ und setzt diesen und den Ortsvektor des Punktes A in die Punkt-Normalenform $(\vec{x}-\vec{a})\cdot\vec{n}=0$ ein. Man erhält:

$$\begin{pmatrix}-1\\1\\0\end{pmatrix}\times\begin{pmatrix}0\\4\\5\end{pmatrix}=\begin{pmatrix}5\\5\\-4\end{pmatrix}\Rightarrow\vec{n}=\begin{pmatrix}5\\5\\-4\end{pmatrix}$$

$$\text{E}:\left(\vec{x}-\begin{pmatrix}10\\6\\0\end{pmatrix}\right)\cdot\begin{pmatrix}5\\5\\-4\end{pmatrix}=0$$

$$\text{E}:\ (x_1-10)\cdot 5+(x_2-6)\cdot 5+(x_3-0)\cdot(-4)=0$$

$$\Rightarrow\ \text{E}:\ 5x_1+5x_2-4x_3=80$$

Zur Berechnung des Winkels α zwischen den Grundflächen von Würfel und Pyramide benötigt man den Normalenvektor $\vec{n}=\begin{pmatrix}5\\5\\-4\end{pmatrix}$ der Ebene E, in der die Pyramidengrundfläche liegt, und den Normalenvektor $\vec{n}_1=\begin{pmatrix}0\\0\\1\end{pmatrix}$ der x_1x_2-Ebene, in der die Würfelgrundfläche liegt. Damit gilt:

$$\begin{aligned}\cos\alpha&=\frac{|\vec{n}\cdot\vec{n}_1|}{|\vec{n}|\cdot|\vec{n}_1|}\\&=\frac{\left|\begin{pmatrix}5\\5\\-4\end{pmatrix}\cdot\begin{pmatrix}0\\0\\1\end{pmatrix}\right|}{\left|\begin{pmatrix}5\\5\\-4\end{pmatrix}\right|\cdot\left|\begin{pmatrix}0\\0\\1\end{pmatrix}\right|}\\&=\frac{|-4|}{\sqrt{5^2+5^2+(-4)^2}\cdot\sqrt{0^2+0^2+1^2}}\\&=\frac{4}{\sqrt{66}}\Rightarrow\alpha\approx 60{,}5\,^\circ\end{aligned}$$

Der Winkel zwischen den beiden Grundflächen beträgt etwa $60,5\,^\circ$.

Um zu untersuchen, ob die Höhe der Pyramide auf der Diagonalen PS liegt, prüft man, ob die Richtungsvektoren der entsprechenden Geraden ein Vielfaches voneinander sind:

Ein Richtungsvektor der Geraden, auf der die Höhe der Pyramide liegt, ist $\vec{n} = \begin{pmatrix} 5 \\ 5 \\ -4 \end{pmatrix}$, da die Höhe orthogonal zur Grundfläche ist.

Ein Richtungsvektor der Geraden, auf der die Diagonale PS des Würfels liegt, ist $\overrightarrow{PS} = \begin{pmatrix} -10 \\ -10 \\ 10 \end{pmatrix}$.

Die Gleichung $k \cdot \begin{pmatrix} 5 \\ 5 \\ -4 \end{pmatrix} = \begin{pmatrix} -10 \\ -10 \\ 10 \end{pmatrix}$ führt zu

$$\begin{array}{lrclcrcr} \text{I} & 5k & = & -10 & \Rightarrow & k & = & -2 \\ \text{II} & 5k & = & -10 & \Rightarrow & k & = & -2 \\ \text{III} & -4k & = & 10 & \Rightarrow & k & = & -2,5 \end{array}$$

Aufgrund des Widerspruchs gibt es kein $k \in \mathbb{R}$, so dass $k \cdot \vec{n} = \overrightarrow{PS}$ erfüllt ist.
Damit sind die Richtungsvektoren der beiden Geraden kein Vielfaches voneinander und die Höhe der Pyramide liegt nicht auf der Diagonalen PS des Würfels.
Alternativ könnte man auch prüfen, ob die Gerade durch die Punkte P und S orthogonal zur Ebene E ist. In diesem Fall müsste der Vektor $\overrightarrow{PS} = \begin{pmatrix} -10 \\ -10 \\ 10 \end{pmatrix}$ ein Vielfaches des Normalenvektors $\vec{n} = \begin{pmatrix} 5 \\ 5 \\ -4 \end{pmatrix}$ der Ebene E sein.

Wegen $k \cdot \begin{pmatrix} 5 \\ 5 \\ -4 \end{pmatrix} \neq \begin{pmatrix} -10 \\ -10 \\ 10 \end{pmatrix}$ für $k \in \mathbb{R}$ liegt die Höhe der Pyramide nicht auf der Diagonalen PS des Würfels.

b) Für das Quadervolumen gilt: $V_Q(b) = a \cdot b \cdot c$ mit $a = 10$, d.h. $V_Q(b) = 10 \cdot b \cdot c$
b ist die x_2-Koordinate, c ist die x_3-Koordinate des Berührpunkts Q, die von der Wahl von b abhängt.

Die Gerade g_{AS} durch die Punkte A und S hat die Gleichung:

$$g_{AS}: \vec{x} = \begin{pmatrix} 10 \\ 6 \\ 0 \end{pmatrix} + t \cdot \begin{pmatrix} -10 \\ -6 \\ 10 \end{pmatrix} ; t \in \mathbb{R}$$

Ist $b = 4$, gilt für die x_2-Koordinate des Berührpunkts Q: $x_2 = 4$
Damit Q auf g_{AS} liegt, muss also gelten: $6 - 6t = 4 \Rightarrow t = \frac{1}{3}$
Setzt man $t = \frac{1}{3}$ in g_{AS} ein, erhält man die Koordinaten des Punktes Q $\left(\frac{20}{3} \mid 4 \mid \frac{10}{3}\right)$.
Also ist $c = \frac{10}{3}$ und es ergibt sich für das Quadervolumen:

$$V_Q(4) = 10 \cdot 4 \cdot \frac{10}{3} = \frac{400}{3} \text{ VE}$$

Für $b = 4$ hat der Quader ein Volumen von $\frac{400}{3}$ VE.

Für einen Quader mit variabler Breite b $(0 < b < 6)$ gilt für die x_2-Koordinate des Berührpunkts $Q_b : x_2 = b$.
Damit Q_b auf g_{AS} liegt, muss gelten: $6 - 6t = b \Rightarrow t = \frac{6-b}{6} = 1 - \frac{b}{6}$
Setzt man $t = 1 - \frac{b}{6}$ in g_{AS} ein, erhält man die Koordinaten des Punktes Q_b $\left(\frac{5}{3}b \mid b \mid 10 - \frac{5}{3}b\right)$.
Also ist $c = 10 - \frac{5}{3}b$ und es ergibt sich für das Quadervolumen:

$$V_Q(b) = 10 \cdot b \cdot \left(10 - \frac{5}{3}b\right) = 100b - \frac{50}{3}b^2 ; \ 0 < b < 6$$

Da das Schaubild von $V_Q(b)$ eine nach unten geöffnete Parabel ist, bestimmt man mit Hilfe des GTR/CAS das Maximum von $V_Q(b)$. Man erhält: $b = 3$ und $V_Q(3) = 150$.
Die Randwerte von $V_Q(b)$ ergeben sich, indem man $b = 0$ und $b = 6$ in $V_Q(b)$ einsetzt; mit Hilfe des GTR/CAS erhält man: $V_Q(0) = 0$ und $V_Q(6) = 0$.
Damit kann das Volumen des Quaders folgende Werte annehmen: $0 < V_Q(b) \leqslant 150$.

Aufgabe B 1.2

Die Nullhypothese lautet: «Es sind höchstens 20 % der Früchte matschig» und damit also $H_0 : p \leqslant 0,2$ mit der Irrtumswahrscheinlichkeit $\alpha = 5\%$. Die Alternativhypothese lautet: $H_1 : p > 0,2$.
Wegen $H_1 : p > 0,2$ handelt es sich um einen rechtsseitigen Test.
Man legt X als Zufallsvariable für die Anzahl der matschigen Äpfel in der Stichprobe vom Umfang $n = 20$ fest. X ist dann binomialverteilt mit den Parametern $n = 20$ sowie $p = 0,2$.
Für die Entscheidungsregel ist ein minimales $k \in \mathbb{N}$ und damit ein Ablehnungsbereich

$\overline{A} = \{k, ..., 20\}$ der Nullhypothese so zu bestimmen, dass gilt:

$$\begin{aligned} P(\overline{A}) &\leqslant \alpha \\ P(X \geqslant k) &\leqslant 0,05 \\ 1 - P(X \leqslant k-1) &\leqslant 0,05 \\ 0,95 &\leqslant P(X \leqslant k-1) \end{aligned}$$

Für $n = 20$ und $p = 0,2$ erhält man mit Hilfe des GTR/CAS:

$$\begin{aligned} P(X \leqslant 7) &\approx 0,9679 \\ P(X \leqslant 6) &\approx 0,9133 \end{aligned}$$

Also ist $k - 1 = 7 \Rightarrow k = 8$ das minimale $k \in \mathbb{N}$ und man erhält damit den Ablehnungsbereich: $\overline{A} = \{8, ..., 20\}$ bzw. den Annahmebereich $A = \{0, ..., 7\}$.
H_0 wird angenommen, wenn sich in der Stichprobe höchstens 7 matschige Äpfel befinden. Der Obsthändler wird dann davon ausgehen, dass sich der Anteil matschiger Äpfel durch die Verzögerung in der Zustellung nicht vergrößert hat. Unter der Annahme, dass H_0 gilt, liegt die Wahrscheinlichkeit dafür, dass dieser Fall eintritt, bei mindestens 95 %.
H_0 wird abgelehnt, wenn sich in der Stichprobe mehr als 7 matschige Äpfel befinden. Der Obsthändler wird dann die Lieferung zurückweisen. Falls H_0 gilt, tritt dieser Fall lediglich mit einer Wahrscheinlichkeit von höchstens 5 % ein.

Geometrie/Stochastik Aufgabe B 2

Aufgabe B 2.1

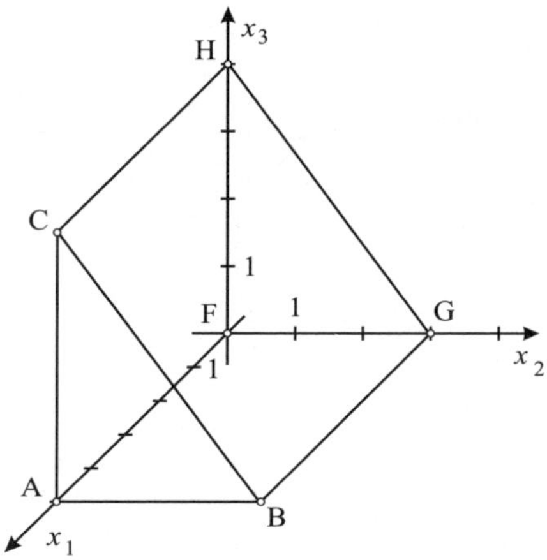

a) Die Punkte B (5 | 3 | 0), G (0 | 3 | 0), H (0 | 0 | 4) und C (5 | 0 | 4) bilden das Rechteck BGHC, das in der Ebene E liegt.
Um eine Koordinatengleichung der Ebene E zu erhalten, berechnet man z.B. mit Hilfe des Kreuzprodukts (siehe Seite 41) der beiden Spannvektoren $\overrightarrow{BC} = \begin{pmatrix} 0 \\ -3 \\ 4 \end{pmatrix}$ und $\overrightarrow{BG} = \begin{pmatrix} -5 \\ 0 \\ 0 \end{pmatrix}$ einen Normalenvektor $\vec{n}$ und setzt diesen und den Ortsvektor des Punktes B in die Punkt-Normalenform $\left(\vec{x} - \vec{b}\right) \cdot \vec{n} = 0$ ein. Man erhält:

$$\begin{pmatrix} 0 \\ -3 \\ 4 \end{pmatrix} \times \begin{pmatrix} -5 \\ 0 \\ 0 \end{pmatrix} = \begin{pmatrix} 0 \\ -20 \\ -15 \end{pmatrix} = -5 \cdot \begin{pmatrix} 0 \\ 4 \\ 3 \end{pmatrix} \Rightarrow \vec{n} = \begin{pmatrix} 0 \\ 4 \\ 3 \end{pmatrix}$$

$$E: \left(\vec{x} - \begin{pmatrix} 5 \\ 3 \\ 0 \end{pmatrix}\right) \cdot \begin{pmatrix} 0 \\ 4 \\ 3 \end{pmatrix} = 0$$

$$E: (x_1 - 5) \cdot 0 + (x_2 - 3) \cdot 4 + (x_3 - 0) \cdot 3 = 0$$

$$\Rightarrow E: 4x_2 + 3x_3 = 12$$

Zur Berechnung des Winkels α zwischen der Ebene E und der x_1x_2-Ebene benötigt man den Normalenvektor $\vec{n} = \begin{pmatrix} 0 \\ 4 \\ 3 \end{pmatrix}$ der Ebene E und den Normalenvektor $\vec{n}_1 = \begin{pmatrix} 0 \\ 0 \\ 1 \end{pmatrix}$ der x_1x_2-Ebene. Damit gilt:

$$\cos\alpha = \frac{|\vec{n}\cdot\vec{n}_1|}{|\vec{n}|\cdot|\vec{n}_1|}$$

$$\cos\alpha = \frac{\left|\begin{pmatrix} 0 \\ 4 \\ 3 \end{pmatrix}\cdot\begin{pmatrix} 0 \\ 0 \\ 1 \end{pmatrix}\right|}{\left|\begin{pmatrix} 0 \\ 4 \\ 3 \end{pmatrix}\right|\cdot\left|\begin{pmatrix} 0 \\ 0 \\ 1 \end{pmatrix}\right|}$$

$$\cos\alpha = \frac{|0\cdot 0+4\cdot 0+3\cdot 1|}{\sqrt{0^2+4^2+3^2}\cdot\sqrt{0^2+0^2+1^2}}$$

$$\cos\alpha = \frac{3}{5}$$

$$\Rightarrow \alpha \approx 53,1\,^\circ$$

Der Winkel zwischen den beiden Ebenen beträgt etwa $53,1\,^\circ$.

Alternativ kann man den Winkel α auch berechnen, indem man den Winkel zwischen den Vektoren $\overrightarrow{BA} = \begin{pmatrix} 0 \\ -3 \\ 0 \end{pmatrix}$ und $\overrightarrow{BC} = \begin{pmatrix} 0 \\ -3 \\ 4 \end{pmatrix}$ bestimmt:

$$\cos\alpha = \frac{|\overrightarrow{BA}\cdot\overrightarrow{BC}|}{|\overrightarrow{BA}|\cdot|\overrightarrow{BC}|}$$

$$\cos\alpha = \frac{\left|\begin{pmatrix} 0 \\ -3 \\ 0 \end{pmatrix}\cdot\begin{pmatrix} 0 \\ -3 \\ 4 \end{pmatrix}\right|}{\left|\begin{pmatrix} 0 \\ -3 \\ 0 \end{pmatrix}\right|\cdot\left|\begin{pmatrix} 0 \\ -3 \\ 4 \end{pmatrix}\right|}$$

$$\cos\alpha = \frac{|0\cdot 0+(-3)\cdot(-3)+0\cdot 4|}{\sqrt{0^2+(-3)^2+0^2}\cdot\sqrt{0^2+(-3)^2+4^2}}$$

$$\cos\alpha = \frac{9}{3\cdot 5}$$

$$\Rightarrow \alpha \approx 53,1\,^\circ$$

Der Winkel zwischen den beiden Ebenen beträgt etwa $53,1\,^\circ$.

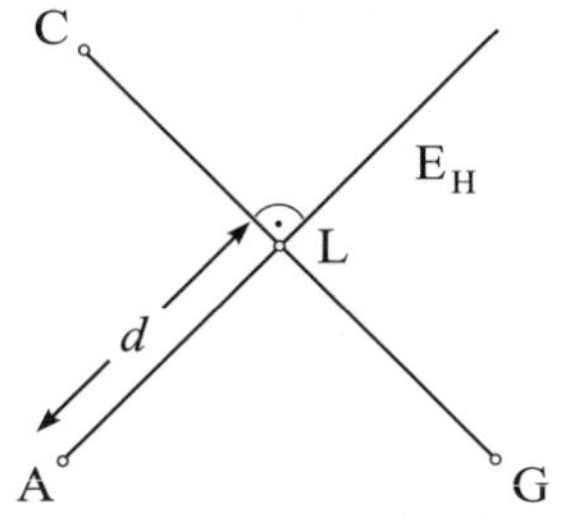

Um den Abstand d des Punktes A zur Geraden g_{CG} durch C und G zu bestimmen, benötigt man eine Hilfsebene E_H, die durch A geht und orthogonal zur Geraden g_{CG} verläuft, d.h. ein Normalenvektor von E_H ist der Richtungsvektor $\overrightarrow{CG}$ der Geraden g_{CG}:

$$E_H\colon\ (\vec{x}-\vec{a})\cdot\overrightarrow{CG}=0$$

$$E_H\colon\ \left(\vec{x}-\begin{pmatrix}5\\0\\0\end{pmatrix}\right)\cdot\begin{pmatrix}-5\\3\\-4\end{pmatrix}=0$$

$$(x_1-5)\cdot(-5)+(x_2-0)\cdot 3+(x_3-0)\cdot(-4)=0$$

$$E_H\colon\ -5x_1+3x_2-4x_3+25=0$$

Schneidet man E_H mit der Geraden $g_{CG}\colon\ \vec{x}=\begin{pmatrix}5\\0\\4\end{pmatrix}+t\cdot\begin{pmatrix}-5\\3\\-4\end{pmatrix}$; $t\in\mathbb{R}$, erhält man:

$$-5\cdot(5-5t)+3\cdot 3t-4\cdot(4-4t)+25=0\ \Rightarrow\ t=\frac{8}{25}$$

Setzt man $t=\frac{8}{25}$ in g_{CG} ein, erhält man die Koordinaten des Schnittpunkts L:

$$\vec{l}=\begin{pmatrix}5\\0\\4\end{pmatrix}+\frac{8}{25}\cdot\begin{pmatrix}-5\\3\\-4\end{pmatrix}=\begin{pmatrix}\frac{17}{5}\\\frac{24}{25}\\\frac{68}{25}\end{pmatrix}\ \Rightarrow\ L\left(\frac{17}{5}\,\middle|\,\frac{24}{25}\,\middle|\,\frac{68}{25}\right)$$

Der Abstand d des Punktes A zur Geraden g_{CG} ist der Abstand des Punktes A zu L:

$$d=\overline{AL}=|\overrightarrow{AL}|=\left|\begin{pmatrix}-\frac{8}{5}\\\frac{24}{25}\\\frac{68}{25}\end{pmatrix}\right|=\sqrt{\left(-\frac{8}{5}\right)^2+\left(\frac{24}{25}\right)^2+\left(\frac{68}{25}\right)^2}\approx 3,30$$

Alternativ kann man den Abstand d des Punktes A zur Geraden g_{CG} auch dadurch bestimmen, dass man das Minimum des Abstands $d(t)$ des Punktes $A\,(5\,|\,0\,|\,0)$ zu einem allgemeinen Punkt $P_t\,(5-5t \mid 3t \mid 4-4t)$ der Geraden $g_{CG}: \vec{x} = \begin{pmatrix} 5 \\ 0 \\ 4 \end{pmatrix} + t \cdot \begin{pmatrix} -5 \\ 3 \\ -4 \end{pmatrix}$; $t \in \mathbb{R}$

berechnet:

$$d(t) = \overline{AP_t} = \left|\overrightarrow{AP_t}\right| = \left|\begin{pmatrix} -5t \\ 3t \\ 4-4t \end{pmatrix}\right| = \sqrt{(-5t)^2 + (3t)^2 + (4-4t)^2}$$

Das Minimum $d_{\min}$ von $d(t)$ erhält man mit Hilfe des GTR/CAS: $d = d_{min} \approx 3{,}30$
Der Abstand von A zur Geraden CG beträgt etwa 3,3 LE.

b) Die Abstände d_1 von $M(0 \mid 0{,}5 \mid 0{,}5)$ zur Seitenfläche AFHC und d_2 von M zur Seitenfläche ABGF ergeben sich aus der x_2- bzw. x_3-Koordinate von M, da diese Flächen in der x_1x_3-Ebene bzw. in der x_1x_2-Ebene liegen: $d_1 = d_2 = 0{,}5$.
Den Abstand d_3 von M zur Seitenfläche BGHC erhält man, indem man den Abstand von M zur Ebene E mit Hilfe der Hesseschen Normalenform (HNF) von E bestimmt:

$$d_3 = \frac{|4 \cdot 0{,}5 + 3 \cdot 0{,}5 - 12|}{\sqrt{0^2 + 4^2 + 3^2}} = \frac{|-8{,}5|}{5} = 1{,}7$$

Wegen $d_3 \neq 0{,}5$ berührt der Zylinder mit Radius 0,5 zwar die Seitenflächen AFHC und ABGF, aber nicht die Seitenfläche BGHC.

Aufgabe B 2.2

a) Die Wahrscheinlichkeit, eine der Urnen zu wählen, beträgt $\frac{1}{2}$, da blind aus einer der Urnen eine Kugel gezogen wird.
Die Wahrscheinlichkeit, dass die aus U_1 gezogene Kugel blau (b) ist, beträgt $\frac{12}{24}$.
Die Wahrscheinlichkeit, dass die aus U_2 gezogene Kugel blau (b) ist, beträgt $\frac{1}{6}$.
Damit erhält man folgendes Baumdiagramm:

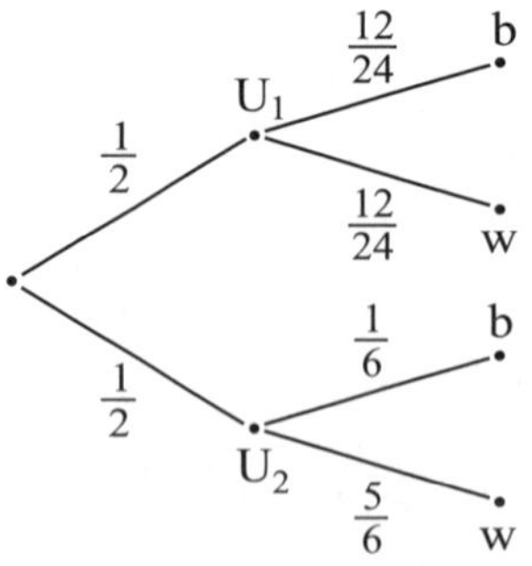

Die Wahrscheinlichkeit, dass man einen Gewinn erhält, erhält man mit Hilfe der 1. und 2. Pfadregel (Produkt- und Summenregel):

$$P(\text{«Gewinn»}) = \frac{1}{2} \cdot \frac{12}{24} + \frac{1}{2} \cdot \frac{1}{6} = \frac{1}{3} \approx 0{,}33$$

Werden aus der Urne U_1 3 blaue Kugeln entfernt und in U_2 gelegt, so erhält man folgende Wahrscheinlichkeiten:
Die Wahrscheinlichkeit, dass die aus U_1 gezogene Kugel blau ist, beträgt $\frac{9}{21}$.

Die Wahrscheinlichkeit, dass die aus U_2 gezogene Kugel blau ist, beträgt $\frac{4}{9}$.
Die Wahrscheinlichkeit für einen Gewinn erhält man wieder mit Hilfe der 1. und 2. Pfadregel (Produkt- und Summenregel):

$$P(\text{«Gewinn»}) = \frac{1}{2} \cdot \frac{9}{21} + \frac{1}{2} \cdot \frac{4}{9} \approx 0,44$$

Damit erhöht sich die Wahrscheinlichkeit für einen Gewinn.

b) Werden aus der Urne U_1 n blaue Kugeln entfernt und in U_2 gelegt, so erhält man folgende Wahrscheinlichkeiten:
Die Wahrscheinlichkeit, dass die aus U_1 gezogene Kugel blau ist, beträgt $\frac{12-n}{24-n}$.
Die Wahrscheinlichkeit, dass die aus U_2 gezogene Kugel blau ist, beträgt $\frac{1+n}{6+n}$.
Die Wahrscheinlichkeit für einen Gewinn erhält man mit Hilfe der 1. und 2. Pfadregel (Produkt- und Summenregel):

$$P(\text{«Gewinn»}) = P(n) = \frac{1}{2} \cdot \frac{12-n}{24-n} + \frac{1}{2} \cdot \frac{1+n}{6+n}$$

Mit Hilfe des GTR/CAS bestimmt man das Maximum von $P(n)$; man erhält: $n \approx 5,8$
Wegen $n \in \mathbb{N}$ bestimmt man: $P(5) \approx 0,457$ und $P(6) \approx 0,458$.
Damit ergibt sich für $n = 6$ das Maximum von $P(n)$.
Also müssen für eine maximale Gewinnwahrscheinlichkeit aus Urne U_1 6 blaue Kugeln entfernt und in U_2 gelegt werden.

Wahlteil Abitur 2009

Tipps ab Seite 166, Lösungen ab Seite 170

Mathematik Analysis Wahlteil 2009 Aufgabe A 1 *

Gegeben ist eine Funktion f mit $f(x) = 6 - \frac{100}{(x^2-16)^2}$.

a) Geben Sie sämtliche Asymptoten des Schaubilds von f an.
Geben Sie die Nullstellen von f an.
Skizzieren Sie das Schaubild von f samt Asymptoten für $-7 \leqslant x \leqslant 7$.
Weisen Sie nach, dass f genau eine Extremstelle besitzt. (6 VP)

Das Schaubild von f, die x-Achse und die Gerade $y = 7$ begrenzen im Bereich $-7 \leqslant x \leqslant 7$ eine Fläche. Diese Fläche stellt die Seitenansicht einer 14 m langen, 7 m hohen und 10 m breiten Steinbrücke dar.

b) Wie viele Kubikmeter Stein wurden für die Brücke verbaut? (5 VP)

c) Unter dem Brückenbogen fährt mittig ein Zug hindurch. Sein Querschnitt kann als Rechteck der Breite 3 m und der Höhe 4 m angesehen werden.
Wie nah kommt der Zug der gewölbten Wandfläche? (4 VP)

*Die Aufgabe wurde unter Berücksichtigung der neuen Richtlinien gekürzt.

Tipps ab Seite 166, Lösungen ab Seite 173 □

Mathematik Analysis Wahlteil 2009 Aufgabe A 2*

Die normale Körpertemperatur eines gesunden Menschen liegt bei 36,5 °C.
Die Funktion f mit

$$f(t) = 36,5 + t \cdot e^{-0,1t}$$

beschreibt modellhaft den Verlauf einer Fieberkurve bei einem Erkrankten.
Dabei ist $t \geqslant 0$ die Zeit in Stunden nach Ausbruch der Krankheit und $f(t)$ die Körpertemperatur in °C.

a) Wann innerhalb der ersten 48 Stunden ist die Temperatur am höchsten? Geben Sie diese Temperatur an.
Skizzieren Sie die Fieberkurve innerhalb der ersten 48 Stunden in einem geeigneten Ausschnitt des Koordinatensystems.
Zu welchen beiden Zeitpunkten innerhalb der ersten 48 Stunden nimmt die Körpertemperatur am stärksten zu bzw. ab? (6 VP)

b) Wann sinkt die Körpertemperatur unter 37 °C?
Weisen Sie nach, dass die Temperatur ab diesem Zeitpunkt dauerhaft unter 37 °C bleibt.
Bestimmen Sie die mittlere Körpertemperatur für den Zeitraum vom Krankheitsbeginn bis zu diesem Zeitpunkt.
In welchem 2-Stunden-Zeitraum nimmt die Temperatur um ein Grad zu? (6 VP)

c) Fünf Stunden nach Ausbruch der Krankheit erhält der Erkrankte ein Fieber senkendes Medikament. Von diesem Zeitpunkt an sinkt die Temperatur nach der Gesetzmäßigkeit des beschränkten Wachstums und nähert sich der normalen Körpertemperatur. Zwei Stunden nach Einnahme des Medikaments beträgt die Temperatur 38,4 °C.
Bestimmen Sie eine Funktion g, welche den weiteren Temperaturverlauf beschreibt. (3 VP)

*Die Aufgabe wurde unter Berücksichtigung der neuen Richtlinien gekürzt.

Tipps ab Seite 167, Lösungen ab Seite 176 □

Mathematik Geometrie/Stochastik Wahlteil 2009 Aufgabe B 1*

Aufgabe B 1.1

Die x_1x_2-Ebene beschreibt eine flache Landschaft, in der ein Flugplatz liegt.
Eine Radarstation befindet sich im Punkt $R_1\,(6\mid 3\mid 0)$.
Das Radar erfasst ein Testflugzeug F_1 um 7.00 Uhr im Punkt $P\,(7\mid 29\mid 7)$ und ermittelt als Flugbahn des Flugzeugs

$$f_1: \vec{x} = \begin{pmatrix} 7 \\ 29 \\ 7 \end{pmatrix} + t \cdot \begin{pmatrix} 3 \\ -2 \\ -1 \end{pmatrix}$$ (t in Minuten nach 7.00 Uhr, Koordinatenangaben in km).

a) In welchem Punkt befindet sich das Flugzeug um 7.01 Uhr?
Woran erkennen Sie, dass sich das Flugzeug im Sinkflug befindet?
Bestimmen Sie die Geschwindigkeit des Flugzeugs in km/h.
Unter welchem Winkel fliegt das Flugzeug auf den Boden zu?
Zu welcher Uhrzeit und in welchem Punkt würde es bei Beibehaltung dieser Flugbahn auf dem Boden aufsetzen? (6 VP)

b) Die Flugbahn eines zweiten Testflugzeugs F_2 wird beschrieben durch

$$f_2: \vec{x} = \begin{pmatrix} 18 \\ 11 \\ 7 \end{pmatrix} + t \cdot \begin{pmatrix} 2 \\ 2 \\ 0 \end{pmatrix}$$ (t in Minuten nach 7.00 Uhr, Koordinatenangaben in km).

Wie weit sind die Flugzeuge F_1 und F_2 um 7.04 Uhr voneinander entfernt?
Berechnen Sie, wie nahe sich die beiden Flugzeuge kommen. (4 VP)

Aufgabe B 1.2

Ein Forschungslabor entwickelt ein Medikament und testet es in einer klinischen Studie an 800 Patienten.
Das Medikament erhält keine Zulassung, wenn sich bei der Studie in mindestens 2% der Fälle gravierende Nebenwirkungen zeigen.
Bestimmen Sie für die Nullhypothese H_0: $p \geqslant 2\%$ die Entscheidungsregel für die Studie mit 800 Patienten mit einer Irrtumswahrscheinlichkeit von 1%. (4 VP)

*Die Aufgabe wurde unter Berücksichtigung der neuen Richtlinien gekürzt und um eine Stochastikaufgabe ergänzt.

Tipps ab Seite 168, Lösungen ab Seite 179

Mathematik Geometrie/Stochastik Wahlteil 2009 Aufgabe B 2*

Aufgabe B 2.1

Die Grundfläche einer dreiseitigen Pyramide hat die Eckpunkte $P(0 \mid -6 \mid 0)$, $Q(12 \mid 0 \mid 0)$ und $R(0 \mid 6 \mid 0)$. Die Pyramide wird von einer Ebene geschnitten und der obere Teilkörper entfernt. Die Deckfläche des so entstandenen Pyramidenstumpfs hat die Eckpunkte $P^*(0 \mid -2 \mid 2)$, $Q^*(2 \mid 0 \mid 2{,}5)$ und $R^*(0 \mid 1 \mid 2{,}5)$.
Stellen Sie den Pyramidenstumpf in einem Koordinatensystem dar.
Begründen Sie, dass die Deck- und die Grundfläche des Pyramidenstumpfs nicht parallel sind.Bestimmen Sie den Winkel, den die Kante QQ^* mit der x_1-Achse bildet.
Zeigen Sie, dass $S(0 \mid 0 \mid 3)$ die Spitze der ursprünglichen Pyramide ist.
Bestimmen Sie den Abstand des Punktes Q^* von der Geraden durch Q und R. (8 VP)

Aufgabe B 2.2

Ein Glücksrad hat die Sektoren rot, blau und gelb mit den Mittelpunktswinkeln 180°, 120° und 60°.
Bei einem Glücksspiel wird das Glücksrad dreimal gedreht.
Der Einsatz beträgt 2 €.

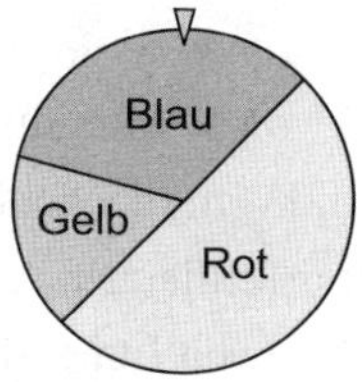

a) Berechnen Sie die Wahrscheinlichkeit, dass mindestens zweimal rot erscheint. (2 VP)

b) Erscheint dreimal rot, erhält ein Spieler 4 €; erscheint dreimal blau, erhält er 18 € und erscheint dreimal gelb, erhält er 36 €. Sonst erhält er nichts.
Berechnen Sie den durchschnittlichen Verlust des Spielers bei einem Spiel.
Bei welchem Mittelpunktswinkel des Sektors gelb ist der Verlust des Spielers am größten, wenn der rote Sektor dreimal so groß wie der gelbe Sektor ist und die Spielregeln beibehalten werden? (5 VP)

*Die Aufgabe wurde unter Berücksichtigung der neuen Richtlinien gekürzt und um eine Stochastikaufgabe ergänzt.

Tipps Wahlteil Abitur 2009

Analysis Aufgabe A 1

a) Die waagrechte Asymptote des Schaubilds von f erhalten Sie, indem Sie das Verhalten von $f(x)$ für $x \to \pm\infty$ betrachten; die senkrechten Asymptoten sind die Nullstellen des Nenners von $f(x)$.
Die Nullstellen von f berechnen Sie mit Hilfe des GTR/CAS bzw. mit der Gleichung $f(x) = 0$.
Zum Skizzieren des Schaubilds von f müssen Sie den Zeichenbereich des GTR/CAS entsprechend einstellen.
Um nachzuweisen, dass f genau eine Extremstelle besitzt, schreiben Sie den Bruch des Funktionsterms von f als Potenz mit negativem Exponenten und bestimmen mit Hilfe der Potenz- und Kettenregel die 1. Ableitung von f. Setzen Sie diese gleich Null und prüfen Sie, ob an der berechneten Stelle ein Vorzeichenwechsel von $f'(x)$ vorliegt.

b) Skizzieren Sie die Problemstellung.
Das Volumen V der Steinbrücke erhalten Sie, indem Sie die Querschnittsfläche A mit der Breite von 10 m multiplizieren. Die Querschnittsfläche A der Steinbrücke erhalten Sie, indem Sie vom Flächeninhalt des Rechtecks mit Breite 14m und Höhe 7m die Flächeninhalte der drei Teilflächen A_1, A_2 und A_3 zwischen Kurve und x-Achse subtrahieren; diese werden mit Hilfe von Integralen berechnet.

c) Skizzieren Sie die Problemstellung und bestimmen Sie die Koordinaten der rechten oberen Ecke P des Zugrechtecks. Bestimmen Sie mit Hilfe des GTR/CAS den minimalen Abstand $d(x)$ von P zu einem Punkt $Q(x \mid f(x))$ des Brückenbogens; den Abstand d zweier Punkte erhalten Sie mit der Formel $d = \sqrt{(x_2 - x_1)^2 + (y_2 - y_1)^2}$.

Analysis Aufgabe A 2

a) Berechnen Sie mit Hilfe des GTR/CAS die Koordinaten des Hochpunkts von $f(t)$.
Zum Skizzieren des Schaubilds von f müssen Sie den Zeichenbereich des GTR/CAS entsprechend einstellen.
Beachten Sie, dass die Zeitpunkte der stärksten Zu- bzw. Abnahme der Temperatur die Extremstellen der 1. Ableitung von $f(t)$ sind; bestimmen Sie mit Hilfe der Produkt- und Kettenregel $f'(t)$ und skizzieren Sie das zugehörige Schaubild mit Hilfe des GTR/CAS; das Maximum von $f'(t)$ können Sie ablesen, das Minimum von $f'(t)$ berechnen Sie mit Hilfe des GTR/CAS.

b) Skizzieren Sie die Problemstellung im Koordinatensystem und lösen Sie mit dem GTR/CAS die Gleichung $f(t) = 37$ oder berechnen Sie die Schnittstellen des Schaubilds von $f(t)$ mit der Geraden $y = 37$.

Weisen Sie nach, dass $f(t)$ streng monoton fallend ist, indem Sie diejenigen Zeiträume ermitteln, für die $f'(t) < 0$ gilt.

Die mittlere Körpertemperatur $\overline{\mathrm{T}}$ erhalten Sie mit Hilfe des Integrals $\overline{\mathrm{T}} = \frac{1}{b-a} \cdot \int_a^b f(t)\mathrm{d}t$; beachten Sie die Integrationsgrenzen.

Wenn zu einem Zeitpunkt t die Körpertemperatur $f(t)$ beträgt, so hat die Körpertemperatur nach weiteren 2 Stunden den Wert $f(t+2)$. Da die Zunahme ein Grad betragen soll, lösen Sie die Gleichung $f(t+2) - f(t) = 1$ mit Hilfe des GTR/CAS.

c) Da die Funktion g ein beschränktes Wachstum mit gegebener Schranke S beschreiben soll, verwenden Sie als Ansatz $g(t^*) = \mathrm{S} - a \cdot e^{-k \cdot t^*}$ (t^* in Stunden nach Einnahme des Medikaments).

Bestimmen Sie a und k mit Hilfe der gegebenen Randbedingungen: Für $t^* = 0$ hat die Temperatur den Wert der Fieberkurve für $t = 5$ und für $t^* = 2$ ist die Temperatur gegeben.

Geometrie/Stochastik Aufgabe B 1

Aufgabe B 1.1

a) Sie erhalten die Koordinaten eines Punktes Q, in dem sich das Flugzeug um 7.01 befindet, indem Sie $t = 1$ in f_1 einsetzen.

Zum Nachweis des Sinkflugs betrachten Sie die x_3-Komponente des Richtungsvektors der Flugbahn von f_1.

Die Geschwindigkeit in km/h erhalten Sie, indem Sie den Abstand von P zum berechneten Punkt Q berechnen und durch $\frac{1}{60}$ Stunde teilen.

Den Neigungswinkel α zwischen der Flugbahn f_1 und der x_1x_2-Ebene erhalten Sie mit Hilfe des Richtungsvektors $\vec{r}_1$ von f_1 und des Normalenvektors $\vec{n}$ der x_1x_2-Ebene durch die Formel $\sin\alpha = \frac{|\vec{r} \cdot \vec{n}|}{|\vec{r}| \cdot |\vec{n}|}$.

Schneiden Sie f_1 mit der x_1x_2-Ebene $(x_3 = 0)$.

b) Setzen Sie $t = 4$ in f_1 und f_2 ein und berechnen Sie den Abstand d der beiden zugehörigen Punkte A und B.

Bestimmen Sie den Abstand $d(t)$ der beiden Positionen A_t und B_t zum Zeitpunkt t, indem Sie den Betrag des Verbindungsvektors berechnen; anschließend bestimmen Sie mit Hilfe des GTR/CAS das Minimum von $d(t)$.

Aufgabe B 1.2

Formulieren Sie die Alternativhypothese $\mathrm{H}_1 : \mathrm{p} <$ ..... Beachten Sie, dass es sich um einen linksseitigen Test handelt. Bestimmen Sie deshalb ein maximales $\mathrm{k} \in \mathbb{N}$ und damit einen Ablehnungsbereich $\overline{\mathrm{A}} = \{0, ..., \mathrm{k}\}$ so, dass gilt: $\mathrm{P}(\mathrm{X} \leqslant \mathrm{k}) \leqslant \alpha$. Lösen Sie die Ungleichung mit Hilfe des GTR/CAS.

Geometrie/Stochastik Aufgabe B 2

Aufgabe B 2.1

Um zu begründen, dass die Deck- und die Grundfläche des Pyramidenstumpfs nicht parallel sind, betrachten Sie die x_3-Koordinaten der gegebenen Punkte. Alternativ können Sie auch zeigen, dass ein Normalenvektor $\vec{n}_1$ der Grundfläche kein Vielfaches eines Normalenvektors $\vec{n}_2 = \overrightarrow{P^*Q^*} \times \overrightarrow{P^*R^*}$ der Deckfläche ist.

Zur Bestimmung des Winkels α, den die Kante QQ^* mit der x_1-Achse bildet, berechnen Sie den Winkel zwischen den Vektoren $\overrightarrow{QQ^*}$ und $\overrightarrow{QO}$ mit Hilfe der Formel: $\cos\alpha = \frac{\overrightarrow{QQ^*} \cdot \overrightarrow{QO}}{\left|\overrightarrow{QQ^*}\right| \cdot \left|\overrightarrow{QO}\right|}$.

Weisen Sie nach, dass S auf der Geraden g_1 durch Q und Q^* sowie auf der Geraden g_2 durch R und R^* liegt (Punktproben) oder berechnen Sie den Schnittpunkt der Geraden g_1 und g_2. Skizzieren Sie die Problemstellung.

Um den Abstand d des Punktes Q^* zur Geraden g_3 durch Q und R zu bestimmen, verwenden Sie eine Hilfsebene E_H, die durch Q^* geht und orthogonal zur Geraden g_3 verläuft, d.h. ein Normalenvektor von E_H ist der Richtungsvektor $\overrightarrow{QR}$ der Geraden g_3. Schneiden Sie E_H mit g_3 und berechnen Sie den Abstand des Schnittpunkts zu Q^* mit Hilfe des Betrags des zugehörigen Verbindungsvektors. Alternativ können Sie den Abstand d des Punktes Q^* zur Geraden g_3 durch Q und R auch dadurch bestimmen, dass Sie das Minimum des Abstands $d(t)$ des Punktes Q^* zu einem allgemeinen Punkt P_t der Geraden g_3 mit Hilfe des GTR/CAS berechnen.

Aufgabe B 2.2

a) Bestimmen Sie zuerst die Wahrscheinlichkeit, dass bei einer Drehung rot erscheint.
   Zeichnen Sie ein Baumdiagramm mit den Ästen rot (r) und nicht rot ($\bar{r}$).
   Überlegen Sie, welche Ergebnisse zum gesuchten Ereignis gehören und verwenden Sie die Pfadregeln.
   Alternativ können Sie auch mit Hilfe der Binomialverteilung rechnen. Legen Sie X als binomialverteilte Zufallsvariable für die Anzahl der Treffer «rot» bei 3 Drehungen fest. Bestimmen Sie die gesuchte Wahrscheinlichkeit mit Hilfe des GTR/CAS; verwenden Sie $P(X \geqslant k) = 1 - P(X \leqslant k-1)$.

b) Bestimmen Sie zuerst die Wahrscheinlichkeiten, dass bei einer Drehung rot (r), blau (b) oder gelb (g) erscheint, indem Sie die entsprechenden Mittelpunktswinkel durch $360°$ teilen. Anschließend berechnen Sie mit Hilfe der 1. Pfadregel die Wahrscheinlichkeit für dreimal rot, dreimal blau und dreimal gelb.
   Legen Sie Y als Zufallsvariable für den Gewinn des Spielers bei einem Spiel fest. Den Erwartungswert von Y erhalten Sie, indem Sie die möglichen Auszahlungen mit den entsprechenden Wahrscheinlichkeiten multiplizieren und den Einsatz subtrahieren.
   Bestimmen Sie die Wahrscheinlichkeit p, dass der Sektor gelb bei einmaligem Drehen erscheint, in Abhängigkeit vom Mittelpunktswinkel α.

Überlegen Sie, wie groß die Wahrscheinlichkeit für den roten bzw. blauen Sekor ist.
Bestimmen Sie die Wahrscheinlichkeit für dreimal rot, dreimal blau und dreimal gelb in Abhängigkeit von p.
Legen Sie Z als Zufallsvariable für den Gewinn des Spielers bei einem Spiel fest. Den Erwartungswert von Z erhalten Sie wieder, indem Sie die möglichen Auszahlungen mit den entsprechenden Wahrscheinlichkeiten multiplizieren und den Einsatz subtrahieren. Bestimmen Sie das Minimum des Erwartungswerts mit Hilfe des GTR/CAS; beachten Sie, dass $4p < 1$ sein muss. Mit Hilfe des berechneten p-Werts bestimmen Sie schließlich den Mittelpunktswinkel α des Sektors gelb.

Lösungen Wahlteil Abitur 2009

Analysis Aufgabe A 1

a) Es ist $f(x) = 6 - \frac{100}{\left(x^2-16\right)^2}$

Für $x \to \pm\infty$ geht $f(x) \to 6$, da der Bruchterm gegen Null geht, also ist $y = 6$ waagrechte Asymptote.

Die senkrechten Asymptoten erhält man, indem man den Nenner von $f(x)$ gleich Null setzt:

$$\left(x^2 - 16\right)^2 = 0 \Rightarrow x^2 = 16 \Rightarrow x_{1,2} = \pm 4$$

Damit hat das Schaubild von f die Asymptoten $y = 6$, $x_1 = 4$ und $x_2 = -4$.

Die Nullstellen von f erhält man durch Lösen der Gleichung $f(x) = 0$. Mit Hilfe des GTR/CAS erhält man:

$$x_1 \approx -4,48 \ , \ x_2 \approx -3,45 \ , \ x_3 \approx 3,45 \ , \ x_4 \approx 4,48$$

Für die Erstellung der Skizze des Schaubilds von f verwendet man den GTR/CAS (Zeichenbereich $-7 \leqslant x \leqslant 7$ und $-1 \leqslant y \leqslant 7$).

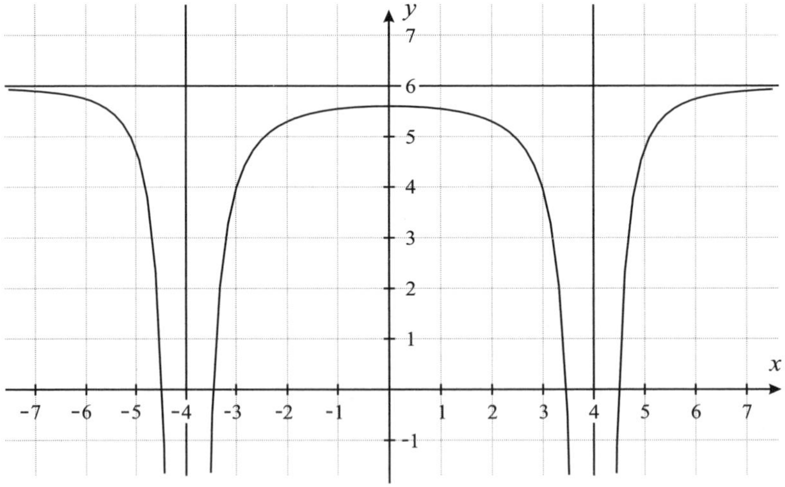

Um nachzuweisen, dass f genau eine Extremstelle besitzt, bestimmt man mit Hilfe der Potenz- und Kettenregel die 1. Ableitung von

$$f(x) = 6 - \frac{100}{\left(x^2 - 16\right)^2} = 6 - 100 \cdot \left(x^2 - 16\right)^{-2}$$

und setzt diese gleich Null:

$$f'(x) = 0 - (-200) \cdot \left(x^2 - 16\right)^{-3} \cdot 2x = \frac{400x}{\left(x^2 - 16\right)^3}$$

Die notwendige Bedingung $f'(x) = 0$ führt zu

$$\frac{400x}{\left(x^2 - 16\right)^3} = 0$$

mit der einzigen Lösung $x = 0$.
Da $f'(x)$ an der Stelle $x = 0$ einen Vorzeichenwechsel hat, hat f genau eine Extremstelle.

b) Das Volumen V der Steinbrücke erhält man, indem man die Querschnittsfläche A mit der Breite von 10 m multipliziert.

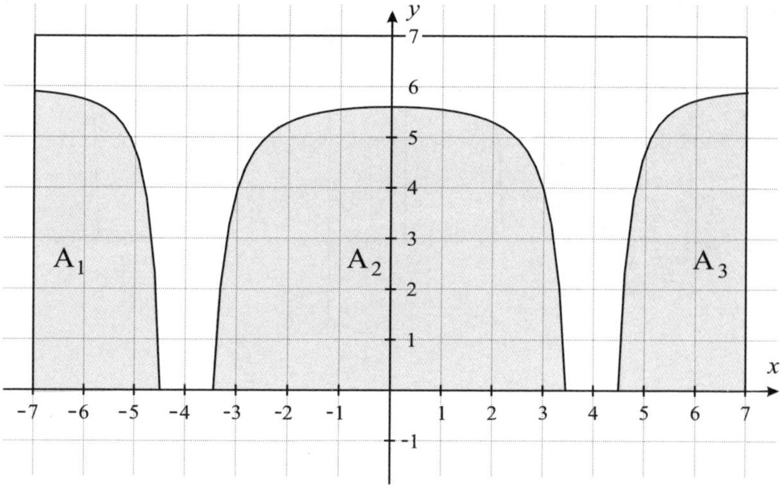

Die Querschnittsfläche A der Steinbrücke berechnet man, indem man vom Flächeninhalt des Rechtecks mit Breite 14m und Höhe 7m die Flächeninhalte der drei Teilflächen A_1, A_2 und A_3 zwischen Kurve und x-Achse subtrahiert; diese erhält man mit Hilfe folgender Integrale:

$$A_1 = \int_{-7}^{-4{,}48} f(x)\mathrm{d}x \approx 13 \text{ (GTR/CAS)}$$

$$A_2 = \int_{-3{,}45}^{3{,}45} f(x)\mathrm{d}x \approx 34 \text{ (GTR/CAS)}$$

$$A_3 = \int_{4{,}48}^{7} f(x)\mathrm{d}x \approx 13 \text{ (GTR/CAS)}$$

Damit ergibt sich: $A = 14 \cdot 7 - 13 - 34 - 13 = 38$ und $V = A \cdot 10 = 38 \cdot 10 = 380$.
Also wurden etwa $380\,\mathrm{m}^3$ Stein verbaut.

c) Aus Symmetriegründen genügt es, den minimalen Abstand $d(x)$ der rechten oberen Ecke $P(1,5 \mid 4)$ zu einem Punkt $Q(x \mid f(x))$ des Brückenbogens zu bestimmen:

$$d(x) = \overline{PQ} = \sqrt{(x-1,5)^2 + (f(x)-4)^2} = \sqrt{(x-1,5)^2 + \left(2 - \frac{100}{(x^2-16)^2}\right)^2}$$

Das Minimum der Abstandsfunktion $d(x)$ bestimmt man mit Hilfe des GTR/CAS: $x \approx 2,58$ und $d(2,58) \approx 1,38$.

Der Zug kommt daher der gewölbten Wandfläche bis auf etwa $1,38$ m nah.

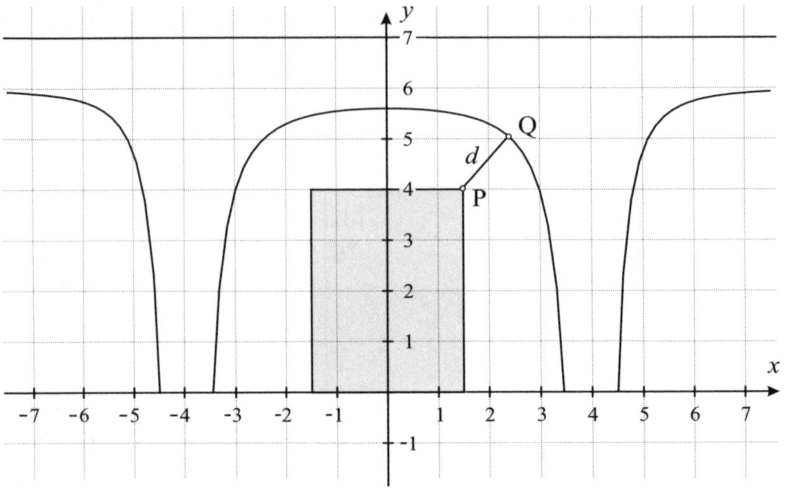

Analysis Aufgabe A 2

Es ist $f(t) = 36,5 + t \cdot e^{-0,1t}$

a) Mit Hilfe des GTR/CAS bestimmt man das Maximum von $f(t)$.
Es ergibt sich: $t = 10$, $f(t) = 40,2$
Somit wird die maximale Temperatur 10 Stunden nach Krankheitsbeginn erreicht; sie beträgt $40,2\,°C$.

Für die Erstellung der Skizze des Schaubilds von f verwendet man den GTR/CAS (Zeichenbereich $0 \leqslant x \leqslant 50$ und $36 \leqslant y \leqslant 41$).

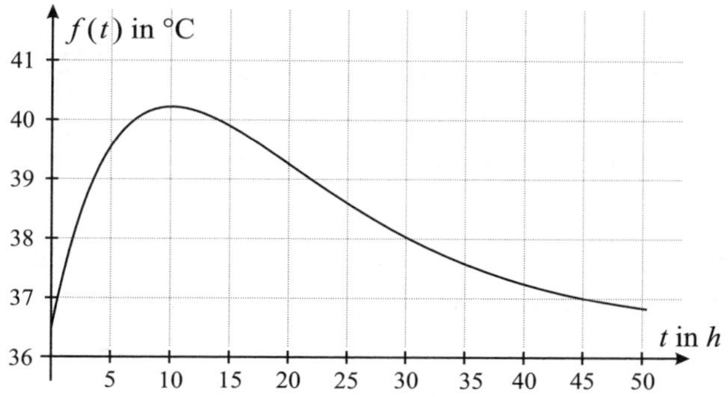

Die Zeitpunkte, zu denen die Körpertemperatur innerhalb der ersten 48 Stunden am stärksten zu- bzw. abnimmt, sind die Extremstellen von $f'(t)$. Die Ableitung erhält man mit der Produktregel:

$$f'(t) = 1 \cdot e^{-0,1t} + t \cdot e^{-0,1t} \cdot (-0,1) = (1 - 0,1t) \cdot e^{-0,1t}$$

Um die Extremstellen für $0 \leqslant x \leqslant 48$ bestimmen zu können, ist es sinnvoll, das Schaubild von f' zuerst zu zeichnen:

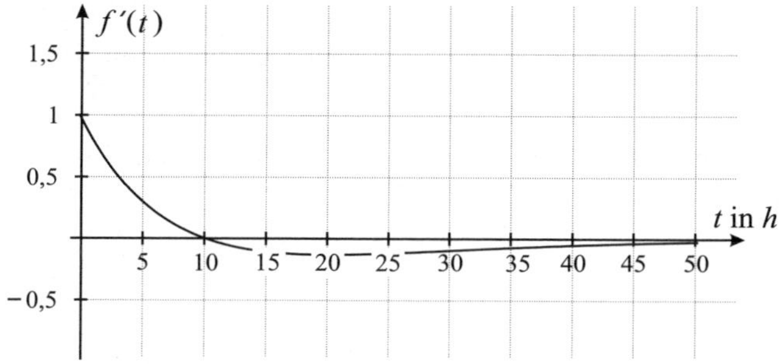

Das Maximum von $f'(t)$ ergibt sich für $t = 0$ (Randmaximum), das Minimum von $f'(t)$ ergibt sich für $t = 20$ (GTR/CAS).
Somit nimmt die Temperatur am stärksten bei Krankheitsbeginn zu und nimmt am stärksten 20 Stunden nach Krankheitsbeginn ab.

b) Löst man die Gleichung $f(t) = 37$ oder schneidet man das Schaubild von $f(t)$ mit der Geraden $y = 37$ erhält man $t_1 \approx 0,53$ und $t_2 \approx 45$ (GTR/CAS).

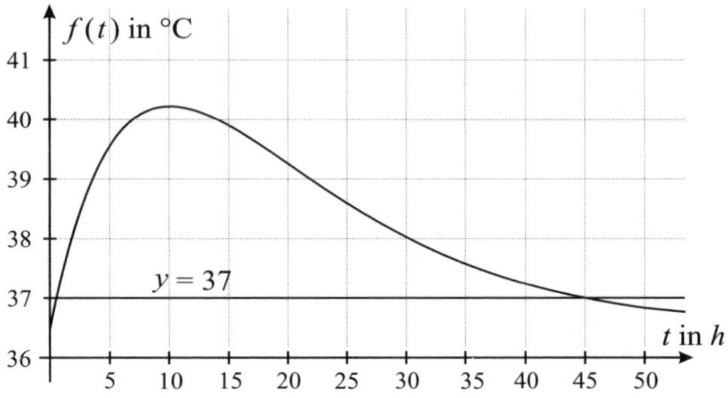

Nach etwa einer Stunde steigt die Temperatur über 37 °C , nach etwa 45 Stunden sinkt sie wieder unter 37 °C.

Um nachzuweisen, dass die Temperatur nach 45 Stunden dauerhaft unter 37 °C bleibt, betrachtet man die 1. Ableitung von $f(t)$:

$$f'(t) = (1 - 0,1t) \cdot e^{-0,1t}$$

Es ist $e^{-0,1t}$ stets größer als Null. Aus $1 - 0,1t < 0$ folgt $t > 10$, also ist $f'(t) < 0$ für $t > 10$. Damit ist f streng monoton fallend für $t > 10$ und somit bleibt die Temperatur für $t > 45$ dauerhaft unter 37 °C.

Die mittlere Körpertemperatur $\overline{\mathrm{T}}$ im Zeitraum vom Krankheitsbeginn bis nach 45 Stunden erhält man mit Hilfe eines Integrals:

$$\overline{\mathrm{T}} = \frac{1}{b-a} \cdot \int_a^b f(t)\mathrm{d}t = \frac{1}{45-0} \cdot \int_0^{45} \left(36,5 + t \cdot e^{-0,1t}\right) \mathrm{d}t \approx 38,6 \text{ (GTR/CAS)}\cdot$$

Die mittlere Körpertemperatur bis 45 Stunden nach Krankheitsbeginn beträgt etwa 38,6 °C.

Den 2-Stunden-Zeitraum, in welchem die Temperatur um ein Grad zunimmt, erhält man durch Lösen der Gleichung

$$f(t+2) - f(t) = 1$$

bzw.

$$(t+2) \cdot e^{-0,1\cdot(t+2)} - t \cdot e^{-0,1t} = 1$$

Man erhält mit Hilfe des GTR/CAS die Lösung: $t \approx 2,2$.
Somit nimmt die Körpertemperatur etwa im Zeitraum zwischen zwei und vier Stunden nach Krankheitsbeginn um ein Grad zu.

c) Da der Temperaturverlauf nach 5 Stunden nach der Gesetzmäßigkeit des beschränkten Wachstums mit Schranke $S = 36,5$ durch eine Funktion g beschrieben wird, hat g die Form $g(t^*) = 36,5 + a \cdot e^{-k \cdot t^*}$. Dabei ist t^* die Zeit in Stunden nach Einnahme des Medikaments. Weil fünf Stunden nach Ausbruch der Krankheit die Körpertemperatur 39,5 °C ($f(5) = 39,5$) betrug und zu diesem Zeitpunkt ($t^* = 0$) das Medikament eingenommen wurde, gilt:

$$\begin{aligned} 39,5 &= g(0) \\ &= 36,5 + a \cdot e^{-k \cdot 0} \\ &= 36,5 + a \\ \Rightarrow\ a &= 3 \end{aligned}$$

Da zwei Stunden nach Einnahme des Medikaments ($t^* = 2$) die Körpertemperatur 38,4 °C betrug, gilt:

$$\begin{aligned} g(2) &= 38,4 \\ 36,5 + 3 \cdot e^{-k \cdot 2} &= 38,4 \\ e^{-2k} &= \frac{1,9}{3} \\ k &= \frac{\ln\left(\frac{1,9}{3}\right)}{-2} \\ k &\approx 0,2284 \end{aligned}$$

Damit wird der weitere Temperaturverlauf mit Medikament durch die Funktion g mit $g(t^*) = 36,5 + 3 \cdot e^{-0,2284 \cdot t^*}$ beschrieben.

Geometrie/Stochastik Aufgabe B 1

Aufgabe B 1.1

Gegeben ist die Flugbahn $f_1 : \vec{x} = \begin{pmatrix} 7 \\ 29 \\ 7 \end{pmatrix} + t \cdot \begin{pmatrix} 3 \\ -2 \\ -1 \end{pmatrix}$ eines Flugzeugs F_1 (t in Minuten nach 7.00 Uhr, Koordinatenangaben in km).

a) Die Uhrzeit 7.01 Uhr entspricht $t = 1$; setzt man $t = 1$ in f_1 ein, erhält man:

$$\vec{q} = \begin{pmatrix} 7 \\ 29 \\ 7 \end{pmatrix} + 1 \cdot \begin{pmatrix} 3 \\ -2 \\ -1 \end{pmatrix} = \begin{pmatrix} 10 \\ 27 \\ 6 \end{pmatrix} \Rightarrow \mathrm{Q}(10 \mid 27 \mid 6)$$

Also befindet sich das Flugzeug um 7.01 Uhr im Punkt $\mathrm{Q}(10 \mid 27 \mid 6)$.

Man kann erkennen, dass sich das Flugzeug im Sinkflug befindet, da die x_3-Komponente des Richtungsvektors der Flugbahn negativ ist.

Die Geschwindigkeit v des Flugzeugs erhält man, indem man die in der ersten Minute zurückgelegte Wegstrecke $\overline{\mathrm{PQ}}$ durch die benötigte Zeit $\left(\frac{1}{60}\text{ Stunde}\right)$ teilt:

$$v = \frac{\overline{\mathrm{PQ}}}{\frac{1}{60}} = \frac{\left|\overrightarrow{\mathrm{PQ}}\right|}{\frac{1}{60}} = \frac{\left|\begin{pmatrix} 3 \\ -2 \\ -1 \end{pmatrix}\right|}{\frac{1}{60}} = \frac{\sqrt{3^2 + (-2)^2 + (-1)^2}}{\frac{1}{60}} = 60 \cdot \sqrt{14} \approx 224,5$$

Das Flugzeug hat damit eine Geschwindigkeit von etwa $224,5\,\frac{\text{km}}{\text{h}}$.

Den Neigungswinkel α zwischen der Flugbahn f_1 und der x_1x_2-Ebene erhält man mit Hilfe des Richtungsvektors $\vec{r}_1 = \begin{pmatrix} 3 \\ -2 \\ -1 \end{pmatrix}$ von f_1 und des Normalenvektors $\vec{n} = \begin{pmatrix} 0 \\ 0 \\ 1 \end{pmatrix}$ der x_1x_2-Ebene:

$$\sin\alpha = \frac{|\vec{r} \cdot \vec{n}|}{|\vec{r}| \cdot |\vec{n}|} = \frac{\left|\begin{pmatrix} 3 \\ -2 \\ -1 \end{pmatrix} \cdot \begin{pmatrix} 0 \\ 0 \\ 1 \end{pmatrix}\right|}{\left|\begin{pmatrix} 3 \\ -2 \\ -1 \end{pmatrix}\right| \cdot \left|\begin{pmatrix} 0 \\ 0 \\ 1 \end{pmatrix}\right|} = \frac{|3 \cdot 0 + (-2) \cdot 0 + (-1) \cdot 1|}{\sqrt{3^2 + (-2)^2 + (-1)^2} \cdot 1} = \frac{|-1|}{\sqrt{14}} = \frac{1}{\sqrt{14}}$$

$$\Rightarrow \alpha \approx 15,5^\circ$$

Das Flugzeug fliegt etwa unter einem Winkel von $15,5°$ auf den Boden zu.
Schneidet man f_1 mit der x_1x_2-Ebene ($x_3 = 0$), erhält man: $7 - t = 0 \Rightarrow t = 7$
Setzt man $t = 7$ in f_1 ein, ergibt sich:

$$\vec{s} = \begin{pmatrix} 7 \\ 29 \\ 7 \end{pmatrix} + 7 \cdot \begin{pmatrix} 3 \\ -2 \\ -1 \end{pmatrix} = \begin{pmatrix} 28 \\ 15 \\ 0 \end{pmatrix} \Rightarrow \text{S}\,(28 \mid 15 \mid 0)$$

Also würde das Flugzeug um 7.07 Uhr im Punkt S $(28 \mid 15 \mid 0)$ auf dem Boden aufsetzen.

b) Um zu bestimmen, wie weit die Flugzeuge F_1 und F_2 um 7.04 Uhr voneinander entfernt sind, setzt man $t = 4$ in f_1 und f_2 ein und berechnet den Abstand d der beiden zugehörigen Punkte A und B:

$$\vec{a} = \begin{pmatrix} 7 \\ 29 \\ 7 \end{pmatrix} + 4 \cdot \begin{pmatrix} 3 \\ -2 \\ -1 \end{pmatrix} = \begin{pmatrix} 19 \\ 21 \\ 3 \end{pmatrix} \Rightarrow \text{A}\,(19 \mid 21 \mid 3)$$

$$\vec{b} = \begin{pmatrix} 18 \\ 11 \\ 7 \end{pmatrix} + 4 \cdot \begin{pmatrix} 2 \\ 2 \\ 0 \end{pmatrix} = \begin{pmatrix} 26 \\ 19 \\ 7 \end{pmatrix} \Rightarrow \text{B}\,(26 \mid 19 \mid 7)$$

$$d = \left|\overrightarrow{\text{AB}}\right| = \left|\begin{pmatrix} 7 \\ -2 \\ 4 \end{pmatrix}\right| = \sqrt{7^2 + (-2)^2 + 4^2} = \sqrt{69} \approx 8,31$$

Die beiden Flugzeuge sind um 7.04 Uhr etwa 8,3 km voneinander entfernt.

Um zu berechnen, wie nahe sich die beiden Flugzeuge kommen, bestimmt man das Minimum des Abstands $d(t)$ der beiden Positionen $\text{A}_t\,(7 + 3t \mid 29 - 2t \mid 7 - t)$ von F_1 und $\text{B}_t\,(18 + 2t \mid 11 + 2t \mid 7)$ von F_2 zum Zeitpunkt t:

$$d(t) = \left|\overrightarrow{\text{A}_t\text{B}_t}\right| = \left|\begin{pmatrix} 11 - t \\ -18 + 4t \\ t \end{pmatrix}\right| = \sqrt{(11 - t)^2 + (-18 + 4t)^2 + t^2}$$

Das Minimum von $d(t)$ erhält man mit Hilfe des GTR/ CAS: $t \approx 4,61$, $d(4,61) \approx 7,89$.
Die Flugzeuge haben einen Mindestabstand von etwa 7,9 km.

Aufgabe B 1.2

Die Nullhypothese lautet: H_0: $\text{p} \geqslant 0,02$ bei Treffer «Beim Patient treten gravierende Nebenwirkungen auf.» und $\text{n} = 800$.
Die zugehörige Alternativhypothese lautet H_1: $\text{p} < 0,02$.
Wegen H_1: $\text{p} < 0,02$ handelt es sich um einen linksseitigen Test mit $\alpha = 1\%$.

Man wird die Nullhypothese verwerfen, wenn bei der Studie bei zu wenigen Patienten gravierende Nebenwirkungen auftreten.

Ist X die Anzahl der Patienten mit gravierenden Nebenwirkungen, so ist ein maximales $k \in \mathbb{N}$ und damit ein Ablehnungsbereich $\overline{A} = \{0, ..., k\}$ der Nullhypothese so zu bestimmen, dass gilt:

$$P(\overline{A}) \leqslant \alpha$$
$$P(X \leqslant k) \leqslant 0,01$$

Für $n = 800$ und $p = 0,02$ erhält man mit Hilfe des GTR/CAS:

$$P(X \leqslant 7) \approx 0,009$$
$$P(X \leqslant 8) \approx 0,021$$

Also ist $k = 7$ das maximale $k \in \mathbb{N}$ und man erhält damit den Ablehnungsbereich:

$$\overline{A} = \{0, ..., 7\}$$

Damit kann das Medikament zugelassen werden, wenn bei der klinischen Studie bei höchstens 7 Patienten gravierende Nebenwirkungen auftreten.

Geometrie/Stochastik Aufgabe B 2

Aufgabe B 2.1

Gegeben sind die Punkte $P(0 \mid -6 \mid 0)$, $Q(12 \mid 0 \mid 0)$, $R(0 \mid 6 \mid 0)$, $P^*(0 \mid -2 \mid 2)$, $Q^*(2 \mid 0 \mid 2{,}5)$ und $R^*(0 \mid 1 \mid 2{,}5)$.
Für die Darstellung in einem Koordinatensystem ergibt sich folgende Zeichnung:

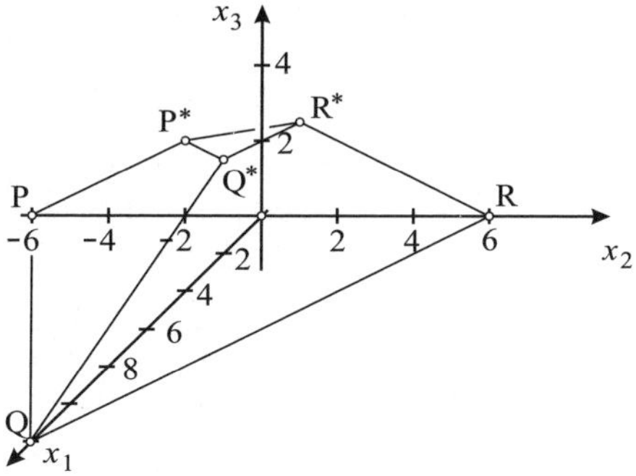

Um zu begründen, dass die Deck- und die Grundfläche des Pyramidenstumpfs nicht parallel sind, betrachtet man die x_3-Koordinaten der gegebenen Punkte: Die drei Eckpunkte der Grundfläche haben als x_3-Koordinate jeweils Null, die drei Eckpunkte der Deckfläche haben unterschiedliche x_3-Koordinaten.

Alternativ kann man auch zeigen, dass ein Normalenvektor $\vec{n}_1 = \begin{pmatrix} 0 \\ 0 \\ 1 \end{pmatrix}$ der Grundfläche

kein Vielfaches eines Normalenvektors $\vec{n}_2 = \overrightarrow{P^*Q^*} \times \overrightarrow{P^*R^*} = \begin{pmatrix} -0{,}5 \\ -1 \\ 6 \end{pmatrix}$ der Deckfläche ist.

Also sind Grund- und Deckfläche nicht parallel.

Zur Bestimmung des Winkels α, den die Kante QQ^* mit der x_1-Achse bildet, berechnet man den Winkel zwischen den Vektoren $\overrightarrow{QQ^*} = \begin{pmatrix} -10 \\ 0 \\ 2{,}5 \end{pmatrix}$ und $\overrightarrow{QO} = \begin{pmatrix} -12 \\ 0 \\ 0 \end{pmatrix}$ bzw. $\begin{pmatrix} 1 \\ 0 \\ 0 \end{pmatrix}$:

$$\cos\alpha = \frac{\left|\overrightarrow{QQ^*} \cdot \overrightarrow{QO}\right|}{\left|\overrightarrow{QQ^*}\right| \cdot \left|\overrightarrow{QO}\right|} = \frac{\left|\begin{pmatrix} -10 \\ 0 \\ 2{,}5 \end{pmatrix} \cdot \begin{pmatrix} 1 \\ 0 \\ 0 \end{pmatrix}\right|}{\left|\begin{pmatrix} -10 \\ 0 \\ 2{,}5 \end{pmatrix}\right| \cdot \left|\begin{pmatrix} 1 \\ 0 \\ 0 \end{pmatrix}\right|}$$

$$= \frac{|(-10)\cdot(1) + 0\cdot 0 + 2{,}5\cdot 0|}{\sqrt{(-10)^2 + 0^2 + 2{,}5^2}\cdot 1} = \frac{|10|}{\sqrt{106{,}25}} \Rightarrow \alpha \approx 14{,}0^\circ$$

Der Winkel zwischen QQ* und der x_1-Achse beträgt etwa $14{,}0°$.
Um zu zeigen, dass $S(0\,|\,0\,|\,3)$ die Spitze der ursprünglichen Pyramide ist, genügt es nachzuweisen, dass S auf der Geraden g_1 durch Q und Q* sowie auf der Geraden g_2 durch R und R* liegt (Punktproben).

Setzt man den Ortsvektor von S in $g_1: \vec{x} = \begin{pmatrix} 12 \\ 0 \\ 0 \end{pmatrix} + t \cdot \begin{pmatrix} -10 \\ 0 \\ 2{,}5 \end{pmatrix}$, $t \in \mathbb{R}$ ein, ergibt sich:

$$\left.\begin{array}{llllllll} \text{I} & 0 & = & 12 & - & 10t & \Rightarrow & t = 1{,}2 \\ \text{II} & 0 & = & 0 & + & 0t & \Rightarrow & t \text{ beliebig} \\ \text{III} & 3 & = & 0 & + & 2{,}5t & \Rightarrow & t = 1{,}2 \end{array}\right\} \Rightarrow S \in g_1$$

Setzt man den Ortsvektor von S in $g_2: \vec{x} = \begin{pmatrix} 0 \\ 6 \\ 0 \end{pmatrix} + s \cdot \begin{pmatrix} 0 \\ -5 \\ 2{,}5 \end{pmatrix}$, $s \in \mathbb{R}$ ein, ergibt sich:

$$\left.\begin{array}{llllllll} \text{I} & 0 & = & 0 & + & 0s & \Rightarrow & s \text{ beliebig} \\ \text{II} & 0 & = & 6 & - & 5s & \Rightarrow & s = 1{,}2 \\ \text{III} & 3 & = & 0 & + & 2{,}5s & \Rightarrow & s = 1{,}2 \end{array}\right\} \Rightarrow S \in g_2$$

Da S auf g_1 und auf g_2 liegt, ist S die Spitze der ursprünglichen Pyramide.

Alternativ könnte man auch den Schnittpunkt der Geraden g_1 und g_2 bestimmen:

$$\begin{array}{lllllllll} \text{I} & 12 - 10t & = & 0 + 0s & \Rightarrow & t & = & 1{,}2 & \\ \text{II} & 0 + 0t & = & 6 - 5s & \Rightarrow & s & = & 1{,}2 & \Rightarrow t = s = 1{,}2 \\ \text{III} & 0 + 2{,}5t & = & 0 + 2{,}5s & \Rightarrow & t & = & s & \end{array}$$

Setzt man $t = 1{,}2$ in g_1 ein, ergibt sich:

$$\vec{s} = \begin{pmatrix} 12 \\ 0 \\ 0 \end{pmatrix} + 1{,}2 \cdot \begin{pmatrix} -10 \\ 0 \\ 2{,}5 \end{pmatrix} = \begin{pmatrix} 0 \\ 0 \\ 3 \end{pmatrix} \Rightarrow S(0\,|\,0\,|\,3)$$

Also ist $S(0\,|\,0\,|\,3)$ die Spitze der ursprünglichen Pyramide.
Um den Abstand d des Punktes Q* zur Geraden g_3 durch Q und R zu bestimmen, benötigt man eine Hilfsebene E_H, die durch Q* geht und orthogonal zur Geraden g_3 verläuft:

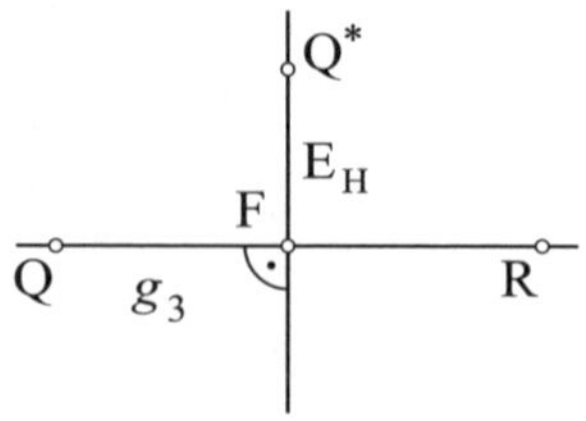

Ein Normalenvektor von E_H ist der Richtungsvektor $\overrightarrow{QR}$ der Geraden g_3:

$$E_H\colon \left(\vec{x}-\overrightarrow{q^*}\right)\cdot\overrightarrow{QR}=0$$

$$\left(\vec{x}-\begin{pmatrix}2\\0\\2,5\end{pmatrix}\right)\cdot\begin{pmatrix}-12\\6\\0\end{pmatrix}=0$$

$$(x_1-2)\cdot(-12)+(x_2-0)\cdot 6+(x_3-2,5)\cdot 0=0$$

$$-12x_1+6x_2+24=0$$

$$-2x_1+x_2+4=0$$

Schneidet man E_H mit der Geraden $g_3\colon \vec{x}=\begin{pmatrix}12\\0\\0\end{pmatrix}+t\cdot\begin{pmatrix}-12\\6\\0\end{pmatrix}$; $t\in\mathbb{R}$, erhält man:

$$-2\cdot(12-12t)+6t+4=0\;\Rightarrow\; t=\frac{2}{3}$$

Setzt man $t=\frac{2}{3}$ in g_3 ein, erhält man die Koordinaten des Schnittpunkts F:

$$\vec{f}=\begin{pmatrix}12\\0\\0\end{pmatrix}+\frac{2}{3}\cdot\begin{pmatrix}-12\\6\\0\end{pmatrix}=\begin{pmatrix}4\\4\\0\end{pmatrix}\;\Rightarrow\; F(4\mid 4\mid 0)$$

Der Abstand d des Punktes Q^* zur Geraden g_3 ist der Abstand des Punktes Q^* zu F:

$$d=\overline{Q^*F}=|\overrightarrow{Q^*F}|=\left|\begin{pmatrix}2\\4\\-2,5\end{pmatrix}\right|=\sqrt{2^2+4^2+(-2,5)^2}=\sqrt{26,25}\approx 5,12$$

Alternativ kann man den Abstand d des Punktes Q^* zur Geraden g_3 auch dadurch bestimmen, dass man das Minimum des Abstands $d(t)$ des Punktes $Q^*\,(2\mid 0\mid 2,5)$ zu einem allgemeinen Punkt $P_t\,(12-12t\mid 6t\mid 0)$ der Geraden g_3 berechnet:

$$d(t)=\overline{Q^*P_t}=\left|\overrightarrow{Q^*P_t}\right|=\left|\begin{pmatrix}10-12t\\6t\\-2,5\end{pmatrix}\right|=\sqrt{(10-12t)^2+(6t)^2+(-2,5)^2}$$

Das Minimum $d_{\min}$ von $d(t)$ erhält man mit Hilfe des GTR/CAS: $d=d_{min}\approx 5,12$
Der Abstand von Q^* zur Geraden QR beträgt etwa 5,12 LE.

Aufgabe B 2.2

a) Die Wahrscheinlichkeit, dass bei einer Drehung rot (r) erscheint, beträgt

$$P = \frac{180^\circ}{360^\circ} = \frac{1}{2}$$

Damit erhält man das rechts gezeichnete Baumdiagramm.

Die Wahrscheinlichkeit, dass mindestens zweimal rot erscheint, erhält man mit Hilfe der 1. und 2. Pfadregel:

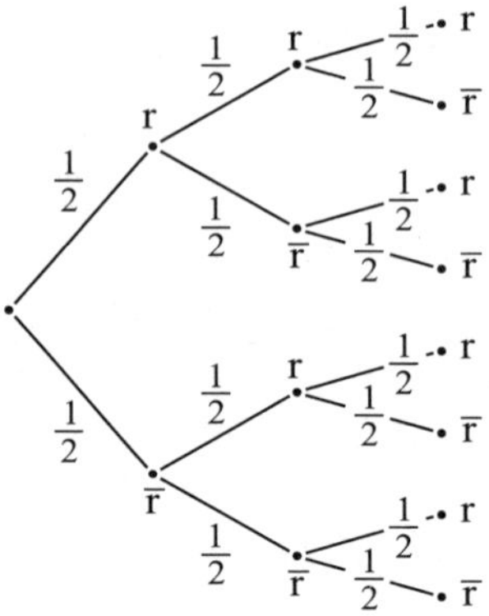

$$\begin{aligned}P(\text{«mindestens zweimal rot»}) &= P(rrr) + P(rr\bar{r}) + P(r\bar{r}r) + P(\bar{r}rr)\\ &= \frac{1}{2}\cdot\frac{1}{2}\cdot\frac{1}{2} + \frac{1}{2}\cdot\frac{1}{2}\cdot\frac{1}{2} + \frac{1}{2}\cdot\frac{1}{2}\cdot\frac{1}{2} + \frac{1}{2}\cdot\frac{1}{2}\cdot\frac{1}{2}\\ &= \frac{1}{2}\end{aligned}$$

Alternativ kann man auch mit Hilfe der Binomialverteilung rechnen. Ist X Zufallsvariable für die Anzahl der Treffer «rot» bei 3 Drehungen, so ist X binomialverteilt mit $n = 3$ und $p = \frac{1}{2}$.

Die Wahrscheinlichkeit, dass mindestens zweimal rot erscheint, erhält man mit Hilfe des GTR/CAS:

$$P(X \geqslant 2) = 1 - P(X \leqslant 1) = \frac{1}{2}$$

Die Wahrscheinlichkeit, dass mindestens zweimal rot erscheint, beträgt $\frac{1}{2}$.

b) Die Wahrscheinlichkeit, dass bei einer Drehung rot (r) erscheint, ist $P(r) = \frac{180^\circ}{360^\circ} = \frac{1}{2}$, dass bei einer Drehung blau (b) erscheint, beträgt $P(b) = \frac{120^\circ}{360^\circ} = \frac{1}{3}$ und dass bei einer Drehung gelb (g) erscheint, beträgt $P(g) = \frac{60^\circ}{360^\circ} = \frac{1}{6}$.

Da ein Spieler bei dreimal rot 4 €, bei dreimal blau 18 € und bei dreimal gelb 36 € erhält, berechnet man zuerst die entsprechenden Wahrscheinlichkeiten:

$$\begin{aligned}P(rrr) &= \frac{1}{2}\cdot\frac{1}{2}\cdot\frac{1}{2} = \frac{1}{8}\\ P(bbb) &= \frac{1}{3}\cdot\frac{1}{3}\cdot\frac{1}{3} = \frac{1}{27}\\ P(ggg) &= \frac{1}{6}\cdot\frac{1}{6}\cdot\frac{1}{6} = \frac{1}{216}\end{aligned}$$

Es sei Y Zufallsvariable für den Gewinn des Spielers bei einem Spiel. Den Erwartungswert von Y erhält man, indem man die möglichen Auszahlungen mit den entsprechenden

Wahrscheinlichkeiten multipliziert und den Einsatz subtrahiert:

$$E(Y) = 4 \cdot \frac{1}{8} + 18 \cdot \frac{1}{27} + 36 \cdot \frac{1}{216} - 2 = -\frac{2}{3} \approx -0,67$$

Der durchschnittliche Verlust des Spielers bei einem Spiel beträgt etwa 67 Cent.

Ist α der Mittelpunktswinkel des Sektors gelb, so gilt für die Wahrscheinlichkeit p, dass der Sektor gelb bei einmaligem Drehen erscheint: $p = \frac{\alpha}{360^\circ}$.
Da der rote Sektor dreimal so groß wie der gelbe Sektor ist, beträgt die Wahrscheinlichkeit, dass der rote Sektor bei einmaligem Drehen erscheint, 3p. Die Wahrscheinlichkeit, dass der blaue Sektor bei einmaligem Drehen erscheint, ist also $1 - 4p$.
Bei dreimaligem Drehen erhält man folgende Wahrscheinlichkeiten:

$$P(rrr) = 3p \cdot 3p \cdot 3p = 27p^3$$
$$P(bbb) = (1-4p) \cdot (1-4p) \cdot (1-4p) = (1-4p)^3$$
$$P(ggg) = p \cdot p \cdot p = p^3$$

Es sei Z Zufallsvariable für den Gewinn des Spielers bei einem Spiel. Den Erwartungswert von Z erhält man, indem man die möglichen Auszahlungen mit den entsprechenden Wahrscheinlichkeiten multipliziert und den Einsatz subtrahiert:

$$E(Z) = E(p) = 4 \cdot 27p^3 + 18 \cdot (1-4p)^3 + 36 \cdot p^3 - 2$$

Da der Verlust maximal bzw. der «Gewinn» minimal sein soll, bestimmt man mit Hilfe des GTR/ CAS das Minimum von E(p).
Wegen $4p < 1$ bzw. $p < 0,25$ erhält man: $p \approx 0,185$.
Damit erhält man den zugehörigen Mittelpunktswinkel α des Sektors gelb:

$$0,185 \approx \frac{\alpha}{360^\circ} \Rightarrow \alpha \approx 0,185 \cdot 360^\circ = 66,6^\circ$$

Der Verlust des Spielers ist am größten, wenn der gelbe Sektor einen Mittelpunktswinkel von etwa $66,6^\circ$ hat.

Wahlteil Abitur 2010

Tipps ab Seite 188, Lösungen ab Seite 191 ☐

Mathematik Analysis Wahlteil 2010 Aufgabe A 1 *

Aufgabe A 1.1

Auf einem ebenen Gelände befindet sich ein geradliniger, 500 m langer Lärmschutzwall.
Das Profil seines Querschnittes wird beschrieben durch die Funktion f mit

$$f(x) = \frac{120}{x^2+20} - 2 \text{ und } f(x) \geqslant 0 \quad (x \text{ und } f(x) \text{ in Meter}).$$

a) Wie breit ist der Wall an seinem Fuß?
Zeigen Sie, dass der Wall einen symmetrischen Querschnitt besitzt.
Der Wall soll begrünt werden. Um Erosion zu vermeiden, sollte das maximale Gefälle der Böschung nicht größer als 100 % sein.
Ist dies beim gegebenen Querschnittsprofil der Fall? (4 VP)

b) Berechnen Sie das Volumen des Lärmschutzwalls.
Es ist geplant, den Wall auf 3 m Höhe abzutragen, um darauf einen Fahrweg anzulegen.
Welche Breite hätte dieser Fahrweg?
Das abzutragende Material soll dazu verwendet werden, den abgeflachten Wall zu verlängern.
Um wie viel Meter würde er länger? (6 VP)

Aufgabe A 1.2

Für jedes $t \in \mathbb{R}$ ist eine Funktion f_t gegeben durch

$$f_t(x) = 2x + \frac{2t}{x} \; ; \; x \neq 0.$$

Bestimmen Sie die Anzahl der Extremstellen des Schaubilds von f_t in Abhängigkeit von t.
(5 VP)

*Die Aufgabe wurde unter Berücksichtigung der neuen Richtlinien gekürzt und neu zusammengestellt.

Tipps ab Seite 188, Lösungen ab Seite 194 ☐

Mathematik Analysis Wahlteil 2010 Aufgabe A 2 *

Ein Segelboot gleitet mit der konstanten Geschwindigkeit $160\,\frac{\text{m}}{\text{min}}$ an einem ruhenden Motorboot vorbei. Das Motorboot nimmt zu diesem Zeitpunkt Fahrt auf und fährt dem Segelboot hinterher.
Die Geschwindigkeit $v(t)$ des Motorbootes ist für $t > 0$ stets positiv und wird durch

$$v(t) = 960 \cdot e^{-t} - 960 \cdot e^{-2t}\ ;\ t \geqslant 0$$

beschrieben (Zeit t in min seit der Vorbeifahrt, Geschwindigkeit $v(t)$ in $\frac{\text{m}}{\text{min}}$).

a) Skizzieren Sie das Zeit-Geschwindigkeits-Schaubild des Motorbootes für die ersten fünf Minuten.
Bestimmen Sie die höchste Geschwindigkeit des Motorbootes in diesem Zeitraum.
Wann nimmt die Geschwindigkeit des Motorbootes in diesem Zeitraum am stärksten ab?
Welche mittlere Geschwindigkeit hat das Motorboot in den ersten fünf Minuten?
Wie lange fährt das Motorboot in diesem Zeitraum schneller als das Segelboot? (6 VP)

b) Wie weit ist das Motorboot nach zwei Minuten gefahren?
Bestimmen Sie einen Term der Funktion, die den vom Motorboot zurückgelegten Weg in Abhängigkeit von der Zeit beschreibt.
Legt das Motorboot nach diesem Modell mehr als 500 m zurück?
Zu welchem Zeitpunkt überholt das Motorboot das Segelboot? (6 VP)

c) Zum Zeitpunkt $t_0 = 2,55$ holt das Segelboot das Motorboot wieder ein.
Beide Boote verringern ab diesem Moment ihre Geschwindigkeit.
Ab dem Zeitpunkt t_0 wird die Geschwindigkeit des Motorbootes durch die Tangente an das Schaubild der Funktion v an der Stelle t_0 beschrieben.
Wann kommt das Motorboot zum Stillstand? (3 VP)

*Die Aufgabe wurde unter Berücksichtigung der neuen Richtlinien gekürzt.

Tipps ab Seite 189, Lösungen ab Seite 197 ☐

Mathematik Geometrie/Stochastik Wahlteil 2010 Aufgabe B 1 *

Aufgabe B 1.1

Gegeben sind die Punkte A (0 | 4 | 0), B (0 | 0 | 2) und C (4 | 0 | 0).

a) Zeigen Sie, dass das Dreieck ABC gleichschenklig ist.
Ergänzen Sie das Dreieck ABC durch einen Punkt D zu einer Raute.
Berechnen Sie die Innenwinkel der Raute.
Zeigen Sie, dass die Raute in der Ebene E: $x_1 + x_2 + 2x_3 = 4$ liegt.
(Teilergebnis: D (4 | 4 | −2)) (5 VP)

Gegeben ist für jedes $t \neq 0$ der Punkt $S_t\,(-3+3t \mid -3+3t \mid 5+t)$.
Die Pyramide P_t hat die Grundfläche ABCD und die Spitze S_t.

b) Zeichnen Sie die Pyramide P_3 in ein Koordinatensystem.
Die Punkte B, D und S_3 legen eine Ebene F fest.
Bestimmen Sie eine Koordintengleichung von F.
Zeigen Sie, dass die Ebene F Symmetrieebene der Pyramide P_3 ist. (6 VP)

Aufgabe B 1.2

Eine Firma stellt Handys in Massenproduktion her. Jedes Handy ist mit einer Wahrscheinlichkeit von 10 % fehlerhaft. Zur Kontrolle werden als Stichprobe 100 Handys der Produktion entnommen.
Berechnen Sie die Wahrscheinlichkeit für folgende Ereignisse:
A: Weniger als 5 Handys sind fehlerhaft.
B: Mindestens 90 Handys funktionieren.
Wie viele Handys müssen der Produktion mindestens entnommen werden, damit mit einer Wahrscheinlichkeit von mehr als 99% wenigstens drei fehlerhafte dabei sind? (4 VP)

*Die Aufgabe wurde unter Berücksichtigung der neuen Richtlinien gekürzt und um eine Stochastikaufgabe ergänzt.

Tipps ab Seite 190, Lösungen ab Seite 202 □

Mathematik Geometrie/Stochastik Wahlteil 2010 Aufgabe B 2*

Aufgabe B 2.1

Gegeben sind der Punkt $A(4,5 \mid 6 \mid 3,5)$ sowie die Gerade $g\colon \vec{x} = \begin{pmatrix} 5 \\ 0 \\ 3 \end{pmatrix} + t \cdot \begin{pmatrix} 1 \\ -2 \\ 1 \end{pmatrix}$.

Bestimmen Sie den Schnittpunkt der Geraden g mit der x_1x_2-Ebene.
Zeichnen Sie die Gerade g in ein Koordinatensystem.
Unter welchem Winkel schneidet g die x_1x_2-Ebene?
Welcher Punkt F der Geraden g hat vom Punkt A den kleinsten Abstand?
Die Gerade h entsteht durch Spiegelung von g an A.
Bestimmen Sie eine Gleichung der Geraden h.
(Teilergebnis: $F(3 \mid 4 \mid 1)$)
Begründen Sie, dass bei Rotation der Geraden g um die Gerade durch A und F eine Ebene entsteht. (8 VP)

Aufgabe B 2.2

Ein Glücksrad hat die drei Sektoren blau, gelb und rot. Die drei zugehörigen Farben treten mit folgenden Wahrscheinlichkeiten auf:

blau	gelb	rot
0,3	0,4	0,3

a) Wie oft muss man das Glücksrad drehen, um mit einer Wahrscheinlichkeit von mindestens 90% mindestens zweimal gelb zu erhalten? (3 VP)

b) Die Wahrscheinlichkeit, dass gelb gedreht wird, scheint größer als 0,4 zu sein. Daher wird das Glücksrad 200-mal gedreht und die Nullhypothese: H_0: $p \leqslant 0,4$ getestet. Erscheint mehr als 90-mal gelb, wird die Nullhypothese abgelehnt.
Berechnen Sie die Irrtumswahrscheinlichkeit. (4 VP)

*Die Aufgabe wurde unter Berücksichtigung der neuen Richtlinien gekürzt und um eine Stochastikaufgabe ergänzt.

Tipps Wahlteil Abitur 2010

Analysis Aufgabe A 1

Aufgabe A 1.1

a) Es ist sinnvoll, das Schaubild von f zu skizzieren. Stellen Sie hierfür den Zeichenbereich des GTR/CAS entsprechend ein.
Wegen $f(x) \geqslant 0$ erhalten Sie die Breite b des Walls, indem Sie mit Hilfe des GTR/CAS die Nullstellen von $f(x)$ berechnen.
Um zu zeigen, dass der Wall einen symmetrischen Querschnitt besitzt, setzen Sie $-x$ in $f(x)$ ein und zeigen, dass gilt: $f(-x) = f(x)$
Zur Berechnung des maximalen Gefälles berechnen Sie die Extrempunkte der 1. Ableitung von f mit Hilfe des GTR/CAS. Beachten Sie, dass 100 % Steigung einem Steigungswert von 1 entspricht.

b) Das Volumen V_1 des Lärmschutzwalls erhalten Sie, indem Sie die Querschnittsfläche Q_1 mit der Länge l multiplizieren. Die Querschnittsfläche Q_1 berechnen Sie mit Hilfe eines Integrals; die Integrationsgrenzen sind die Nullstellen von f.
Die Breite des Fahrwegs erhalten Sie, indem Sie das Schaubild von f mit der Geraden $y = 3$ schneiden; verwenden Sie den GTR/CAS.
Berechnen Sie die Querschnittsfläche Q_2 des abzutragenden Materials als Flächeninhalt der Fläche zwischen dem Schaubild von f und der Geraden $y = 3$. Diese erhalten Sie mit Hilfe eines Integrals. Berechnen Sie das zugehörige Volumen V_2.
Bestimmen Sie die Querschnittsfläche Q_3 des verbliebenen Walls und teilen Sie V_2 durch Q_3, so erhalten Sie die zusätzliche Länge des Walls.

Aufgabe A 1.2

Bestimmen Sie die 1. und 2. Ableitung von f_t. Schreiben Sie hierzu $f_t(x)$ als Potenz mit negativem Exponenten. Als notwendige Bedingung lösen Sie die Gleichung $f_t{}'(x) = 0$ nach x auf. Setzen Sie die erhaltenen x-Werte in $f_t{}''(x)$ ein; ist das Ergebnis ungleich Null, handelt es sich um Extremstellen.

Analysis Aufgabe A 2

a) Zum Skizzieren des Schaubilds von f müssen Sie den Zeichenbereich des GTR/CAS entsprechend einstellen.
Den Hochpunkt von v bestimmen Sie mit Hilfe des GTR/CAS.
Die stärkste Geschwindigkeitsabnahme erhalten Sie, indem Sie den Tiefpunkt von $v'(t)$ mit Hilfe des GTR/CAS bestimmen. Die 1. Ableitung von v erhalten Sie mit Hilfe der Kettenregel.

Um die mittlere Geschwindigkeit $\bar{v}$ des Motorbootes zu bestimmen, benutzen Sie das Integral $\bar{v} = \frac{1}{b-a}\int_a^b v(t)\mathrm{d}t$. Schneiden Sie das Schaubild von v mit der Geraden $y = 160$ mit Hilfe des GTR/CAS und bestimmen Sie die Differenz der Schnittstellen t_1 und t_2.

b) Die Strecke s, die das Motorboot in den ersten zwei Minuten zurücklegt, erhalten Sie mit Hilfe eines Integrals.
Den vom Motorboot in der Zeit t zurückgelegten Weg $s(t)$ können Sie ebenfalls mit Hilfe eines Integrals bestimmen.
Berechnen Sie $\lim_{t\to\infty} s(t)$ und beachten Sie, dass e^{-2t} und e^{-t} für $t \to \infty$ gegen Null gehen.
Überlegen Sie, durch welche Gleichung der Weg des Segelbootes beschrieben wird und setzen Sie die beiden «Weggleichungen» gleich; verwenden Sie den GTR/CAS.

c) Zur Bestimmung der Gleichung der Tangente benötigen Sie den Funktionswert zum Zeitpunkt $t_0 = 2,55$, also $v(2,55)$, sowie die zugehörige Steigung $m = v'(2,55)$, welche Sie mit Hilfe des GTR/CAS bestimmen.
Setzen Sie diese in die Punkt-Steigungsform $y - y_1 = m \cdot (t - t_0)$ ein.
Das Motorboot kommt zum Stillstand, wenn die neue Geschwindigkeit, die durch die Tangentengleichung beschrieben wird, Null ist. Setzen Sie also $y = 0$ und lösen Sie die Gleichung nach t auf.

Geometrie/Stochastik Aufgabe B 1

Aufgabe B 1.1

a) Um zu zeigen, dass das Dreieck ABC gleichschenklig ist, bestimmen Sie die Längen der Dreiecksseiten. Berechnen Sie hierzu die Längen der entsprechenden Verbindungsvektoren.
Die Koordinaten des Punktes D erhalten Sie mit Hilfe einer Vektorkette.
Die Innenwinkel der Raute erhalten Sie mit Hilfe der Formel für Winkel zwischen Vektoren: $\cos\alpha = \frac{|\vec{a}\cdot\vec{b}|}{|\vec{a}|\cdot|\vec{b}|}$. Beachten Sie, dass die Raute symmetrisch ist und die Winkelsumme 360° beträgt.
Um zu zeigen, dass die Raute in der Ebene E liegt, setzen Sie die Koordinaten von A, B, C und D in die Koordinatengleichung von E ein (Punktprobe).

b) Die Spitze S_3 der Pyramide P_3 erhalten Sie, indem Sie $t = 3$ in S_t einsetzen.
Verwenden Sie für die Parametergleichung der Ebene F, in der die Punkte B, D und S_3 liegen, beispielsweise den Stützpunkt B und die Spannvektoren $\overrightarrow{BD}$ und $\overrightarrow{BS_3}$. Einen Normalenvektor $\vec{n}$ von F erhalten Sie mit Hilfe des Kreuzprodukts (siehe Seite 41) der Spannvektoren $\overrightarrow{BD}$ und $\overrightarrow{BS_3}$. Alternativ können Sie $\vec{n}$ auch mit Hilfe des Skalarprodukts bestimmen, da $\vec{n}$ sowohl auf $\overrightarrow{BD}$ als auch auf $\overrightarrow{BS_3}$ senkrecht steht. Eine Koordinatengleichung von F erhalten Sie mit Hilfe der Punkt-Normalenform: $\left(\vec{x} - \vec{b}\right) \cdot \vec{n} = 0$.

Um zu zeigen, dass F Symmetrieebene der Pyramide P_3 ist, weisen Sie nach, dass die Ebene F senkrecht auf der Ebene E steht. Berechnen Sie das Skalarprodukt der beiden Normalenvektoren der Ebenen E und F.

Aufgabe B 1.2

Legen Sie X als binomialverteilte Zufallsvariable fest, welche die Anzahl der fehlerhaften Handys angibt. Bestimmen Sie die gesuchten Wahrscheinlichkeiten mit Hilfe des GTR/ CAS. Für das Ereignis A verwenden Sie $P(X < k) = P(X \leqslant k-1)$. Für das Ereignis B überlegen Sie, wie viele fehlerhafte Handys es höchstens gibt.

Stellen Sie eine Ungleichung auf und lösen Sie diese mit Hilfe des GTR/ CAS; verwenden Sie $P(X \geqslant k) = 1 - P(X \leqslant k-1)$.

Geometrie/Stochastik Aufgabe B 2

Aufgabe B 2.1

Den Schnittpunkt der Geraden g mit der x_1x_2-Ebene ($x_3 = 0$) erhalten Sie, indem Sie die Gerade g als allgemeinen Punkt in die Ebenengleichung einsetzen. Den Schnittwinkel α zwischen g und der x_1x_2-Ebene erhalten Sie mit Hilfe des Richtungsvektors $\vec{r}_g$ von g und des Normalenvektors $\vec{n}$ der x_1x_2-Ebene sowie der Formel: $\sin\alpha = \frac{|\vec{r}_g \cdot \vec{n}|}{|\vec{r}_g| \cdot |\vec{n}|}$.
Skizzieren Sie die Problemstellung. Stellen Sie eine zu g orthogonale Hilfsebene E_H auf, die den Punkt A enthält und deren Normalenvektor der Richtungsvektor $\vec{r}_g$ von g ist. Verwenden Sie die Punkt-Normalenform $(\vec{x} - \vec{a}) \cdot \vec{n} = 0$. Schneiden Sie E_H mit g, so erhalten Sie die Koordinaten des Schnittpunkts F.
Skizzieren Sie auch hier die Problemstellung. Spiegeln Sie den Punkt F der Geraden g an Punkt A mit Hilfe einer Vektorkette. Beachten Sie, dass die Spiegelgerade h parallel zu g ist und durch den Spiegelpunkt F^* geht.
Skizzieren Sie die gegenseitige Lage der beiden Geraden.

Aufgabe B 2.2

a) Betrachten Sie nur die Ausgänge «gelb» oder «nicht gelb». Legen Sie X als Zufallsvariable für die Anzahl der Treffer «gelb» bei n Drehungen fest. Stellen Sie eine Ungleichung auf und lösen Sie diese mit Hilfe des GTR/ CAS; verwenden Sie $P(X \geqslant k) = 1 - P(X \leqslant k-1)$.

b) Bestimmen Sie den Ablehnungsbereich $\overline{A}$ und berechnen Sie die zugehörige Irrtumswahrscheinlichkeit $\alpha = P(\overline{A})$ mit Hilfe des GTR/ CAS; verwenden Sie $P(X \geqslant k) = 1 - P(X \leqslant k-1)$.

Lösungen Wahlteil Abitur 2010

Analysis Aufgabe A 1

Aufgabe A 1.1

Es ist $f(x) = \frac{120}{x^2+20} - 2$ und $f(x) \geqslant 0$ (x und $f(x)$ in Meter).

a) Für die Erstellung der Skizze des Schaubilds von f verwendet man den GTR/CAS.

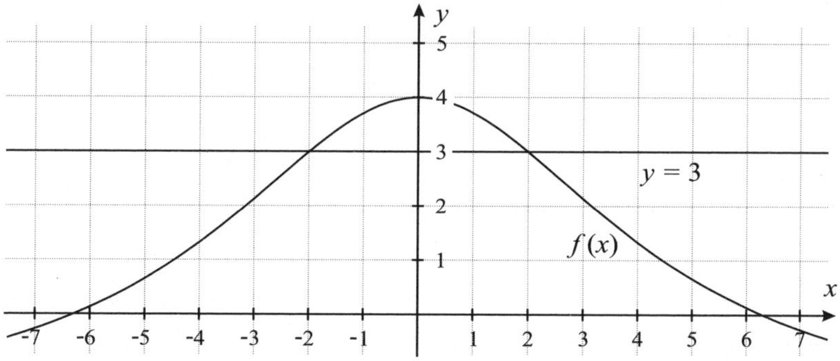

Wegen $f(x) \geqslant 0$ erhält man die Breite b des Walls an seinem Fuß, indem man mit Hilfe des GTR/CAS die Nullstellen von $f(x)$ berechnet. Man erhält: $x_1 \approx -6,32$ und $x_2 \approx 6,32$. Damit gilt:

$$b = x_2 - x_1 \approx 6,32 - (-6,32) = 12,64$$

Der Wall hat an seinem Fuß eine Breite von etwa 12,64 m.

Um zu zeigen, dass der Wall einen symmetrischen Querschnitt besitzt, setzt man $-x$ in $f(x)$ ein:

$$f(-x) = \frac{120}{(-x)^2+20} - 2 = \frac{120}{x^2+20} - 2 = f(x)$$

Wegen $f(-x) = f(x)$ ist der Querschnitt des Walls achsensymmetrisch zur y-Achse.

Das maximale Gefälle der Böschung erhält man, indem man die Extrempunkte der 1. Ableitung von f berechnet.
Mit Hilfe des GTR/CAS erhält man den Tiefpunkt von $f'(x)$ bei $x \approx 2,58$ und den Hochpunkt von $f'(x)$ bei $x \approx -2,58$. Die Funktionswerte der 1. Ableitung an den Stellen der beiden Extrempunkte beschreiben das maximale Gefälle des Walls. Für diese Funktionswerte gilt: $f'(-2,58) \approx 0,87 = 87\,\%$ und $f'(2,58) \approx -0,87 = -87\,\%$
Damit ist das maximale Gefälle nicht größer als 100 %.

b) Das Volumen V_1 des Lärmschutzwalls erhält man, indem man die Querschnittsfläche Q_1 mit der Länge von $l = 500$ m multipliziert:

$$V_1 = Q_1 \cdot l$$

Die Querschnittsfläche Q_1 berechnet man mit Hilfe eines Integrals; die Integrationsgrenzen entsprechen hierbei den Nullstellen von f:

$$Q_1 = \int_{-6,32}^{6,32} f(x)\mathrm{d}x \approx 25,97\,\mathrm{m}^2\,(\mathrm{GTR/CAS})$$

Für das Volumen des Walls erhält man somit:

$$V_1 = Q_1 \cdot l \approx 25,97\,\mathrm{m}^2 \cdot 500\mathrm{m} = 12\,985\,\mathrm{m}^3$$

Das Volumen des Walls beträgt damit etwa $13\,000\,\mathrm{m}^3$.

Die Breite des Fahrwegs erhält man, indem man das Schaubild von f mit der Geraden $y = 3$ schneidet.
Mit Hilfe des GTR/CAS ergibt sich: $x_1 = -2$ und $x_2 = 2$.
Damit beträgt die Breite des Fahrwegs genau 4 m.

Die Querschnittsfläche Q_2 des abzutragenden Materials wird durch den Flächeninhalt der Fläche zwischen dem Schaubild von f und der Geraden $y = 3$ beschrieben. Diesen erhält man mit Hilfe eines Integrals:

$$Q_2 = \int_{-2}^{2} (f(x) - 3)\,\mathrm{d}x \approx 2,57\,\mathrm{m}^2\ (\mathrm{GTR/CAS})$$

Das zugehörige Volumen V_2 beträgt somit: $V_2 = Q_2 \cdot l \approx 2,57\,\mathrm{m}^2 \cdot 500\,\mathrm{m} = 1285\,\mathrm{m}^3$
Für die Querschnittsfläche Q_3 des verbliebenen Walls gilt:

$$Q_3 = Q_1 - Q_2 \approx 25,97\,\mathrm{m}^2 - 2,57\,\mathrm{m}^2 = 23,4\,\mathrm{m}^2$$

Die zusätzliche Länge l_z des Walls erhält man, indem man V_2 durch Q_3 teilt:

$$l_z = \frac{V_2}{Q_3} \approx \frac{1285\,\mathrm{m}^3}{23,4\,\mathrm{m}^2} \approx 54,9\,\mathrm{m}$$

Der Wall würde also um etwa 55 m länger werden.

Aufgabe A 1.2

Es ist $f_t(x) = 2x + \frac{2t}{x} = 2x + 2t \cdot x^{-1}$; $x \neq 0$.
Die 1. und 2. Ableitung von f_t erhält man mit Hilfe der Potenzregel:

$$f_t{}'(x) = 2 - 2t \cdot x^{-2} = 2 - \frac{2t}{x^2}$$

$$f_t{}''(x) = 0 + 4t \cdot x^{-3} = \frac{4t}{x^3}$$

Die notwendige Bedingung $f_t{}'(x) = 0$ bei Extremstellen führt zu:

$$2 - \frac{2t}{x^2} = 0$$
$$x^2 = t$$
$$x_{1,2} = \pm\sqrt{t}$$

Für $t > 0$ erhält man zwei mögliche Extremstellen.
Für $t = 0$ ergibt sich $x = 0$, was nicht in der Definitionsmenge enthalten ist.
Für $t < 0$ existiert $\sqrt{t}$ nicht, da unter der Wurzel keine negative Zahl stehen darf.
Setzt man $x = \sqrt{t}$ in $f_t{}''(x)$ ein, ergibt sich: $f_t\left(\sqrt{t}\right) = \frac{4t}{\left(\sqrt{t}\right)^3} = \frac{4t}{t\sqrt{t}} = \frac{4}{\sqrt{t}} \neq 0$
Setzt man $x = -\sqrt{t}$ in $f_t{}''(x)$ ein, ergibt sich: $f_t\left(-\sqrt{t}\right) = \frac{4t}{\left(-\sqrt{t}\right)^3} = \frac{4t}{-t\sqrt{t}} = -\frac{4}{\sqrt{t}} \neq 0$
Damit hat das Schaubild von f_t für $t > 0$ genau zwei Extremstellen, für $t \leqslant 0$ keine Extremstellen.

Analysis Aufgabe A 2

Es ist $v(t) = 960 \cdot e^{-t} - 960 \cdot e^{-2t}$; $t \geqslant 0$
(Zeit t in min seit der Vorbeifahrt, Geschwindigkeit $v(t)$ in $\frac{\text{m}}{\text{min}}$).

a) Für die Erstellung der Skizze des Schaubilds von v verwendet man den GTR/CAS (Zeichenbereich $0 \leqslant x \leqslant 5$ und $0 \leqslant y \leqslant 250$).

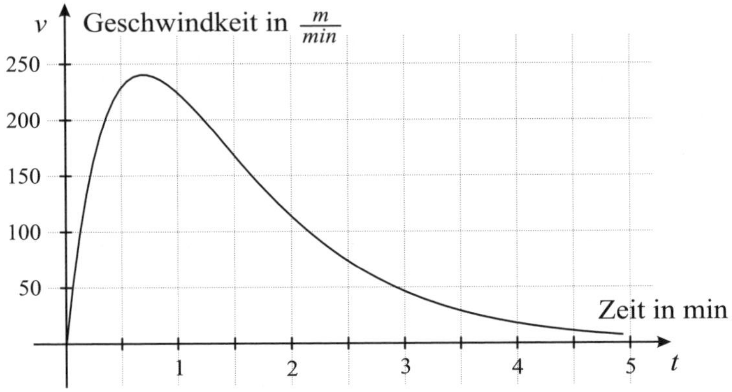

Den Hochpunkt von v bestimmt man mit Hilfe des GTR/CAS. Man erhält: $H(0{,}69 \mid 240)$
Die höchste Geschwindigkeit des Motorbootes in den ersten fünf Minuten beträgt $240\,\frac{\text{m}}{\text{min}}$.

Die stärkste Geschwindigkeitsabnahme erhält man, indem man den Tiefpunkt von $v'(t)$ bestimmt.

Die 1. Ableitung von v erhält man mit Hilfe der Kettenregel:

$$v'(t) = 960 \cdot e^{-t} \cdot (-1) - 960 \cdot e^{-2t} \cdot (-2) = -960 \cdot e^{-t} + 1920 \cdot e^{-2t}$$

Mit Hilfe des GTR/CAS bestimmt man das Minimum von $v'(t)$. (Grafikfenster neu einstellen, z.B. $-150 \leqslant y \leqslant 250$). Man erhält: $t \approx 1{,}39$.
Nach etwa 1,4 Minuten nimmt die Geschwindigkeit des Motorbootes am stärksten ab.

Die mittlere Geschwindigkeit $\bar{v}$ des Motorbootes in den ersten fünf Minuten erhält man mit Hilfe eines Integrals:

$$\bar{v} = \frac{1}{5-0} \cdot \int_0^5 v(t)\mathrm{d}t \approx 94{,}7 \text{ (GTR/CAS)}$$

Die mittlere Geschwindigkeit des Motorbootes in den ersten fünf Minuten beträgt damit etwa $95\,\frac{\text{m}}{\text{min}}$.

Schneidet man das Schaubild von v mit der Geraden $y = 160$, so erhält man mit Hilfe des GTR/CAS die Schnittstellen $t_1 \approx 0{,}24$ und $t_2 \approx 1{,}55$. Die Zeitdifferenz beträgt:

$$t_2 - t_1 \approx 1{,}55 - 0{,}24 = 1{,}31$$

Das Motorboot fährt etwa 1,3 Minuten lang schneller als das Segelboot.

b) Die Strecke s, die das Motorboot in den ersten zwei Minuten zurücklegt, erhält man mit Hilfe eines Integrals:

$$s = \int_0^2 v(t)\mathrm{d}t \approx 358{,}9 \text{ (GTR/CAS)}$$

Das Motorboot ist in den ersten zwei Minuten etwa 360 m weit gefahren.

Für $t \geqslant 0$ und $v(t) \geqslant 0$ kann der vom Motorboot in der Zeit t zurückgelegte Weg $s(t)$ mit Hilfe eines Integrals dargestellt werden:

$$\begin{aligned} s(t) &= \int_0^t \left(960 \cdot e^{-z} - 960 \cdot e^{-2z}\right) \mathrm{d}z \\ &= \left[\frac{960}{-1} \cdot e^{-z} - \frac{960}{-2} \cdot e^{-2z}\right]_0^t \\ &= \left[-960 \cdot e^{-z} + 480 \cdot e^{-2z}\right]_0^t \\ &= \left(-960 \cdot e^{-t} + 480 \cdot e^{-2t}\right) - \left(-960 \cdot e^{-0} + 480 \cdot e^{-2 \cdot 0}\right) \\ &= -960 \cdot e^{-t} + 480 \cdot e^{-2t} + 480 \\ &= 480 \cdot e^{-2t} - 960 \cdot e^{-t} + 480 \end{aligned}$$

Damit gilt für den vom Motorboot zurückgelegten Weg:

$$s(t) = 480 \cdot e^{-2t} - 960 \cdot e^{-t} + 480$$

Für $t \to \infty$ geht $s(t) \to 480$, da e^{-2t} und e^{-t} für $t \to \infty$ gegen Null gehen.
Somit legt das Motorboot nicht mehr als 500 m zurück.

Das Motorboot überholt das Segelboot zu dem Zeitpunkt, an dem beide den gleichen Weg zurückgelegt haben.
Der Weg des Motorbootes wird beschrieben durch $s(t) = 480 \cdot e^{-2t} - 960 \cdot e^{-t} + 480$.
Der Weg des Segelbootes wird beschrieben durch $s^*(t) = 160 \cdot t$.
Durch Gleichsetzen ergibt sich:

$$\begin{aligned} s(t) &= s^*(t) \\ 480 \cdot e^{-2t} - 960 \cdot e^{-t} + 480 &= 160 \cdot t \end{aligned}$$

Mit Hilfe des GTR/CAS erhält man: $t \approx 0{,}58$
Nach etwa 0,6 Minuten überholt das Motorboot das Segelboot.

c) Zur Bestimmung der Gleichung der Tangente benötigt man den Funktionswert zum Zeitpunkt $t_0 = 2{,}55$, also $v(2{,}55) \approx 69{,}11$ (GTR/CAS), sowie die zugehörige Steigung

$$m = v'(2{,}55) \approx -63{,}25 \text{ (GTR/CAS)}$$

Setzt man diese in die Punkt-Steigungsform ein, ergibt sich die Tangentengleichung:

$$\begin{aligned} y - y_1 &= m \cdot (t - t_0) \\ y - 69{,}11 &= -63{,}25 \cdot (t - 2{,}55) \\ y &= -63{,}25t + 230{,}40 \end{aligned}$$

Das Motorboot kommt zum Stillstand, wenn die neue Geschwindigkeit, die durch die Tangentengleichung beschrieben wird, Null ist:

$$\begin{aligned} y &= 0 \\ -63{,}25t + 230{,}40 &= 0 \\ t &\approx 3{,}64 \end{aligned}$$

Nach etwa 3,6 Minuten kommt das Motorboot zum Stillstand.

Geometrie/Stochastik Aufgabe B 1

Aufgabe B 1.1

a) Um zu zeigen, dass das Dreieck ABC gleichschenklig ist, bestimmt man die Längen der Dreiecksseiten. Hierzu berechnet man die Längen der entsprechenden Verbindungsvektoren:

$$\overline{AB} = \left|\overrightarrow{AB}\right| = \left|\begin{pmatrix}0\\-4\\2\end{pmatrix}\right| = \sqrt{0^2+(-4)^2+2^2} = \sqrt{20} = 2\cdot\sqrt{5}$$

$$\overline{AC} = \left|\overrightarrow{AC}\right| = \left|\begin{pmatrix}4\\-4\\0\end{pmatrix}\right| = \sqrt{4^2+(-4)^2+0^2} = \sqrt{32} = 4\cdot\sqrt{2}$$

$$\overline{BC} = \left|\overrightarrow{BC}\right| = \left|\begin{pmatrix}4\\0\\-2\end{pmatrix}\right| = \sqrt{4^2+0^2+(-2)^2} = \sqrt{20} = 2\cdot\sqrt{5}$$

Wegen $\overline{AB} = \overline{BC}$ ist das Dreieck ABC gleichschenklig.

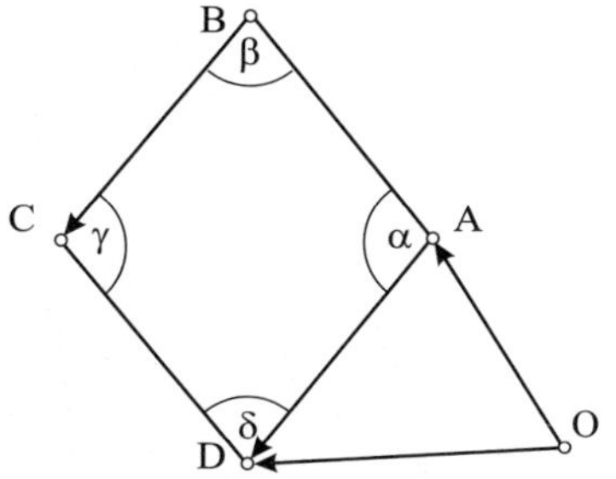

Die Koordinaten des Punktes D erhält man mit Hilfe einer Vektorkette:

$$\overrightarrow{OD} = \overrightarrow{OA} + \overrightarrow{BC} = \begin{pmatrix}0\\4\\0\end{pmatrix} + \begin{pmatrix}4\\0\\-2\end{pmatrix} = \begin{pmatrix}4\\4\\-2\end{pmatrix} \Rightarrow D(4\,|\,4\,|\,-2)$$

Die Innenwinkel der Raute erhält man mit Hilfe der Formel für den Winkel zwischen zwei Vektoren. Es gilt:

$$\cos\beta = \frac{\left|\overrightarrow{BA}\cdot\overrightarrow{BC}\right|}{\left|\overrightarrow{BA}\right|\cdot\left|\overrightarrow{BC}\right|} = \frac{\left|\begin{pmatrix}0\\4\\-2\end{pmatrix}\cdot\begin{pmatrix}4\\0\\-2\end{pmatrix}\right|}{\left|\begin{pmatrix}0\\4\\-2\end{pmatrix}\right|\cdot\left|\begin{pmatrix}4\\0\\-2\end{pmatrix}\right|} = \frac{|0\cdot4+4\cdot0+(-2)\cdot(-2)|}{\sqrt{20}\cdot\sqrt{20}} = \frac{4}{20} = \frac{1}{5}$$

$$\Rightarrow \beta \approx 78{,}5^\circ$$

Aufgrund der Symmetrie der Raute gilt: $\delta = \beta \approx 78,5°$ und $\alpha = \gamma$.
Die Winkelsumme der Raute beträgt 360°, also gilt:

$$\alpha + \beta + \gamma + \delta = 2\cdot\alpha + 2\cdot\beta = 360° \Rightarrow 2\cdot\alpha + 2\cdot 78,5° = 360° \Rightarrow \alpha = \gamma \approx 101,5°$$

Die Innenwinkel der Raute betragen somit etwa 78,5° und 101,5°.

Um zu zeigen, dass die Raute in der Ebene E: $x_1 + x_2 + 2x_3 = 4$ liegt, setzt man die Koordinaten von A, B, C und D in die Koordinatengleichung von E ein (Punktprobe):
Setzt man $A(0\,|\,4\,|\,0)$ in E ein, ergibt sich: $0+4+2\cdot 0 = 4 \Leftrightarrow 4 = 4 \Rightarrow A \in E$
Setzt man $B(0\,|\,0\,|\,2)$ in E ein, ergibt sich: $0+0+2\cdot 2 = 4 \Leftrightarrow 4 = 4 \Rightarrow B \in E$
Setzt man $C(4\,|\,0\,|\,0)$ in E ein, ergibt sich: $4+0+2\cdot 0 = 4 \Leftrightarrow 4 = 4 \Rightarrow C \in E$
Setzt man $D(4\,|\,4\,|\,-2)$ in E ein, ergibt sich: $4+4+2\cdot(-2) = 4 \Leftrightarrow 4 = 4 \Rightarrow D \in E$
Somit liegt die Raute in der Ebene E.

b) Die Spitze S_3 der Pyramide P_3 erhält man, indem man $t = 3$ in S_t einsetzt: $S_3(6\,|\,6\,|\,8)$

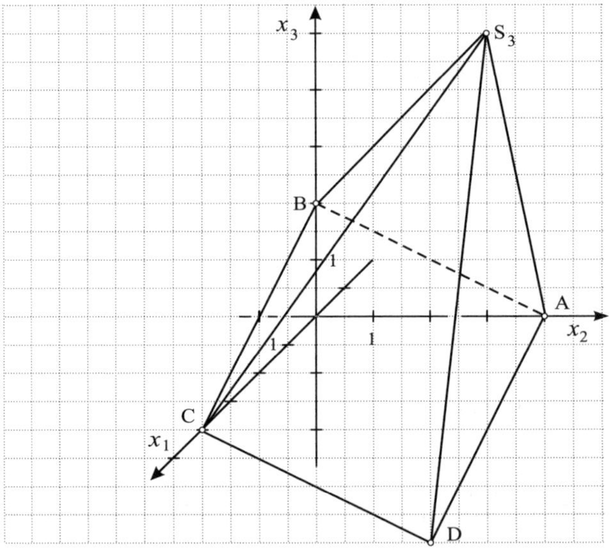

Die Ebene F, in der die Punkte $B(0\,|\,0\,|\,2)$, $D(4\,|\,4\,|\,-2)$ und $S_3(6\,|\,6\,|\,8)$ liegen, hat beispielsweise den Stützpunkt B und die Spannvektoren $\overrightarrow{BD} = \begin{pmatrix} 4 \\ 4 \\ -4 \end{pmatrix}$ und $\overrightarrow{BS_3} = \begin{pmatrix} 6 \\ 6 \\ 6 \end{pmatrix}$.

Damit hat F die Parametergleichung:

$$F\colon \vec{x} = \begin{pmatrix} 0 \\ 0 \\ 2 \end{pmatrix} + s\cdot\begin{pmatrix} 4 \\ 4 \\ -4 \end{pmatrix} + t\cdot\begin{pmatrix} 6 \\ 6 \\ 6 \end{pmatrix};\ s,t \in \mathbb{R}$$

Einen Normalenvektor $\vec{n}$ von F erhält man mit Hilfe des Kreuzprodukts (siehe Seite 41) der Spannvektoren $\overrightarrow{BD} = \begin{pmatrix} 4 \\ 4 \\ -4 \end{pmatrix}$ und $\overrightarrow{BS_3} = \begin{pmatrix} 6 \\ 6 \\ 6 \end{pmatrix}$:

$$\overrightarrow{BD} \times \overrightarrow{BS_3} = \begin{pmatrix} 4 \\ 4 \\ -4 \end{pmatrix} \times \begin{pmatrix} 6 \\ 6 \\ 6 \end{pmatrix} = \begin{pmatrix} 48 \\ -48 \\ 0 \end{pmatrix} = 48 \cdot \begin{pmatrix} 1 \\ -1 \\ 0 \end{pmatrix} \Rightarrow \vec{n} = \begin{pmatrix} 1 \\ -1 \\ 0 \end{pmatrix}$$

Alternativ kann man $\vec{n}$ auch mit Hilfe des Skalarprodukts bestimmen, da $\vec{n}$ sowohl auf $\overrightarrow{BD}$ als auch auf $\overrightarrow{BS_3}$ senkrecht steht. Es gilt:

$$\vec{n} \cdot \overrightarrow{BD} = 0 \Rightarrow \begin{pmatrix} n_1 \\ n_2 \\ n_3 \end{pmatrix} \cdot \begin{pmatrix} 4 \\ 4 \\ -4 \end{pmatrix} = 0 \text{ und } \vec{n} \cdot \overrightarrow{BS_3} = 0 \Rightarrow \begin{pmatrix} n_1 \\ n_2 \\ n_3 \end{pmatrix} \cdot \begin{pmatrix} 6 \\ 6 \\ 6 \end{pmatrix} = 0$$

Daraus ergibt sich das lineare Gleichungssystem:

$$\begin{array}{lccccccc} \text{I} & 4n_1 & + & 4n_2 & - & 4n_3 & = & 0 \\ \text{II} & 6n_1 & + & 6n_2 & + & 6n_3 & = & 0 \end{array}$$

Addiert man das 3-fache von Gleichung I zum 2-fachen von Gleichung II, so ergibt sich:

$$24n_1 + 24n_2 = 0$$

Wählt man z.B. $n_1 = 1$, erhält man: $24 \cdot 1 + 24n_2 = 0 \Rightarrow n_2 = -1$
Setzt man $n_1 = 1$ und $n_2 = -1$ in Gleichung I ein, erhält man:
$4 \cdot 1 + 4 \cdot (-1) - 4n_3 = 0 \Rightarrow n_3 = 0$.

Damit ergibt sich ein Normalenvektor $\vec{n} = \begin{pmatrix} 1 \\ -1 \\ 0 \end{pmatrix}$.

Eine Koordinatengleichung von F erhält man mit Hilfe der Punkt-Normalenform:

$$\text{F: } \left(\vec{x} - \vec{b}\right) \cdot \vec{n} = 0$$

$$\text{F: } \left(\vec{x} - \begin{pmatrix} 0 \\ 0 \\ 2 \end{pmatrix}\right) \cdot \begin{pmatrix} 1 \\ -1 \\ 0 \end{pmatrix} = 0$$

$$\text{F: } (x_1 - 0) \cdot 1 + (x_2 - 0) \cdot (-1) + (x_3 - 2) \cdot 0 = 0$$

$$\text{F: } x_1 - 0 - x_2 + 0 + 0 = 0$$

$$\text{F: } x_1 - x_2 = 0$$

Die Ebene F hat die Koordinatengleichung F: $x_1 - x_2 = 0$.

Um zu zeigen, dass F Symmetrieebene der Pyramide P_3 ist, kann man folgende Überlegung anstellen:

- Die Ebene F enthält die Punkte B, D und die Spitze S_3.
- Die Diagonale BD der Raute ist eine Symmetrieachse der Grundfläche der Pyramide.
- Die Grundfläche der Pyramide liegt in der Ebene E.

Es ist nun noch nachzuweisen, dass die Ebene F senkrecht auf der Ebene E steht. Dies geschieht mit Hilfe des Skalarprodukts der beiden Normalenvektoren der Ebenen E und F:

$$\vec{n}_E \cdot \vec{n}_F = \begin{pmatrix} 1 \\ 1 \\ 2 \end{pmatrix} \cdot \begin{pmatrix} 1 \\ -1 \\ 0 \end{pmatrix} = 1 \cdot 1 + 1 \cdot (-1) + 2 \cdot 0 = 1 - 1 + 0 = 0$$

Da das Skalarprodukt der beiden Normalenvektoren Null ergibt, sind die Normalenvektoren und damit die Ebenen E und F orthogonal zueinander.
Somit ist F Symmetrieebene der Pyramide P_3.

Aufgabe B 1.2

Da bei den Handys nur die Ausgänge «fehlerhaft» und «fehlerfrei» unterschieden werden, kann die Ziehung eines Handys als Bernoulli-Experiment angesehen werden. Ferner handelt es sich um Massenproduktion, so dass sich die Wahrscheinlichkeit beim Ziehen ohne Zurücklegen nur unwesentlich ändert. Somit kann mit einer binomialverteilten Zufallsvariablen der Kettenlänge $n = 100$ mit der Trefferwahrscheinlichkeit $p = 0,1$ für «Handy ist fehlerhaft» gerechnet werden; die Zufallsvariable X gebe also die Anzahl der fehlerhaften Handys an.

Es ergeben sich mit Hilfe des GTR/CAS für die gesuchten Ereignisse folgende Wahrscheinlichkeiten:

$$\begin{aligned} P(A) &= P(\text{«weniger als 5 fehlerhafte Handys»}) \\ &= P(\text{«höchstens 4 fehlerhafte Handys»}) \\ &= P(X \leqslant 4) \approx 0,024 = 2,4\,\% \end{aligned}$$

bzw.

$$\begin{aligned} P(B) &= P(\text{«mindestens 90 Handys funktionieren»}) \\ &= P(\text{«höchstens 10 fehlerhafte Handys»}) \\ &= P(X \leqslant 10) \approx 0,583 = 58,3\,\% \end{aligned}$$

Um die Anzahl n der Handys zu bestimmen, die entnommen werden müssen, so dass mit einer Wahrscheinlichkeit von mehr als 99 % wenigstens drei fehlerhafte dabei sind, löst man folgende

Ungleichung:

$$
\begin{aligned}
P(X \geqslant 3) &\geqslant 0{,}99 \\
1 - P(X \leqslant 2) &\geqslant 0{,}99 \\
0{,}01 &\geqslant P(X \leqslant 2)
\end{aligned}
$$

Mit Hilfe des GTR/CAS erhält man: $n \geqslant 81$.
Es müssen also mindestens 81 Handys entnommen werden, um mit einer Wahrscheinlichkeit von mindestens 99 % wenigstens drei fehlerhafte Handys zu erhalten.

Geometrie/Stochastik Aufgabe B 2

Aufgabe B 2.1

Den Schnittpunkt der Geraden $g: \vec{x} = \begin{pmatrix} 5 \\ 0 \\ 3 \end{pmatrix} + t \cdot \begin{pmatrix} 1 \\ -2 \\ 1 \end{pmatrix}$ mit der x_1x_2-Ebene ($x_3 = 0$) erhält man, indem man einen allgemeinen Punkt $P_g(5+t \mid -2t \mid 3+t)$ der Geraden g in die Ebenengleichung einsetzt:

$$3 + t = 0 \Rightarrow t = -3$$

Setzt man $t = -3$ in P_g ein, erhält man den gesuchten Schnittpunkt: $S(2 \mid 6 \mid 0)$.

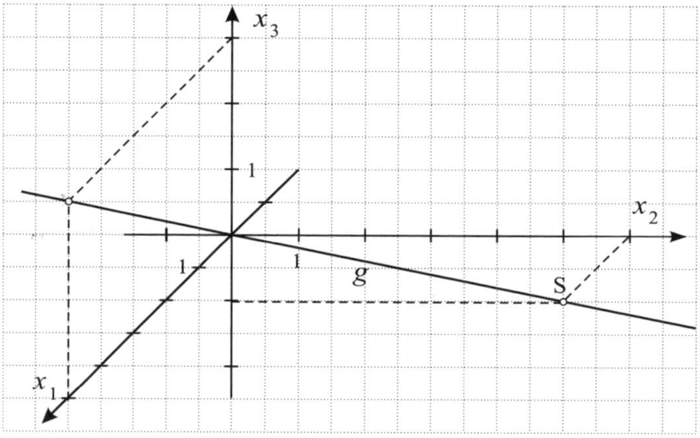

Den Schnittwinkel α zwischen g und der x_1x_2-Ebene erhält man mit Hilfe des Richtungsvektors $\vec{r}_g = \begin{pmatrix} 1 \\ -2 \\ 1 \end{pmatrix}$ von g und des Normalenvektors $\vec{n} = \begin{pmatrix} 0 \\ 0 \\ 1 \end{pmatrix}$ der x_1x_2-Ebene:

$$\sin\alpha = \frac{|\vec{r}_g \cdot \vec{n}|}{|\vec{r}_g| \cdot |\vec{n}|} = \frac{\left|\begin{pmatrix} 1 \\ -2 \\ 1 \end{pmatrix} \cdot \begin{pmatrix} 0 \\ 0 \\ 1 \end{pmatrix}\right|}{\left|\begin{pmatrix} 1 \\ -2 \\ 1 \end{pmatrix}\right| \cdot \left|\begin{pmatrix} 0 \\ 0 \\ 1 \end{pmatrix}\right|} = \frac{|1 \cdot 0 + (-2) \cdot 0 + 1 \cdot 1|}{\sqrt{1^2 + (-2)^2 + 1^2} \cdot 1} = \frac{1}{\sqrt{6}}$$

$$\Rightarrow \alpha \approx 24,1^\circ$$

Der Punkt F auf der Geraden g, der vom Punkt A den kleinsten Abstand hat, ist der Lotfußpunkt des Lotes von A auf g. Hierzu stellt man eine zu g orthogonale Hilfsebene E_H auf, die den Punkt

A enthält und deren Normalenvektor der Richtungsvektor $\vec{r}_g$ von g ist.

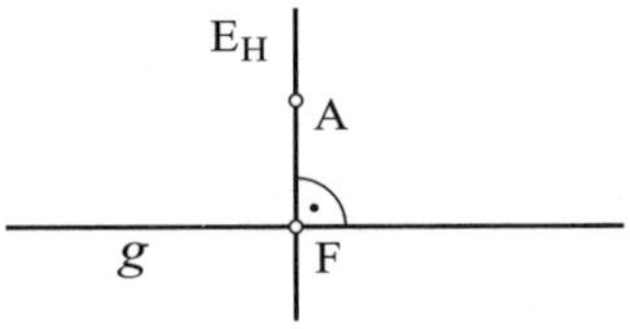

Mit Hilfe der Punkt-Normalenform $(\vec{x}-\vec{a})\cdot\vec{n}=0$ ergibt sich:

$$E_H: \left(\vec{x}-\begin{pmatrix}4,5\\6\\3,5\end{pmatrix}\right)\cdot\begin{pmatrix}1\\-2\\1\end{pmatrix}=0$$

$$E_H: (x_1-4,5)\cdot 1+(x_2-6)\cdot(-2)+(x_3-3,5)\cdot 1=0$$

$$E_H: x_1-4,5-2x_2+12+x_3-3,5=0$$

$$E_H: x_1-2x_2+x_3=-4$$

Schneidet man E_H mit g ergibt sich:

$$1\cdot(5+t)-2\cdot(-2t)+(3+t)=-4 \Rightarrow t=-2$$

Setzt man $t=-2$ in g ein, erhält man die Koordinaten des Schnittpunkts F:

$$\vec{f}=\begin{pmatrix}5\\0\\3\end{pmatrix}-2\cdot\begin{pmatrix}1\\-2\\1\end{pmatrix}=\begin{pmatrix}3\\4\\1\end{pmatrix} \Rightarrow F(3\,|\,4\,|\,1)$$

Um die Gerade g an A zu spiegeln, spiegelt man den Punkt F der Geraden g an Punkt A mit Hilfe einer Vektorkette:

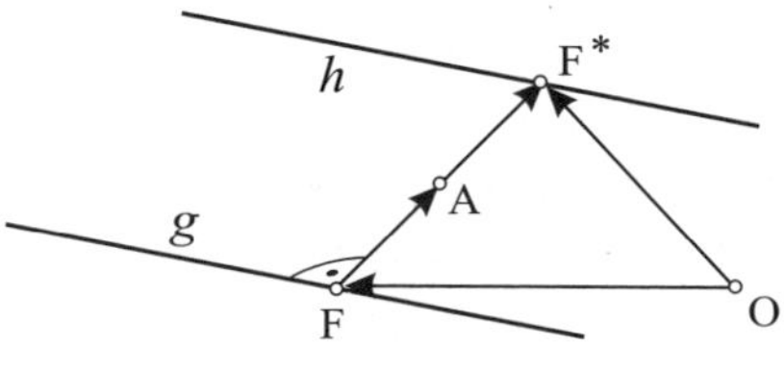

$$\overrightarrow{OF^*}=\overrightarrow{OF}+2\cdot\overrightarrow{FA}=\begin{pmatrix}3\\4\\1\end{pmatrix}+2\cdot\begin{pmatrix}1,5\\2\\2,5\end{pmatrix}=\begin{pmatrix}6\\8\\6\end{pmatrix} \Rightarrow F^*(6\,|\,8\,|\,6)$$

Die Spiegelgerade h ist parallel zu g und geht durch F^*, hat also die Gleichung:

$$h: \vec{x}=\begin{pmatrix}6\\8\\6\end{pmatrix}+t\cdot\begin{pmatrix}1\\-2\\1\end{pmatrix}$$

Die Gerade g ist orthogonal zur Geraden durch A und F, da F der Lotfußpunkt von A auf g ist (siehe a)). Daher entsteht bei der Rotation der Geraden g um die Gerade durch A und F eine Ebene.

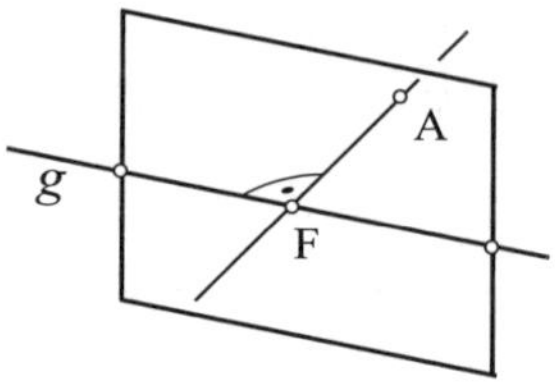

Aufgabe B 2.2

a) Betrachtet man nur die Ausgänge «gelb» oder «nicht gelb», so handelt es sich um ein Bernoulli-Experiment. Man legt X als Zufallsvariable für die Anzahl der Treffer «gelb» bei n Drehungen fest. X ist binomialverteilt mit $p = 0,4$.
Um zu berechnen, wie oft man das Glücksrad drehen muss, damit man mit einer Wahrscheinlichkeit von mindestens 90% mindestens zweimal gelb erhält, löst man folgende Ungleichung:

$$\begin{aligned} P(X \geqslant 2) &\geqslant 0,9 \\ 1 - P(X \leqslant 1) &\geqslant 0,9 \\ 0,1 &\geqslant P(X \leqslant 1) \end{aligned}$$

Mit Hilfe des GTR/CAS erhält man: $n > 8$.
Man muss also mindestens 9-mal drehen.

b) Die Nullhypothese lautet: H_0: $p \leqslant 0,4$ bei Treffer «gelb» und $n = 200$.
Die zugehörige Alternativhypothese lautet: H_1: $p > 0,4$.
Wegen H_1: $p > 0,4$ handelt es sich um einen rechtsseitigen Test.
Der Ablehnungsbereich ist gegeben durch $\overline{A} = \{91, ..., 200\}$.
Damit gilt für die gesuchte Irrtumswahrscheinlichkeit α, wenn X Zufallsvariable für die Anzahl der Treffer «gelb» ist:

$$\alpha = P(\overline{A}) = P(X \geqslant 91) = 1 - P(X \leqslant 90) \approx 0,065 = 6,5\,\%$$

Die Irrtumswahrscheinlichkeit beträgt somit etwa $6,5\,\%$.

Wahlteil Abitur 2011

Tipps ab Seite 209, Lösungen ab Seite 213 ☐

Mathematik Analysis Wahlteil 2011 Aufgabe A 1*

Aufgabe A 1.1

Für jedes $a \neq 0$ ist eine Funktion f_a mit

$$f_a(x) = \frac{4}{x^3 + 4a} \quad \text{gegeben.}$$

Ihr Schaubild ist K_a.

a) Bestimmen Sie die maximale Definitionsmenge von f_2.
Geben Sie die Asymptoten von K_2 an.
Das Schaubild K_2 besitzt genau zwei Wendepunkte.
Bestimmen Sie deren Koordinaten.
Welcher Punkt $\mathrm{P}(u \mid v)$ von K_2 mit $0 \leqslant u \leqslant 2$ hat vom Punkt $\mathrm{A}(1 \mid 0)$ den kleinsten Abstand? (6 VP)

b) Die Schaubilder K_1 und K_2 schließen mit der y-Achse und der Geraden $x = 2$ eine Fläche ein.
Bei Rotation dieser Fläche um die x-Achse entsteht ein Drehkörper, der als Düse benutzt wird (Längeneinheit 1 cm).
Berechnen Sie die Masse einer solchen Düse, die aus Titan mit einer Dichte von $4{,}5\,\frac{\mathrm{g}}{\mathrm{cm}^3}$ besteht. (3 VP)

Aufgabe A 1.2

Für jedes $a > 0$ ist eine Funktion f_a gegeben durch

$$f_a(x) = a \cdot \sin(ax) + a\,;\; x \in \mathbb{R}.$$

f_a hat das Schaubild K_a und die Periode p_a.
Bestimmen Sie die Koordinaten des Hochpunkts H_a von K_a für $0 \leqslant x < p_a$.
Ermitteln Sie eine Gleichung der Kurve, auf der alle diese Hochpunkte liegen.
Geben Sie in Abhängigkeit von a die Koordinaten des Wendepunkts W_a von K_a an, der den kleinsten positiven x-Wert hat.

(6 VP)

*Die Aufgabe wurde unter Berücksichtigung der neuen Richtlinien gekürzt und neu zusammengestellt.

Tipps ab Seite 210, Lösungen ab Seite 217

Mathematik Analysis Wahlteil 2011 Aufgabe A 2*

In einer großen Stadt breitet sich eine Viruserkrankung aus.
Die momentane Erkrankungsrate wird modellhaft beschrieben durch die Funktion f mit

$$f(t) = 150 \cdot t^2 \cdot e^{-0,2t} \; ; \; t \geqslant 0$$

Dabei ist t die Zeit in Wochen seit Beobachtungsbeginn und $f(t)$ die Anzahl der Neuerkrankungen pro Woche.

a) Skizzieren Sie das Schaubild von f.
Wann erkranken die meisten Personen?
Zeigen Sie, dass ab diesem Zeitpunkt die momentane Erkrankungsrate rückläufig ist.
Wann nimmt sie am stärksten ab? (6 VP)

b) Alle Neuerkrankungen werden sofort dem Gesundheitsamt gemeldet.
Bei Beobachtungsbeginn sind bereits 100 Personen gemeldet.
Wie viele Personen sind nach 12 Wochen insgesamt gemeldet?
Die Funktion F mit $\mathrm{F}(t) = -750 \cdot \left(t^2 + 10t + 50\right) \cdot e^{-0,2t}$ ist eine Stammfunktion von f.
Geben Sie eine Funktion für die Gesamtzahl der gemeldeten Personen nach t Wochen an.
Wann wird die Zahl von 20 000 gemeldeten Personen erreicht?
Weisen Sie nach, dass die Anzahl der Meldungen unter 40 000 bleiben wird. (6 VP)

In einer benachbarten Stadt mit 30 000 Einwohnern ist bei Beobachtungsbeginn bereits die Hälfte der Einwohner an diesem Virus erkrankt. Es ist davon auszugehen, dass im Laufe der Zeit alle Einwohner von der Krankheit erfasst werden und dass dabei die momentane wöchentliche Erkrankungsrate proportional zur Anzahl der bisher noch nicht von der Krankheit erfassten Einwohner ist.

c) Man nimmt zur Modellierung den Proportionalitätsfaktor $0,1$ an.
Geben Sie eine zugehörige Differenzialgleichung an.
Bestimmen Sie eine Funktion, welche die Anzahl der von der Krankheit erfassten Personen beschreibt.
Wie viele Personen werden demzufolge nach 4 Wochen von der Krankheit erfasst sein?
(3 VP)

*Die Aufgabe wurde unter Berücksichtigung der neuen Richtlinien gekürzt.

Tipps ab Seite 210, Lösungen ab Seite 220 ☐

Mathematik Geometrie/Stochastik Wahlteil 2011 Aufgabe B 1 *

Aufgabe B 1.1

Eine prismenförmige Truhe ist durch die Eckpunkte A(6 | 4 | 0), B(6 | 8 | 0), C(−4 | 8 | 0), D(−4 | 4 | 0), P(6 | 4 | 4), Q(6 | 8 | 6), R(−4 | 8 | 6) und S(−4 | 4 | 4) gegeben.
Das Viereck PQRS beschreibt den Deckel der Truhe.

a) Stellen Sie die Truhe in einem Koordinatensystem dar.
Berechnen Sie das Volumen der Truhe.
Bestimmen Sie eine Koordinatengleichung der Ebene, in welcher der Deckel der Truhe liegt.
(Teilergebnis: $E_{\text{Deckel}}: x_2 - 2x_3 = -4$)

(5 VP)

Gegeben ist eine Ebenenschar durch $E_a: x_2 - ax_3 = 8 - 6a$; $a \in \mathbb{R}$.

b) Zeigen Sie, dass die Ebene, in der der Deckel liegt, und die Ebene, in der die Rückwand BCRQ liegt, zur Ebenenschar gehören.
Zeigen Sie, dass es eine Gerade gibt, die in allen Ebenen E_a der Schar liegt.
Berechnen Sie den Schnittwinkel φ von E_0 und E_2.
Welche andere Ebene E_a schließt mit der Ebene E_2 ebenfalls den Winkel φ ein?

(6 VP)

Aufgabe B 1.2

Eine Brauerei stellt alkoholfreies Bier her und hat einen Marktanteil von 15%. Durch eine Werbekampagne soll dieser Anteil erhöht werden. Um zu prüfen, ob die Werbekampagne erfolgreich war, wird ein Test durchgeführt, bei dem 120 von 600 Befragten angeben, das alkoholfreie Bier der Brauerei zu trinken. Lässt sich hieraus mit einer Irrtumswahrscheinlichkeit von höchstens 2% sagen, dass die Werbekampagne erfolgreich war?

(4 VP)

*Die Aufgabe wurde unter Berücksichtigung der neuen Richtlinien gekürzt und um eine Stochastikaufgabe ergänzt.

Tipps ab Seite 211, Lösungen ab Seite 225

Mathematik Geometrie/Stochastik Wahlteil 2011 Aufgabe B 2*

Aufgabe B 2.1

Ein Gebäude hat als Grundfläche das Rechteck ABCD mit $A(4 \mid 0 \mid 0)$, $B(4 \mid 6 \mid 0)$, $C(0 \mid 6 \mid 0)$ und $D(0 \mid 0 \mid 0)$ und als Dachfläche das Viereck EFGH mit $E(4 \mid 0 \mid 4)$, $F(4 \mid 6 \mid 1)$, $G(0 \mid 6 \mid 5)$ und $H(0 \mid 0 \mid 8)$ (Koordinatenangaben in Meter).
Stellen Sie das Gebäude in einem Koordinatensystem dar.
Bestimmen Sie eine Koordinatengleichung der Ebene, in der die Dachfläche EFGH liegt.
Welchen Neigungswinkel besitzt die Dachfläche?
Zeigen Sie, dass die Dachfläche ein Parallelogramm ist.
Berechnen Sie den Inhalt der Dachfläche.
(Zwischenergebnis: $E_{\text{Dach}}: 2x_1 + x_2 + 2x_3 = 16$)

(8 VP)

Aufgabe B 2.2

Für den Bau einer Alarmanlage stehen zwei Modelle zur Verfügung, Modell A mit 2 Sensoren und Modell B mit 4 Sensoren.
Modell A funktioniert auch noch, wenn ein Sensor kaputt ist, Modell B braucht mindestens zwei funktionierende Sensoren.
Die Wahrscheinlichkeit, dass ein Sensor funktioniert, sei p.

a) Welche Alarmanlage ist sicherer, wenn $p = 0,9$ gilt? (3 VP)

b) Stellen Sie die Wahrscheinlichkeiten, dass Modell A bzw. Modell B funktioniert, als Funktion von p dar.
Für welche Werte von p ist Modell A sicherer als Modell B? (4 VP)

*Die Aufgabe wurde unter Berücksichtigung der neuen Richtlinien gekürzt und um eine Stochastikaufgabe ergänzt.

Tipps Wahlteil Abitur 2011

Analysis Aufgabe A 1

Aufgabe A 1.1

a) Die in der maximalen Definitionsmenge von $f_2(x)$ nicht zugelassenen x-Werte erhalten Sie, indem Sie den Nenner von $f_2(x)$ gleich Null setzen. Zur Bestimmung der senkrechten Asymptote überlegen Sie, ob es eine Polstelle gibt; die waagrechte Asymptote erhalten Sie, indem Sie das Verhalten von $f_2(x)$ für $x \to \pm\infty$ betrachten.
Die Wendepunkte von K_2 bestimmen Sie, indem Sie zuerst die Extremstellen von $f_2{}'(x)$ mit Hilfe des GTR/ CAS bestimmen.
Die zugehörigen y-Werte erhalten Sie, indem Sie die erhaltenen x-Werte in $f_2(x)$ einsetzen.
Skizzieren Sie das Schaubild K_2 mit Hilfe des GTR/ CAS sowie die Problemstellung.
Den Abstand $d(u)$ des Punktes $A(1 \mid 0)$ vom Punkt $P(u \mid f_2(u))$ erhalten Sie mit Hilfe des Satzes des Pythagoras oder mit Hilfe der Abstandsformel $\overline{AP} = \sqrt{(x_2-x_1)^2+(y_2-y_1)^2}$.
Das Minimum von $d(u)$ für $0 \leqslant u \leqslant 2$ bestimmen Sie mit Hilfe des GTR/CAS.
Den y-Wert von P erhalten Sie, indem Sie den berechneten u-Wert in $f_2(x)$ einsetzen.

b) Skizzieren Sie mit Hilfe des GTR/CAS K_1 und K_2 für $0 \leqslant u \leqslant 2$ und beachten Sie, welche Kurve oberhalb der anderen liegt.
Verwenden Sie für das Volumen V eines Rotationskörpers die Formel $V = \pi \cdot \int_{x_1}^{x_2} (f(x))^2 \, dx$.
Beachten Sie, dass das Volumen der Düse aus der Differenz zweier Rotationsvolumina gebildet wird; verwenden Sie den GTR/CAS.
Die Masse m der Düse erhalten Sie, indem Sie das Volumen mit der Dichte multiplizieren.

Aufgabe A 1.2

Die Koordinaten des Hochpunkts H_a von K_a erhalten Sie mit Hilfe der 1. und 2. Ableitung von f_a; verwenden Sie die Kettenregel. Als notwendige Bedingung lösen Sie die Gleichung $f_a{}'(x) = 0$ nach x auf. Setzen Sie die erhaltenen x-Werte in $f_a{}''(x)$ ein; ist das Ergebnis kleiner als Null, handelt es sich um einen Hochpunkt. Den zugehörigen y-Wert erhalten Sie, indem Sie den errechneten x-Wert in $f_a(x)$ einsetzen.
Um eine Gleichung der Kurve, auf der alle diese Hochpunkte liegen, zu ermitteln, lösen Sie den x-Wert von H_a nach a auf und setzen das erhaltene Ergebnis in den y-Wert von H_a ein.

Den Wendepunkt W_a von K_a, der den kleinsten positiven x-Wert hat, erhalten Sie mit Hilfe der 2. und 3. Ableitung von f_a, die Sie mit Hilfe der Kettenregel bestimmen. Lösen Sie als notwendige Bedingung $f_a{}''(x) = 0$ nach x auf. Setzen Sie den erhaltenen x-Wert in $f_a{}'''(x)$ ein; ist das Ergebnis ungleich als Null, handelt es sich um einen Wendepunkt. Den zugehörigen y-Wert erhalten Sie, indem Sie den errechneten x-Wert in $f_a(x)$ einsetzen.

Analysis Aufgabe A 2

a) Zum Skizzieren des Schaubilds von f müssen Sie den Zeichenbereich des GTR/CAS entsprechend einstellen.
Um zu berechnen, wann die meisten Personen erkranken, berechnen Sie den Hochpunkt des Schaubilds von f mit Hilfe des GTR/CAS.
Bestimmen Sie mit Hilfe der Produkt- und Kettenregel die 1. Ableitung von f. Überlegen Sie, ob ab einem bestimmten t-Wert $f'(t) < 0$ gilt; beachten Sie, dass $e^{-0,2t}$ stets größer als Null ist.
Um zu bestimmen, wann die momentane Erkrankungsrate am stärksten abnimmt, berechnen Sie mit Hilfe des GTR/CAS das Minimum von $f'(t)$, da die Abnahme der 1. Ableitung entspricht.

b) Die Anzahl $\mathrm{A}(12)$ der Personen, die nach 12 Wochen insgesamt krank gemeldet sind, erhalten Sie, indem Sie zur Anfangszahl von 100 den Zuwachs in 12 Wochen addieren, den Sie mit Hilfe eines Integrals bestimmen; verwenden Sie den GTR/CAS.
Die Anzahl $\mathrm{A}(t)$ der Personen, die nach t Wochen insgesamt krank gemeldet sind, erhalten Sie mit Hilfe der gegebenen Stammfunktion F und der Nebenbedingung, dass zu Beginn 100 Personen erkrankt sind. Als Ansatz verwenden Sie $\mathrm{A}(t) = \mathrm{F}(t) + c$. Mit der Nebenbedingung $\mathrm{A}(0) = 100$ erhalten Sie c.
Lösen Sie mit Hilfe des GTR/CAS die Gleichung $\mathrm{A}(t) = 20\,000$ nach t auf.
Bestimmen Sie den Grenzwert von $\mathrm{A}(t)$ für $t \longrightarrow \infty$. Überlegen Sie, ob $\mathrm{A}'(t) > 0$ für $t > 0$ ist und beachten Sie, dass $e^{-0,2t}$ für $t \longrightarrow \infty$ gegen Null geht.

c) Verwenden Sie die Funktion B für die Anzahl der nach t Wochen seit Beobachtungsbeginn von der Krankheit erfassten Personen und die Differenzialgleichung für beschränktes Wachstum: $\mathrm{B}'(t) = k \cdot (\mathrm{S} - \mathrm{B}(t))$. Überlegen Sie, wie groß die Schranke S ist und setzen Sie diese und den gegebenen Proportionalitätsfaktor k ein. Als Ansatz für die Lösung der Differenzialgleichung verwenden Sie $\mathrm{B}(t) = \mathrm{S} - a \cdot e^{-k \cdot t}$. Mit der Nebenbedingung, dass zu Beginn ($t = 0$) bereits die Hälfte der Einwohner (15 000) an diesem Virus erkrankt sind, erhalten Sie a sowie die Funktionsgleichung von B. Setzen Sie $t = 4$ in $\mathrm{B}(t)$ ein.

Geometrie/Stochastik Aufgabe B 1

Aufgabe B 1.1

a) Da die Truhe ein Prisma ist, erhalten Sie das Volumen V durch $\mathrm{V} = \mathrm{G} \cdot h_\mathrm{P}$. Die Grundfläche G ist das Trapez ABQP, die Höhe h_P des Prismas ist z.B. die Länge der Strecke BC. Die Fläche G des Trapezes ABQP erhalten Sie mit der Formel $\mathrm{G} = \frac{a+c}{2} \cdot h$. Verwenden Sie $a = \overline{\mathrm{BQ}}$, $c = \overline{\mathrm{AP}}$ und $h = \overline{\mathrm{AB}}$.
Verwenden Sie für die Parametergleichung der Ebene $\mathrm{E}_\mathrm{Deckel}$, in der die Punkte P, Q und R liegen, beispielsweise den Stützpunkt P und die Spannvektoren $\overrightarrow{\mathrm{PQ}}$ und $\overrightarrow{\mathrm{PR}}$. Einen Normalenvektor $\vec{n}$ von $\mathrm{E}_\mathrm{Deckel}$ erhalten Sie mit Hilfe des Kreuzprodukts (siehe Seite 41) der

Spannvektoren $\overrightarrow{PQ}$ und $\overrightarrow{PR}$. Alternativ können Sie $\vec{n}$ auch mit Hilfe des Skalarprodukts bestimmen, da $\vec{n}$ sowohl auf $\overrightarrow{PQ}$ als auch auf $\overrightarrow{PR}$ senkrecht steht. Eine Koordinatengleichung von E_{Deckel} erhalten Sie mit Hilfe der Punkt-Normalenform: $(\vec{x}-\vec{p})\cdot\vec{n}=0$.

b) Überlegen Sie, welche Gleichungen die Ebenen haben, in welcher der Deckel bzw. die Rückwand liegen, und setzen Sie jeweils den zugehörigen a-Wert (Koeffizient vor x_3) in die Gleichung der Ebenenschar E_a ein.
Überlegen Sie, welche beiden Punkte der Truhe zur Ebenenschar gehören und stellen Sie die Gleichung der zugehörigen Geraden auf. Bestimmen Sie einen allgemeinen Punkt dieser Geraden und setzen Sie diesen in E_a ein; bei einer wahren Aussage enthält E_a die Gerade.
Den Schnittwinkel φ von E_0 und E_2 erhalten Sie mit Hilfe der Formel für Winkel zwischen den beiden Normalenvektoren $\vec{n}_0$ und $\vec{n}_2$: $\cos\varphi=\frac{|\vec{n}_0\cdot\vec{n}_2|}{|\vec{n}_0|\cdot|\vec{n}_2|}$
Man erhält diejenige andere Ebene E_a, die mit der Ebene E_2 ebenfalls den Winkel φ einschließt, auch mit Hilfe der Formel für Winkel zwischen den beiden Normalenvektoren $\vec{n}_a$ und $\vec{n}_2$. Stellen Sie eine Gleichung auf und lösen Sie diese mit Hilfe des GTR/CAS.

Aufgabe B 1.2

Schreiben Sie die Nullhypothese in der Form H_0: p = ... bei Treffer «alkoholfreies Bier» auf und formulieren Sie die Alternativhypothese H_1 : p > ..... Beachten Sie, dass es sich um einen rechtsseitigen Test handelt. Bestimmen Sie deshalb ein minimales $k\in\mathbb{N}$ und damit einen Ablehnungsbereich $\overline{A}=\{k,...,600\}$ so, dass gilt: $P(X\geqslant k)\leqslant\alpha$. Verwenden Sie hierzu
$P(X\geqslant k)=1-P(X\leqslant k-1)$. Lösen Sie die Ungleichung mit Hilfe des GTR/CAS. Vergleichen Sie die Angabe mit dem Ablehnungsbereich.

Geometrie/Stochastik Aufgabe B 2

Aufgabe B 2.1

Verwenden Sie für die Parametergleichung der Ebene E_{Dach}, in der die Punkte E, F und G liegen, beispielsweise den Stützpunkt E und die Spannvektoren $\overrightarrow{EF}$ und $\overrightarrow{EG}$. Einen Normalenvektor $\vec{n}$ von E_{Dach} erhalten Sie mit Hilfe des Kreuzprodukts (siehe Seite 41) der Spannvektoren $\overrightarrow{EF}$ und $\overrightarrow{EG}$. Alternativ können Sie $\vec{n}$ auch mit Hilfe des Skalarprodukts bestimmen, da $\vec{n}$ sowohl auf $\overrightarrow{EF}$ als auch auf $\overrightarrow{EG}$ senkrecht steht. Eine Koordinatengleichung von E_{Dach} erhalten Sie mit Hilfe der Punkt-Normalenform: $(\vec{x}-\vec{e})\cdot\vec{n}=0$.
Den Neigungswinkel α der Dachfläche erhalten Sie mit Hilfe der Formel für Winkel zwischen den Normalenvektoren $\vec{n}_1$ der Dachfläche und dem Normalenvektor $\vec{n}_2$ der Grundfläche: $\cos\alpha=\frac{|\vec{n}_1\cdot\vec{n}_2|}{|\vec{n}_1|\cdot|\vec{n}_2|}$.
Um zu zeigen, dass die Dachfläche ein Parallelogramm ist, berechnen Sie die Verbindungsvektoren der Ecken des Vierecks EFGH.
Den Inhalt der Dachfläche erhalten Sie, indem Sie den Flächeninhalt A des Parallelogramms EFGH mit Hilfe der Formel $A=g\cdot h$ bestimmen. Als Grundseite g verwenden Sie die Strecke von

E zu F.
Die Höhe h erhalten Sie, indem Sie den Abstand d des Punktes G von der Geraden g_{EF} durch E und F berechnen. Hierzu stellen Sie eine Hilfsebene E_H auf, die durch G verläuft und orthogonal zu g_{EF} ist; als Normalenvektor von E_H können Sie den Richtungsvektor $\vec{r}$ von g_{EF} wählen. Anschließend schneiden Sie E_H und g_{EF} und berechnen den Abstand des Schnittpunktes von G.
Alternativ können Sie die Höhe h des Parallelgramms auch dadurch bestimmen, dass Sie das Minimum des Abstands $d(t)$ des Punktes G zu einem allgemeinen Punkt P_t der Geraden g_{EF} mit Hilfe des GTR/CAS berechnen.
Den Flächeninhalt A des Parallelogramms können Sie unter Verwendung des Kreuzprodukts auch direkt mit der Formel $A = \left|\overrightarrow{EF} \times \overrightarrow{EH}\right|$ bestimmen.

Aufgabe B 2.2

a) Zeichnen Sie für Modell A ein Baumdiagramm mit den Ästen einwandfrei (e) und nicht einwandfrei ($\bar{e}$). Überlegen Sie, welche Ergebnisse zum Ereignis gehören und verwenden Sie die Pfadregeln. Alternativ können Sie auch mit dem Gegenereignis rechnen.
Für Modell B mit 4 Sensoren legen Sie die binomialverteilte Zufallsvariable X fest, welche die Anzahl der einwandfreien Sensoren angibt. Berechnen Sie $P(X \geqslant 2)$ mit Hilfe des GTR/ CAS; verwenden Sie hierzu $P(X \geqslant k) = 1 - P(X \leqslant k-1)$.

b) Für Modell A erhalten Sie eine Funktion $f(p)$, indem Sie die Pfadregeln verwenden.
Für Modell B erhalten Sie eine Funktion $g(p)$, indem Sie $P(X \geqslant 2)$ als Summe $P(X=2)+P(X=3)+P(X=4)$ schreiben und die Formel $P(X=k) = \binom{n}{k} \cdot p^k \cdot (1-p)^{n-k}$ verwenden.
Berechnen Sie mit Hilfe des GTR/ CAS die Schnittstelle der beiden Schaubilder für $0 < p < 1$.

Lösungen Wahlteil Abitur 2011

Analysis Aufgabe A 1

Aufgabe A 1.1

Es ist $f_a(x) = \frac{4}{x^3+4a}$.

a) Die in der maximalen Definitionsmenge von $f_2(x) = \frac{4}{x^3+8}$ nicht zugelassenen x-Werte erhält man, indem man den Nenner von $f_2(x)$ gleich Null setzt:

$$x^3+8=0 \Rightarrow x^3=-8 \Rightarrow x=-2$$

Damit ergibt sich die maximale Definitionsmenge: $D = \mathbb{R} \setminus \{-2\}$.
Für $x \to \pm\infty$ geht $f_2(x) \to 0$, da der Zähler konstant ist und der Nenner gegen $\pm\infty$ geht, also ist $y=0$ waagrechte Asymptote von K_2.
Die senkrechte Asymptote (Pol) von K_2 ist $x=-2$.
Damit hat K_2 die Asymptoten $y=0$ und $x=-2$.

Die Wendepunkte von K_2 erhält man, indem man zuerst die Extremstellen von $f_2{}'(x)$ mit Hilfe des GTR/CAS bestimmt. Man erhält: $x_1=0$ und $x_2 \approx 1,59$.
Die zugehörigen y-Werte bestimmt man, indem man die x-Werte in $f_2(x)$ einsetzt:

$$y_1 = f_2(0) = \frac{4}{0^3+8} = 0,5 \text{ und } y_2 \approx f_2(1,59) = \frac{4}{1,59^3+8} \approx 0,33$$

Damit hat K_2 die beiden Wendepunkte $W_1\,(0 \mid 0,5)$ und $W_2\,(1,59 \mid 0,33)$.

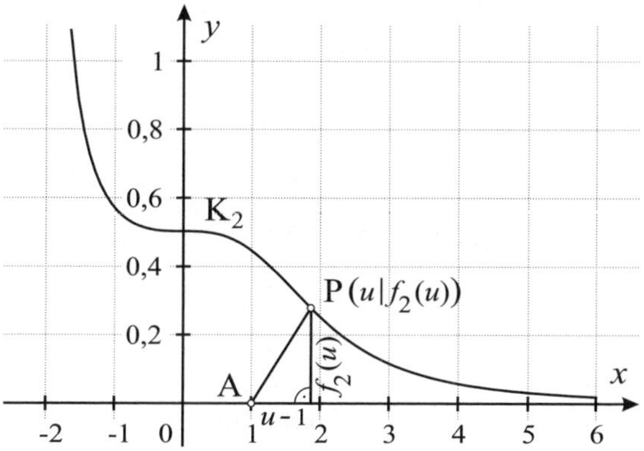

Der Abstand $d(u)$ des Punktes $A(1 \mid 0)$ vom Punkt $P(u \mid f_2(u))$ wird mit Hilfe des Satzes des Pythagoras bzw. der Abstandsformel berechnet:

$$d(u) = \sqrt{(u-1)^2+(f_2(u)-0)^2} = \sqrt{(u-1)^2+\left(\frac{4}{u^3+8}\right)^2}$$

Das Minimum von $d(u)$ für $0 \leqslant u \leqslant 2$ erhält man mit Hilfe des GTR/CAS: $u \approx 1,07$.

Den y-Wert von P bestimmt man, indem man $u \approx 1,07$ in $f_2(x)$ einsetzt:

$$y \approx f_2(1,07) = \frac{4}{1,07^3+8} \approx 0,43$$

Damit hat der Punkt $P(1,07 \mid 0,43)$ vom Punkt $A(1 \mid 0)$ den kleinsten Abstand.

b) Zuerst zeichnet man K_1 und K_2 mit dem GTR/CAS:

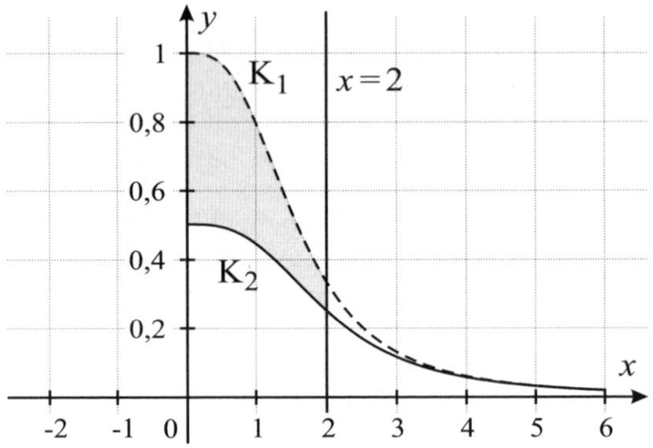

Da K_1 oberhalb von K_2 verläuft, gilt für das Volumen V des Drehkörpers:

$$V = \pi \cdot \int_0^2 (f_1(x))^2\,dx - \pi \cdot \int_0^2 (f_2(x))^2\,dx \approx 2,70\,\text{cm}^3 \text{ (GTR/ CAS)}$$

Die Masse m der Düse erhält man, indem man das Volumen mit der Dichte multipliziert:

$$m \approx 2,70\,\text{cm}^3 \cdot 4,5\,\frac{\text{g}}{\text{cm}^3} = 12,15\,\text{g}$$

Die Düse hat eine Masse von etwa $12,15$ g.

Aufgabe A 1.2

Es ist $f_a(x) = a \cdot \sin(ax) + a$; $x \in \mathbb{R}$.

Die Periode p_a von $f_a(x)$ ist $p_a = \frac{2\pi}{a}$.
Die Koordinaten des Hochpunkts H_a von K_a für $0 \leqslant x < \frac{2\pi}{a}$ erhält man mit Hilfe der 1. und 2. Ableitung von f_a, die man mit der Kettenregel bestimmt:

$$\begin{aligned} f_a{}'(x) &= a \cdot \cos(ax) \cdot a = a^2 \cdot \cos(ax) \\ f_a{}''(x) &= -a^2 \cdot \sin(ax) \cdot a = -a^3 \cdot \sin(ax) \end{aligned}$$

Die notwendige Bedingung $f_a{}'(x) = 0$ führt zu $a^2 \cdot \cos(ax) = 0$ bzw. $\cos(ax) = 0$.
Wegen $\cos\left(\frac{\pi}{2}\right) = 0$ und $\cos\left(\frac{3}{2}\pi\right) = 0$ ergeben sich als Lösungen:

$$ax = \frac{\pi}{2} \Rightarrow x_1 = \frac{\pi}{2a} \text{ und } ax = \frac{3}{2}\pi \Rightarrow x_2 = \frac{3\pi}{2a}$$

Setzt man $x_1 = \frac{\pi}{2a}$ und $x_2 = \frac{3\pi}{2a}$ in $f_a''(x)$ ein, ergibt sich:

$$f_a''\left(\frac{\pi}{2a}\right) = -a^3 \cdot \sin\left(a \cdot \frac{\pi}{2a}\right) = -a^3 \cdot \sin\left(\frac{\pi}{2}\right) = -a^3 < 0 \text{ (da } a > 0)$$
$$f_a''\left(\frac{3\pi}{2a}\right) = -a^3 \cdot \sin\left(a \cdot \frac{3\pi}{2a}\right) = -a^3 \cdot \sin\left(\frac{3\pi}{2}\right) = a^3 > 0 \text{ (da } a > 0)$$

Wegen $f_a''\left(\frac{\pi}{2a}\right) = -a^3 < 0$ handelt es sich für $x = \frac{\pi}{2a}$ um einen Hochpunkt.

Den zugehörigen y-Wert erhält man, indem man $x = \frac{\pi}{2a}$ in $f_a(x)$ einsetzt:

$$y = f_a\left(\frac{\pi}{2a}\right) = a \cdot \sin\left(a \cdot \frac{\pi}{2a}\right) + a = a + a = 2a$$

Damit hat der Hochpunkt H_a die Koordinaten:

$$H_a\left(\frac{\pi}{2a} \mid 2a\right)$$

Um eine Gleichung der Kurve, auf der alle diese Hochpunkte liegen, zu ermitteln, löst man $x = \frac{\pi}{2a}$ nach a auf und setzt das erhaltene Ergebnis in $y = 2a$ ein:

$$x = \frac{\pi}{2a} \Rightarrow a = \frac{\pi}{2x}$$
$$y = 2a = 2 \cdot \frac{\pi}{2x} = \frac{\pi}{x}$$

Alle Hochpunkte H_a liegen auf einer Kurve mit der Gleichung $y = \frac{\pi}{x}$.

Den Wendepunkt W_a von K_a, der den kleinsten positiven x-Wert hat, erhält man mit Hilfe der 2. und 3. Ableitung von f_a, die man mit Hilfe der Kettenregel bestimmt:

$$f_a''(x) = -a^3 \cdot \sin(ax)$$
$$f_a'''(x) = -a^3 \cdot \cos(ax) \cdot a = -a^4 \cdot \cos(ax)$$

Die notwendige Bedingung $f_a''(x) = 0$ führt zu $-a^3 \cdot \sin(ax) = 0$ bzw. $\sin(ax) = 0$.
Wegen $\sin(0) = 0$, $\sin(\pi) = 0$ und $\sin(2\pi) = 0$ ergeben sich als Lösungen:
$ax = 0 \Rightarrow x_1 = 0$, $ax = \pi \Rightarrow x_2 = \frac{\pi}{a}$ und $ax = 2\pi \Rightarrow x_3 = \frac{2\pi}{a}$
Setzt man den kleinsten positiven x-Wert, also $x_2 = \frac{\pi}{a}$ in $f_a'''(x)$ ein, ergibt sich:

$$f_a'''\left(\frac{\pi}{a}\right) = -a^4 \cdot \cos\left(a \cdot \frac{\pi}{a}\right) = a^4 \neq 0$$

Wegen $f_a'''\left(\frac{\pi}{a}\right) = a^4 \neq 0$ handelt es sich um eine Wendestelle.

Den zugehörigen y-Wert erhält man, indem man $x = \frac{\pi}{a}$ in $f_a(x)$ einsetzt:

$$y = f_a\left(\frac{\pi}{a}\right) = a \cdot \sin\left(a \cdot \frac{\pi}{a}\right) + a = 0 + a = a$$

Damit hat der Wendepunkt W_a die Koordinaten:

$$W_a\left(\frac{\pi}{a} \mid a\right)$$

Analysis Aufgabe A 2

Es ist $f(t) = 150 \cdot t^2 \cdot e^{-0,2t}$; $t \geqslant 0$ (Zeit t in Wochen seit Beobachtungsbeginn).

a) Für die Erstellung der Skizze des Schaubilds von f verwendet man den GTR/ CAS (Zeichenbereich $0 \leqslant t \leqslant 40$ und $0 \leqslant y \leqslant 2500$).

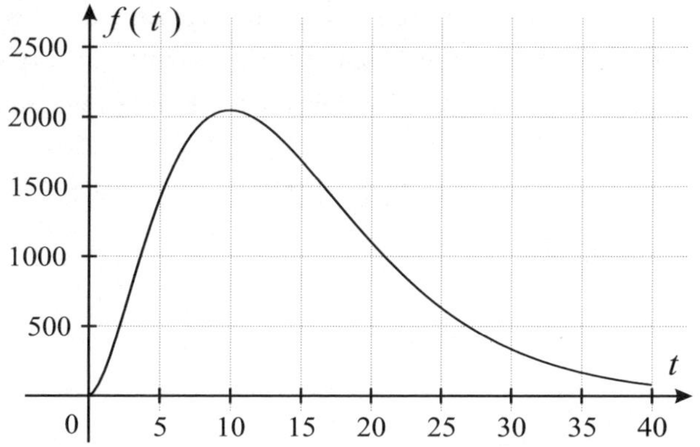

Um zu berechnen, wann die meisten Personen erkranken, berechnet man den Hochpunkt des Schaubilds von f mit Hilfe des GTR/CAS. Man erhält: $\mathrm{H}(10 \mid 2030)$
Damit erkranken 10 Wochen nach Beobachtungsbeginn die meisten Personen.

Um zu zeigen, dass ab diesem Zeitpunkt die momentane Erkrankungsrate rückläufig ist, bestimmt man mit Hilfe der Produkt- und Kettenregel die 1. Ableitung von f. Es ergibt sich:

$$f'(t) = 300 \cdot t \cdot e^{-0,2t} + 150 \cdot t^2 \cdot e^{-0,2t} \cdot (-0,2) = \left(300 \cdot t - 30 \cdot t^2\right) \cdot e^{-0,2t}$$

Es ist $e^{-0,2t}$ stets größer als Null. Der Term $300 \cdot t - 30 \cdot t^2 = 30t \cdot (10 - t)$ ist für $t < 0$ oder $t > 10$ negativ.
Somit gilt für $t > 10$:

$$f'(t) < 0$$

Damit ist für $t > 10$ die Funktion f streng monoton fallend und die momentane Erkrankungsrate ist nach 10 Wochen rückläufig.

Um zu bestimmen, wann die momentane Erkrankungsrate am stärksten abnimmt, berechnet man mit Hilfe des GTR/ CAS das Minimum von $f'(t)$, da die Abnahme der 1. Ableitung entspricht. Man erhält: $t \approx 17,1$
Nach etwa 17 Wochen seit Beobachtungsbeginn nimmt die momentane Erkrankungsrate am stärksten ab.

b) Die Anzahl $\mathrm{A}(12)$ der Personen, die nach 12 Wochen insgesamt krank gemeldet sind, erhält man, indem man zur Anfangszahl von 100 den Zuwachs in 12 Wochen addiert, den man mit Hilfe eines Integrals bestimmt:

$$A(12) = 100 + \int_0^{12} f(t)\,dt \approx 16\,236 \text{ (GTR/CAS)}$$

Nach 12 Wochen sind insgesamt etwa 16 200 Personen krank gemeldet.

Die Anzahl $A(t)$ der Personen, die nach t Wochen insgesamt krank gemeldet sind, erhält man mit Hilfe der gegebenen Stammfunktion $F(t) = -750 \cdot (t^2 + 10 \cdot t + 50) \cdot e^{-0,2t}$ und der Nebenbedingung, dass zu Beginn 100 Personen erkrankt sind. Als Ansatz verwendet man:

$$A(t) = F(t) + c$$

Mit der Nebenbedingung $A(0) = 100$ ergibt sich:

$$\begin{aligned} A(0) &= F(0) + c \\ 100 &= -750 \cdot (0^2 + 10 \cdot 0 + 50) \cdot e^{-0,2 \cdot 0} + c \\ 100 &= -37\,500 + c \\ 37\,600 &= c \end{aligned}$$

Damit erhält man für die Anzahl $A(t)$ der Personen, die nach t Wochen insgesamt krank gemeldet sind:

$$A(t) = -750 \cdot (t^2 + 10t + 50) \cdot e^{-0,2t} + 37\,600$$

Um zu bestimmen, wann die Zahl von 20 000 gemeldeten Personen erreicht wird, löst man die Gleichung $A(t) = 20000$ nach t auf. Es ergibt sich:

$$-750 \cdot (t^2 + 10t + 50) \cdot e^{-0,2t} + 37\,600 = 20\,000$$

Mit Hilfe des GTR/ CAS erhält man: $t \approx 14,0$.
Nach etwa 14 Wochen wird die Zahl von 20 000 krank gemeldeten Personen erreicht.

Um nachzuweisen, dass die Anzahl der Meldungen unter 40 000 bleiben wird, bestimmt man den Grenzwert von $A(t)$ für $t \to \infty$. Wegen $A'(t) = f(t) > 0$ für $t > 0$ ist $A(t)$ streng monoton wachsend. Da $e^{-0,2t}$ für $t \to \infty$ gegen Null geht, gilt:

$$\lim_{t \to \infty} A(t) = 37\,600 < 40\,000$$

Damit wird die Anzahl der Meldungen unter 40 000 bleiben.

c) Da die momentane wöchentliche Erkrankungsrate proportional zur Anzahl der bisher noch nicht von der Krankheit erfassten Einwohner ist, handelt es sich um beschränktes Wachstum. Die obere Schranke ist $S = 30000$, da im Laufe der Zeit höchstens alle 30 000 Einwohner von der Krankheit erfasst werden können.

Beschreibt die Funktion B die Anzahl der nach t Wochen seit Beobachtungsbeginn von der Krankheit erfassten Personen, so gilt mit dem Proportionalitätsfaktor $k = 0,1$ folgende Differenzialgleichung:

$$\mathrm{B}'(t) = k \cdot (\mathrm{S} - \mathrm{B}(t))$$
$$\mathrm{B}'(t) = 0,1 \cdot (30000 - \mathrm{B}(t))$$

Als Ansatz für die Lösung dieser Differenzialgleichung verwendet man:

$$\mathrm{B}(t) = \mathrm{S} - a \cdot e^{-k \cdot t}$$
$$\mathrm{B}(t) = 30000 - a \cdot e^{-0,1 \cdot t}$$

Mit der Nebenbedingung, dass zu Beginn $(t = 0)$ bereits die Hälfte der Einwohner (15000) an diesem Virus erkrankt ist, gilt:

$$\mathrm{B}(0) = 15000$$
$$30000 - a \cdot e^{-0,1 \cdot 0} = 15000$$
$$15000 = a$$

Damit ergibt sich als Funktion, welche die Anzahl der von der Krankheit erfassten Personen beschreibt:

$$\mathrm{B}(t) = 30000 - 15000 \cdot e^{-0,1 \cdot t}$$

Man erhält die Anzahl der nach 4 Wochen von der Krankheit erfassten Personen, indem man $t = 4$ in $\mathrm{B}(t)$ einsetzt:

$$\mathrm{B}(4) = 30000 - 15000 \cdot e^{-0,1 \cdot 4} \approx 19945 - 1mm$$

Nach 4 Wochen sind etwa 20000 Personen von der Krankheit erfasst.

Geometrie/Stochastik Aufgabe B 1

Aufgabe B 1.1

a) Zuerst wird die Truhe in ein Koordinatensystem gezeichnet:

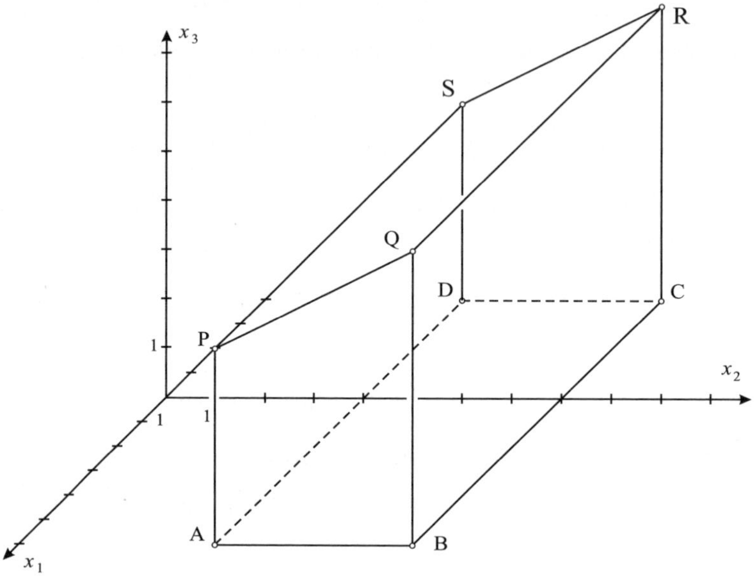

Da die Truhe ein Prisma ist, erhält man das Volumen V durch $V = G \cdot h_P$.
Die Grundfläche G ist das Trapez ABQP, die Höhe h_P des Prismas ist z.B. die Länge der Strecke BC.
Die Fläche G des Trapezes ABQP erhält man mit der Formel $G = \frac{a+c}{2} \cdot h$.
Mit $a = \overline{BQ} = 6$, $c = \overline{AP} = 4$ und $h = \overline{AB} = 4$ erhält man:

$$G = \frac{\overline{BQ} + \overline{AP}}{2} \cdot \overline{AB} = \frac{6+4}{2} \cdot 4 = 20$$

Für die Höhe h_P des Prismas gilt: $h_P = \overline{BC} = 10$.
Damit gilt für das Volumen V des Prismas:

$$V = G \cdot h_P = 20 \cdot 10 = 200$$

Die Truhe hat ein Volumen von 200 VE.

Die Ebene E_{Deckel}, in der die Punkte $P(6 \mid 4 \mid 4)$, $Q(6 \mid 8 \mid 6)$ und $R(-4 \mid 8 \mid 6)$ liegen, hat beispielsweise den Stützpunkt P und die Spannvektoren $\overrightarrow{PQ} = \begin{pmatrix} 0 \\ 4 \\ 2 \end{pmatrix} = 2 \cdot \begin{pmatrix} 0 \\ 2 \\ 1 \end{pmatrix}$ und

$\overrightarrow{PR} = \begin{pmatrix} -10 \\ 4 \\ 2 \end{pmatrix} = 2 \cdot \begin{pmatrix} -5 \\ 2 \\ 1 \end{pmatrix}$. Damit hat E_{Deckel} die Parametergleichung:

$$E_{Deckel}: \vec{x} = \begin{pmatrix} 6 \\ 4 \\ 4 \end{pmatrix} + s \cdot \begin{pmatrix} 0 \\ 2 \\ 1 \end{pmatrix} + t \cdot \begin{pmatrix} -5 \\ 2 \\ 1 \end{pmatrix}; \; s,t \in \mathbb{R}$$

Einen Normalenvektor $\vec{n}$ von E_{Deckel} erhält man mithilfe des Kreuzprodukts (siehe S. 41) der Spannvektoren $\begin{pmatrix} 0 \\ 2 \\ 1 \end{pmatrix}$ und $\begin{pmatrix} -5 \\ 2 \\ 1 \end{pmatrix}$:

$$\begin{pmatrix} 0 \\ 2 \\ 1 \end{pmatrix} \times \begin{pmatrix} -5 \\ 2 \\ 1 \end{pmatrix} = \begin{pmatrix} 0 \\ -5 \\ 10 \end{pmatrix} = -5 \cdot \begin{pmatrix} 0 \\ 1 \\ -2 \end{pmatrix} \Rightarrow \vec{n} = \begin{pmatrix} 0 \\ 1 \\ -2 \end{pmatrix}$$

Alternativ kann man $\vec{n}$ auch mit Hilfe des Skalarprodukts bestimmen, da $\vec{n}$ sowohl auf $\overrightarrow{PQ}$ als auch auf $\overrightarrow{PR}$ senkrecht steht. Es gilt:

$$\vec{n} \cdot \overrightarrow{PQ} = 0 \Rightarrow \begin{pmatrix} n_1 \\ n_2 \\ n_3 \end{pmatrix} \cdot \begin{pmatrix} 0 \\ 4 \\ 2 \end{pmatrix} = 0 \text{ und } \vec{n} \cdot \overrightarrow{PR} = 0 \Rightarrow \begin{pmatrix} n_1 \\ n_2 \\ n_3 \end{pmatrix} \cdot \begin{pmatrix} -10 \\ 4 \\ 2 \end{pmatrix} = 0$$

Daraus ergibt sich das lineare Gleichungssystem:

$$\begin{array}{lrcrcrcl} \text{I} & & & 4n_2 & + & 2n_3 & = & 0 \\ \text{II} & -10n_1 & + & 4n_2 & + & 2n_3 & = & 0 \end{array}$$

Wählt man z.B. $n_2 = 1$, erhält man: $4 \cdot 1 + 2n_3 = 0 \Rightarrow n_3 = -2$
Setzt man $n_2 = 1$ und $n_3 = -2$ in Gleichung II ein, erhält man:

$$-10n_1 + 4 \cdot 1 + 2 \cdot (-2) = 0 \Rightarrow n_1 = 0$$

Damit ergibt sich ein Normalenvektor $\vec{n} = \begin{pmatrix} 0 \\ 1 \\ -2 \end{pmatrix}$.

Eine Koordinatengleichung von E_{Deckel} erhält man mit Hilfe der Punkt-Normalenform:

$$E_{\text{Deckel}}: (\vec{x}-\vec{p})\cdot\vec{n}=0$$

$$E_{\text{Deckel}}: \left(\vec{x}-\begin{pmatrix}6\\4\\4\end{pmatrix}\right)\cdot\begin{pmatrix}0\\1\\-2\end{pmatrix}=0$$

$$E_{\text{Deckel}}: (x_1-6)\cdot 0+(x_2-4)\cdot 1+(x_3-4)\cdot(-2)=0$$

$$E_{\text{Deckel}}: x_2-4-2x_3+8=0$$

$$E_{\text{Deckel}}: x_2-2x_3=-4$$

Die Ebene E_{Deckel} hat die Koordinatengleichung $E_{\text{Deckel}}: x_2-2x_3=-4$.

b) Die Ebenenschar hat die Gleichung

$$E_a: x_2-ax_3=8-6a\,;\ a\in\mathbb{R}$$

Die Ebene, in der der Deckel PQRS liegt, hat die Gleichung

$$E_{\text{Deckel}}: x_2-2x_3=-4$$

Setzt man $a=2$ in E_a ein, erhält man:

$$E_2: x_2-2x_3=8-6\cdot 2$$

bzw.

$$E_2: x_2-2x_3=-4$$

Damit gehört E_{Deckel} zur Ebenenschar.
Die Ebene F, in der die Rückwand BCRQ liegt, hat die Gleichung

$$F: x_2=8$$

Setzt man $a=0$ in E_a ein, erhält man:

$$E_0: x_2-0x_3=8-6\cdot 0$$

bzw.

$$E_0: x_2=8$$

Damit gehört F zur Ebenenschar.

Da der Deckel und die Rückwand zur Ebenenschar gehören, liegen auch die Punkte Q und R und damit die Gerade g durch Q und R in der Ebenenschar. Die Gerade g hat die Gleichung:

$$g: \vec{x}=\vec{q}+t\cdot\overrightarrow{QR}$$

$$g: \vec{x}=\begin{pmatrix}6\\8\\6\end{pmatrix}+t\cdot\begin{pmatrix}-10\\0\\0\end{pmatrix}$$

Setzt man den allgemeinen Punkt $P_g\,(6-10t \mid 8 \mid 6)$ von g in E_a ein, erhält man:

$$8 - a\cdot 6 = 8 - 6a \;\Rightarrow\; 0 = 0$$

Aufgrund der wahren Aussage liegt die Gerade g durch Q und R in allen Ebenen der Ebenenschar.

Den Schnittwinkel φ von E_0 und E_2 erhält man mit Hilfe der Formel für Winkel zwischen den beiden Normalenvektoren $\vec{n}_0 = \begin{pmatrix} 0 \\ 1 \\ 0 \end{pmatrix}$ und $\vec{n}_2 = \begin{pmatrix} 0 \\ 1 \\ -2 \end{pmatrix}$. Es gilt:

$$\cos\varphi = \frac{|\vec{n}_0 \cdot \vec{n}_2|}{|\vec{n}_0|\cdot|\vec{n}_2|} = \frac{\left|\begin{pmatrix} 0 \\ 1 \\ 0 \end{pmatrix}\cdot\begin{pmatrix} 0 \\ 1 \\ -2 \end{pmatrix}\right|}{\left|\begin{pmatrix} 0 \\ 1 \\ 0 \end{pmatrix}\right|\cdot\left|\begin{pmatrix} 0 \\ 1 \\ -2 \end{pmatrix}\right|} = \frac{|0\cdot 0 + 1\cdot 1 + 0\cdot(-2)|}{\sqrt{1}\cdot\sqrt{0^2+1^2+(-2)^2}} = \frac{1}{\sqrt{5}}$$

$$\Rightarrow\; \varphi \approx 63{,}4^\circ$$

Man erhält diejenige andere Ebene E_a, die mit der Ebene E_2 auch den Winkel φ einschließt, ebenfalls mit Hilfe der Formel für Winkel zwischen den beiden Normalenvektoren $\vec{n}_a = \begin{pmatrix} 0 \\ 1 \\ -a \end{pmatrix}$ und $\vec{n}_2 = \begin{pmatrix} 0 \\ 1 \\ -2 \end{pmatrix}$. Dies führt zu:

$$\cos\varphi = \frac{|\vec{n}_a \cdot \vec{n}_2|}{|\vec{n}_a|\cdot|\vec{n}_2|}$$

$$\frac{1}{\sqrt{5}} = \frac{\left|\begin{pmatrix} 0 \\ 1 \\ -a \end{pmatrix}\cdot\begin{pmatrix} 0 \\ 1 \\ -2 \end{pmatrix}\right|}{\left|\begin{pmatrix} 0 \\ 1 \\ -a \end{pmatrix}\right|\cdot\left|\begin{pmatrix} 0 \\ 1 \\ -2 \end{pmatrix}\right|}$$

$$\frac{1}{\sqrt{5}} = \frac{|0\cdot 0 + 1\cdot 1 + (-a)\cdot(-2)|}{\sqrt{0^2+1^2+(-a)^2}\cdot\sqrt{0^2+1^2+(-2)^2}}$$

$$\frac{1}{\sqrt{5}} = \frac{|1+2a|}{\sqrt{1+a^2}\cdot\sqrt{5}}$$

$$\sqrt{1+a^2} = |1+2a|$$

Mit Hilfe des GTR/CAS erhält man die Lösungen $a_1 = 0$ und $a_2 = -\frac{4}{3}$.

Damit schließt die Ebene $E_{-\frac{4}{3}}$ mit der Ebene E_2 ebenfalls den Winkel φ ein.

Aufgabe B 1.2

Die Nullhypothese lautet: H_0: $p = 0,15$ bei Treffer «alkoholfreies Bier» und $n = 600$.
Die zugehörige Alternativhypothese lautet H_1: $p > 0,15$.
Wegen H_1: $p > 0,15$ handelt es sich um einen rechtsseitigen Test mit der Irrtumswahrscheinlichkeit $\alpha = 2\,\%$.
Man wird die Nullhypothese verwerfen, wenn zu viele Testpersonen angeben, alkoholfreies Bier zu trinken. Ist X Zufallsvariable für die Anzahl der Personen, die alkoholfreies Bier trinken, so ist ein minimales $k \in \mathbb{N}$ und damit ein Ablehnungsbereich $\overline{A} = \{k, ..., 600\}$ der Nullhypothese so zu bestimmen, dass gilt:

$$\begin{aligned} P(\overline{A}) &\leqslant \alpha \\ P(X \geqslant k) &\leqslant 0,02 \\ 1 - P(X \leqslant k-1) &\leqslant 0,02 \\ 0,98 &\leqslant P(X \leqslant k-1) \end{aligned}$$

Für $n = 600$ und $p = 0,15$ erhält man mit Hilfe des GTR/CAS:

$$\begin{aligned} P(X \leqslant 107) &\approx 0,975 \\ P(X \leqslant 108) &\approx 0,981 \end{aligned}$$

Also ist $k - 1 = 108 \Rightarrow k = 109$ das minimale $k \in \mathbb{N}$ und man erhält damit den Ablehnungsbereich: $\overline{A} = \{109, ..., 600\}$.
Da 120 im Ablehnungsbereich liegt, muss man die Nullhypothese verwerfen und die Alternativhypothese annehmen. Man kann also sagen, dass die Werbekampagne erfolgreich war.

Geometrie/Stochastik Aufgabe B 2

Aufgabe B 2.1

Das Gebäude wird in ein Koordinatensystem gezeichnet:

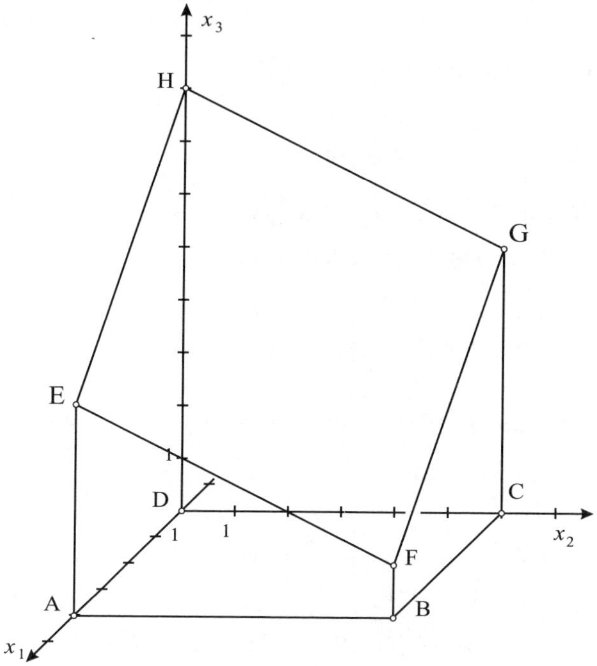

Die Ebene E_{Dach}, in der die Punkte $E(4 \mid 0 \mid 4)$, $F(4 \mid 6 \mid 1)$ und $G(0 \mid 6 \mid 5)$ liegen, hat beispielsweise den Stützpunkt E und die Spannvektoren $\overrightarrow{EF} = \begin{pmatrix} 0 \\ 6 \\ -3 \end{pmatrix}$ und $\overrightarrow{EG} = \begin{pmatrix} -4 \\ 6 \\ 1 \end{pmatrix}$.
Damit hat E_{Dach} die Parametergleichung:

$$E_{Dach}: \vec{x} = \begin{pmatrix} 4 \\ 0 \\ 4 \end{pmatrix} + s \cdot \begin{pmatrix} 0 \\ 6 \\ -3 \end{pmatrix} + t \cdot \begin{pmatrix} -4 \\ 6 \\ 1 \end{pmatrix}; \; s,t \in \mathbb{R}$$

Einen Normalenvektor $\vec{n}$ von E_{Dach} erhält man mithilfe des Kreuzprodukts (siehe Seite 41) der Spannvektoren $\overrightarrow{EF} = \begin{pmatrix} 0 \\ 6 \\ -3 \end{pmatrix}$ und $\overrightarrow{EG} = \begin{pmatrix} -4 \\ 6 \\ 1 \end{pmatrix}$:

$$\overrightarrow{EF} \times \overrightarrow{EG} = \begin{pmatrix} 0 \\ 6 \\ -3 \end{pmatrix} \times \begin{pmatrix} -4 \\ 6 \\ 1 \end{pmatrix} = \begin{pmatrix} 24 \\ 12 \\ 24 \end{pmatrix} = 12 \cdot \begin{pmatrix} 2 \\ 1 \\ 2 \end{pmatrix} \Rightarrow \vec{n} = \begin{pmatrix} 2 \\ 1 \\ 2 \end{pmatrix}$$

Alternativ kann man $\vec{n}$ auch mit Hilfe des Skalarprodukts bestimmen, da $\vec{n}$ sowohl auf $\overrightarrow{EF}$ als auch auf $\overrightarrow{EG}$ senkrecht steht. Es gilt:

$$\vec{n}\cdot\overrightarrow{EF}=0 \Rightarrow \begin{pmatrix} n_1 \\ n_2 \\ n_3 \end{pmatrix}\cdot\begin{pmatrix} 0 \\ 6 \\ -3 \end{pmatrix}=0 \text{ und } \vec{n}\cdot\overrightarrow{EG}=0 \Rightarrow \begin{pmatrix} n_1 \\ n_2 \\ n_3 \end{pmatrix}\cdot\begin{pmatrix} -4 \\ 6 \\ 1 \end{pmatrix}=0$$

Daraus ergibt sich das lineare Gleichungssystem:

$$\begin{array}{lrcrcrcl} \text{I} & & + & 6n_2 & - & 3n_3 & = & 0 \\ \text{II} & -4n_1 & + & 6n_2 & + & n_3 & = & 0 \end{array}$$

Wählt man in Gleichung I beispielsweise $n_2 = 1$, erhält man: $6\cdot 1 - 3n_3 = 0 \Rightarrow n_3 = 2$.
Setzt man $n_2 = 1$ und $n_3 = 2$ in Gleichung II ein, erhält man:
$-4n_1 + 6\cdot 1 + 1\cdot 2 = 0 \Rightarrow n_1 = 2$.
Damit ergibt sich ein Normalenvektor $\vec{n} = \begin{pmatrix} 2 \\ 1 \\ 2 \end{pmatrix}$.

Eine Koordinatengleichung von E_{Dach} erhält man mit Hilfe der Punkt-Normalenform:

$$E_{Dach}: (\vec{x}-\vec{e})\cdot\vec{n}=0$$

$$E_{Dach}: \left(\vec{x}-\begin{pmatrix} 4 \\ 0 \\ 4 \end{pmatrix}\right)\cdot\begin{pmatrix} 2 \\ 1 \\ 2 \end{pmatrix}=0$$

$$E_{Dach}: (x_1-4)\cdot 2+(x_2-0)\cdot 1+(x_3-4)\cdot 2=0$$

$$E_{Dach}: 2x_1-8+x_2-0+2x_3-8=0$$

$$E_{Dach}: 2x_1+x_2+2x_3=16$$

Die Ebene E_{Dach} hat die Koordinatengleichung $E_{Dach}:\ 2x_1 + x_2 + 2x_3 = 16$.

Den Neigungswinkel α der Dachfläche erhält man, indem man den Winkel zwischen dem Normalenvektor $\vec{n}_1 = \begin{pmatrix} 2 \\ 1 \\ 2 \end{pmatrix}$ der Dachfläche und dem Normalenvektor $\vec{n}_2 = \begin{pmatrix} 0 \\ 0 \\ 1 \end{pmatrix}$ der Grundfläche berechnet:

$$\cos\alpha = \frac{|\vec{n}_1\cdot\vec{n}_2|}{|\vec{n}_1|\cdot|\vec{n}_2|} = \frac{\left|\begin{pmatrix} 2 \\ 1 \\ 2 \end{pmatrix}\cdot\begin{pmatrix} 0 \\ 0 \\ 1 \end{pmatrix}\right|}{\left|\begin{pmatrix} 2 \\ 1 \\ 2 \end{pmatrix}\right|\cdot\left|\begin{pmatrix} 0 \\ 0 \\ 1 \end{pmatrix}\right|} = \frac{|2\cdot 0+1\cdot 0+2\cdot 1|}{\sqrt{2^2+1^2+2^2}\cdot\sqrt{0^2+0^2+1^2}} = \frac{2}{3}$$

$$\Rightarrow \alpha \approx 48{,}2^\circ$$

Der Neigungswinkel beträgt damit etwa $48{,}2^\circ$.

Um zu zeigen, dass die Dachfläche ein Parallelogramm ist, berechnet man die Verbindungsvektoren der Ecken des Vierecks EFGH:

$$\overrightarrow{EF} = \begin{pmatrix} 0 \\ 6 \\ -3 \end{pmatrix} \qquad \overrightarrow{FG} = \begin{pmatrix} -4 \\ 0 \\ 4 \end{pmatrix}$$

$$\overrightarrow{EH} = \begin{pmatrix} -4 \\ 0 \\ 4 \end{pmatrix} \qquad \overrightarrow{HG} = \begin{pmatrix} 0 \\ 6 \\ -3 \end{pmatrix}$$

Wegen $\overrightarrow{EF} = \overrightarrow{HG}$ und $\overrightarrow{EH} = \overrightarrow{FG}$ handelt es sich um ein Parallelogramm.

Den Inhalt der Dachfläche erhält man, indem man den Flächeninhalt A des Parallelogramms EFGH mit Hilfe der Formel $A = g \cdot h$ bestimmt.

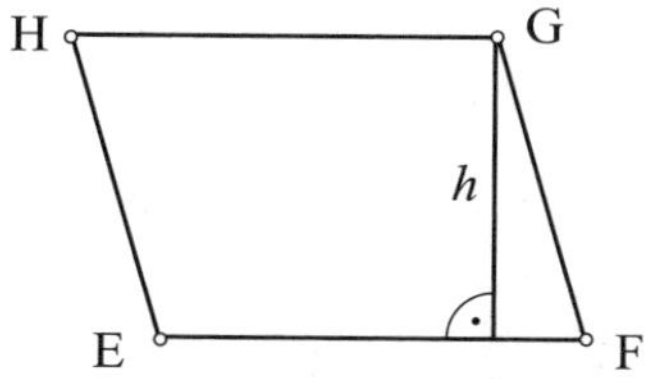

Die Grundseite g ist die Länge der Strecke von E zu F:

$$g = \overline{EF} = \left|\overrightarrow{EF}\right| = \left|\begin{pmatrix} 0 \\ 6 \\ -3 \end{pmatrix}\right| = \sqrt{0^2 + 6^2 + (-3)^2} = \sqrt{45}$$

Die Höhe h erhält man, indem man den Abstand d des Punktes G von der Geraden g_{EF} durch E und F berechnet. Hierzu stellt man eine Hilfsebene E_H auf, die durch G verläuft und orthogonal zu g_{EF} ist; als Normalenvektor von E_H kann man den Richtungsvektor $\vec{r}$ von g_{EF} wählen. Anschließend schneidet man E_H und g_{EF} und berechnet den Abstand des Schnittpunktes von G.

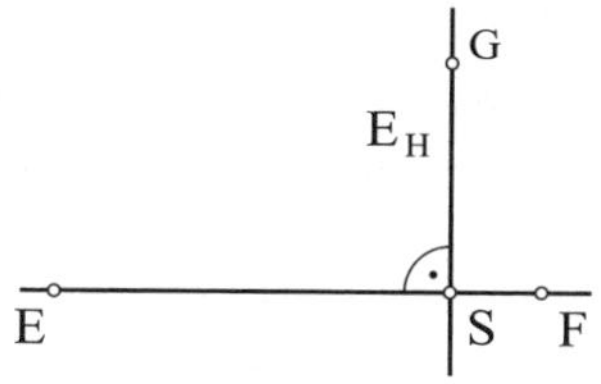

Die Gerade g_{EF} hat die Gleichung:

$$g_{EF}\colon \vec{x} = \begin{pmatrix} 4 \\ 0 \\ 4 \end{pmatrix} + t \cdot \begin{pmatrix} 0 \\ 6 \\ -3 \end{pmatrix}$$

Für die Hilfsebene E_H gilt damit:

$$E_H: (\vec{x} - \vec{g}) \cdot \vec{r} = 0$$

$$E_H: \left(\vec{x} - \begin{pmatrix} 0 \\ 6 \\ 5 \end{pmatrix} \right) \cdot \begin{pmatrix} 0 \\ 6 \\ -3 \end{pmatrix} = 0$$

$$E_H: (x_1 - 0) \cdot 0 + (x_2 - 6) \cdot 6 + (x_3 - 5) \cdot (-3) = 0$$

$$E_H: 6x_2 - 36 - 3x_3 + 15 = 0$$

$$E_H: 6x_2 - 3x_3 = 21$$

$$E_H: 2x_2 - x_3 = 7$$

Schneidet man E_H mit g_{EF}, erhält man:

$$2 \cdot (0 + 6t) - (4 - 3t) = 7 \Rightarrow t = \frac{11}{15}$$

Setzt man $t = \frac{11}{15}$ in g_{EF} ein, erhält man die Koordinaten des Schnittpunkts S:

$$\vec{s} = \begin{pmatrix} 4 \\ 0 \\ 4 \end{pmatrix} + \frac{11}{15} \cdot \begin{pmatrix} 0 \\ 6 \\ -3 \end{pmatrix} = \begin{pmatrix} 4 \\ 4,4 \\ 1,8 \end{pmatrix} \Rightarrow S(4 \mid 4,4 \mid 1,8)$$

Der Abstand d des Punktes $G(0 \mid 6 \mid 5)$ zur Geraden g_{EF} ist der Abstand von G zu S:

$$h = d = \overline{GS} = \left| \overrightarrow{GS} \right| = \left| \begin{pmatrix} 4 \\ -1,6 \\ -3,2 \end{pmatrix} \right| = \sqrt{4^2 + (-1,6)^2 + (-3,2)^2} = \sqrt{28,8}$$

Damit erhält man den Flächeninhalt A der Dachfläche:

$$A = g \cdot h = \sqrt{45} \cdot \sqrt{28,8} = 36$$

Alternativ kann man die Höhe h des Parallelgramms auch dadurch bestimmen, dass man das Minimum des Abstands $d(t)$ des Punktes $G(0 \mid 6 \mid 5)$ zu einem allgemeinen Punkt $P_t\,(4 \mid 6t \mid 4 - 3t)$ der Geraden g_{EF} berechnet:

$$d(t) = \overline{GP_t} = \left| \overrightarrow{GP_t} \right| = \left| \begin{pmatrix} 4 \\ 6t - 6 \\ -3t - 1 \end{pmatrix} \right| = \sqrt{4^2 + (6t - 6)^2 + (-3t - 1)^2}$$

Das Minimum $d_{\min}$ von $d(t)$ erhält man mit Hilfe des GTR/CAS: $h = d_{min} \approx 5,37$
Damit erhält man den Flächeninhalt A der Dachfläche:

$$A = g \cdot h \approx \sqrt{45} \cdot 5,37 \approx 36,02$$

Mit Hilfe des Kreuzprodukts kann man auch den Flächeninhalt A des Parallelogramms bestimmen:

$$A = \left|\overrightarrow{EF} \times \overrightarrow{EH}\right| = \left|\begin{pmatrix} 0 \\ 6 \\ -3 \end{pmatrix} \times \begin{pmatrix} -4 \\ 0 \\ 4 \end{pmatrix}\right| = \left|\begin{pmatrix} 24 \\ 12 \\ 24 \end{pmatrix}\right| = \sqrt{24^2 + 12^2 + 24^2} = 36$$

Die Dachfläche hat einen Inhalt von $36\,\text{m}^2$.

Aufgabe B 2.2

a) Für Modell A mit 2 Sensoren erhält man folgendes Baumdiagramm:

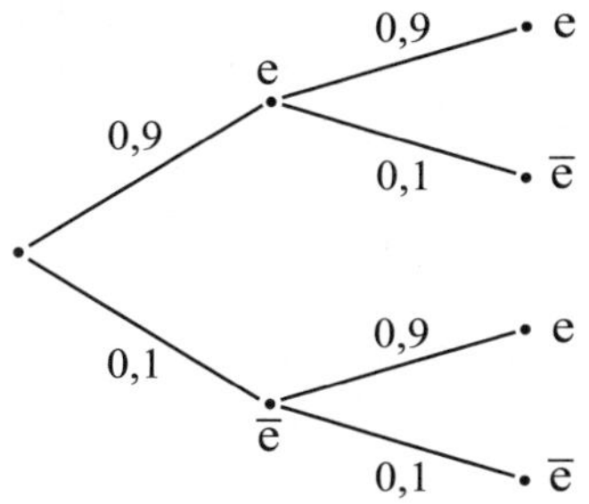

Bei jedem Sensor ist die Wahrscheinlichkeit, dass er einwandfrei (e) ist: $p = 0,9$ und dass er fehlerhaft (ē) ist: $1 - 0,9 = 0,1$.
Die Wahrscheinlichkeit, dass Modell A funktioniert, erhält man mit Hilfe der 1. und 2. Pfadregel (Produkt- und Summenregel):

$$\begin{aligned} P(\text{«Mod. A funktioniert»}) &= P(ee) + P(e\bar{e}) + P(\bar{e}e) \\ &= 0,9 \cdot 0,9 + 0,9 \cdot 0,1 + 0,1 \cdot 0,9 \\ &= 0,99 \end{aligned}$$

Alternativ kann man auch mit dem Gegenereignis rechnen:

$$\begin{aligned} P(\text{«Mod. A funktioniert»}) &= 1 - P(\text{«Mod. A funktioniert nicht»}) \\ &= 1 - P(\bar{e}\bar{e}) \\ &= 1 - 0,1 \cdot 0,1 \\ &= 0,99 \end{aligned}$$

Modell A funktioniert mit einer Wahrscheinlichkeit von $0,99$.

Für Modell B mit 4 Sensoren betrachtet man die Zufallsvariable X, welche die Anzahl der einwandfreien Sensoren angibt.
X ist binomialverteilt mit $n = 4$ und $p = 0,9$.
Da Modell B mindestens zwei einwandfreie Sensoren zum Funktionieren braucht, gilt:

$$\begin{aligned} P(\text{«Mod. B funktioniert»}) &= P(X \geqslant 2) \\ &= 1 - P(X \leqslant 1) \\ &\approx 0,996 \end{aligned}$$

Modell B funktioniert mit einer Wahrscheinlichkeit von etwa 0,996.
Damit ist Modell B sicherer als Modell A.

b) Ist die Wahrscheinlichkeit, dass ein Sensor einwandfrei ist, p, so erhält man für das Funktionieren von Modell A bzw. Modell B folgende Wahrscheinlichkeiten in Abhängigkeit von p:

$$\begin{aligned} P(\text{«Mod. A funktioniert»}) &= P(ee) + P(e\bar{e}) + P(\bar{e}e) \\ &= p \cdot p + p \cdot (1-p) + (1-p) \cdot p \\ &= p^2 + p - p^2 + p - p^2 \\ &= 2p - p^2 \end{aligned}$$

bzw.

$$\begin{aligned} P(\text{«Mod. B funkt.»}) &= P(X=2) + P(X=3) + P(X=4) \\ &= \binom{4}{2} \cdot p^2 \cdot (1-p)^2 + \binom{4}{3} \cdot p^3 \cdot (1-p)^1 + \binom{4}{4} \cdot p^4 \cdot (1-p)^0 \\ &= 6 \cdot p^2 \cdot (1-p)^2 + 4 \cdot p^3 \cdot (1-p) + p^4 \end{aligned}$$

Damit erhält man die Funktionen

$$f(p) = 2p - p^2$$

für Modell A und

$$g(p) = 6 \cdot p^2 \cdot (1-p)^2 + 4 \cdot p^3 \cdot (1-p) + p^4$$

für Modell B.

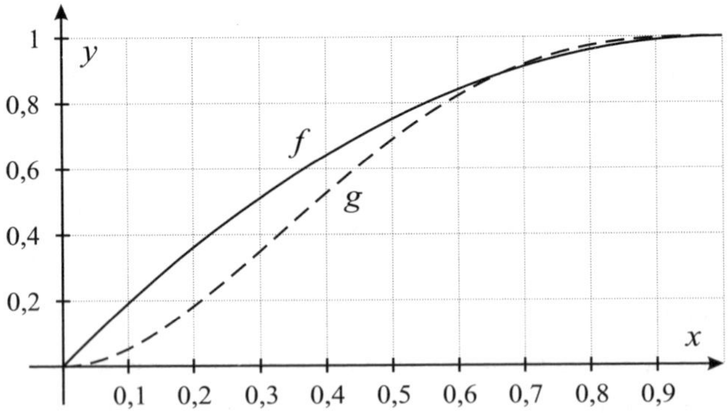

Um zu bestimmen, für welche Werte von p Modell A sicherer ist als Modell B, berechnet man mit Hilfe des GTR/CAS die Schnittstelle der beiden Schaubilder für $0 < p < 1$.
Man erhält: $p \approx 0,67$
Aufgrund des Verlaufs der beiden Schaubilder ist für $p < 0,67$ das Modell A sicherer als das Modell B.

Wahlteil Abitur 2012

Tipps ab Seite 235, Lösungen ab Seite 239

Mathematik Analysis Wahlteil 2012 Aufgabe A 1 *

Aufgabe A 1.1

Die Abbildung zeigt den Verlauf einer Umgehungsstraße zur Entlastung der Ortsdurchfahrt AB einer Gemeinde.
Das Gemeindegebiet ist kreisförmig mit dem Mittelpunkt M und dem Radius 1,5 km.
Die Umgehungsstraße verläuft durch die Punkte A und B und wird beschrieben durch die Funktion f mit

$$f(x) = -0,1x^3 - 0,3x^2 + 0,4x + 3,2.$$

1 LE entspricht 1 km.

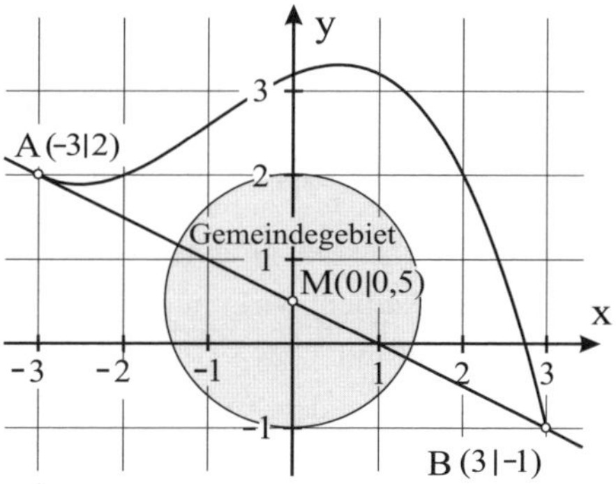

a) Welche Koordinaten hat der nördlichste Punkt der Umgehungsstraße?
Wie weit ist dieser Punkt vom Ortsmittelpunkt M entfernt?
Die Umgehungsstraße beschreibt eine Linkskurve und eine Rechtskurve.
Bestimmen Sie den Punkt, in dem diese beiden Abschnitte ineinander übergehen.
Zeigen Sie, dass die Umgehungsstraße im Punkt A ohne Knick in die Ortsdurchfahrt einmündet. (6 VP)

b) Im Punkt $P(1,5 \mid 3)$ befindet sich eine Windkraftanlage.
Ein Fahrzeug fährt von B aus auf der Umgehungsstraße.
Von welchem Punkt der Umgehungsstraße aus sieht der Fahrer die Windkraftanlage genau in Fahrtrichtung vor sich?
In welchem Punkt der Umgehungsstraße fährt ein Fahrzeug parallel zur Ortsdurchfahrt AB? (5 VP)

Aufgabe A 1.2

Gegeben sind die Funktion f und für jedes $t > 0$ die Funktion g_t durch

$$f(x) = (\sin(x))^2 \quad \text{bzw.} \quad g_t(x) = t \cdot \sin(x); \quad x \in \mathbb{R}$$

Der Graph der Funktion f schließt im Bereich $0 \leqslant x \leqslant \pi$ mit der x-Achse eine Fläche ein.
Für welchen Wert von t hat die Fläche, die der Graph von g_t im gleichen Bereich mit der x-Achse einschließt, den gleichen Inhalt? (4 VP)

*Die Aufgabe wurde unter Berücksichtigung der neuen Richtlinien gekürzt und neu zusammengestellt.

Tipps ab Seite 235, Lösungen ab Seite 242

Mathematik Analysis Wahlteil 2012 Aufgabe A 2*

Ein Medikament kann mithilfe einer Spritze oder durch Tropfinfusion verabreicht werden.

a) Bei Verabreichung des Medikaments mithilfe einer Spritze wird die Wirkstoffmenge im Blut des Patienten beschrieben durch die Funktion f mit

$$f(t) = 130 \cdot \left(e^{-0,2 \cdot t} - e^{-0,8 \cdot t}\right) \ ; \ 0 \leqslant t \leqslant 24$$

(t in Stunden nach der Injektion, $f(t)$ in mg).

Skizzieren Sie den Graphen von f.
Das Medikament wirkt nur dann, wenn mindestens 36 mg des Wirkstoffs im Blut vorhanden sind.
Bestimmen Sie den Zeitraum, in dem das Medikament wirkt.
Zu welchen Zeitpunkten nimmt die Wirkstoffmenge im Blut am stärksten zu bzw. ab?
Berechnen Sie die mittlere Wirkstoffmenge im Blut während der ersten 12 Stunden.
(7 VP)

Wenn das Medikament stattdessen durch Tropfinfusion zugeführt wird, lässt sich die Wirkstoffmenge im Blut beschreiben durch die Funktion g mit

$$g(t) = 80 \cdot \left(1 - e^{-0,05 \cdot t}\right) \ ; \ t \geqslant 0$$

(t in Minuten seit Infusionsbeginn, $g(t)$ in mg).

b) Welche Wirkstoffmenge wird sich langfristig im Blut befinden?
Zeigen Sie, dass die Wirkstoffmenge im Blut ständig zunimmt.
In welchem 15-Minuten-Zeitraum ändert sich die Wirkstoffmenge um 30 mg? (5 VP)

c) Geben Sie die Differenzialgleichung des beschränkten Wachstums an, die von der Funktion g erfüllt wird.
Bei der Tropfinfusion wird dem Patienten pro Minute eine konstante Wirkstoffmenge zugeführt. Die Abbaurate ist dabei stets proportional zur Wirkstoffmenge im Blut.
Wie groß ist die konstante Zufuhr der Wirkstoffmenge pro Minute?

Welche Wirkstoffmenge müsste man pro Minute zuführen, damit sich langfristig 90 mg im Blut befinden? (3 VP)

*Die Aufgabe wurde unter Berücksichtigung der neuen Richtlinien gekürzt.

Tipps ab Seite 236, Lösungen ab Seite 244 ☐

Mathematik Geometrie/Stochastik Wahlteil 2012 Aufgabe B 1 *

Aufgabe B 1.1

Die Ebene E enthält die Punkte $A(6 \mid 1 \mid 0)$, $B(2 \mid 3 \mid 0)$ und $P(3 \mid 0 \mid 2,5)$.

a) Bestimmen Sie eine Koordinatengleichung von E.
Stellen Sie die Ebene E in einem Koordinatensystem dar.
Unter welchem Winkel schneidet E die x_1-Achse?
(Teilergebnis: $E: x_1 + 2x_2 + 2x_3 = 8$) (4 VP)

b) Zeigen Sie, dass das Dreieck ABP gleichschenklig ist.

Das Viereck ABCD ist ein Rechteck mit Diagonalenschnittpunkt P.
Bestimmen Sie die Koordinaten der Punkte C und D.

Es gibt senkrechte Pyramiden mit Grundfläche ABCD und Höhe 12.
Berechnen Sie die Koordinaten der Spitzen dieser Pyramiden. (5 VP)

Aufgabe B 1.2

Ein Glücksrad hat drei Sektoren mit den Symbolen Kreis, Kreuz und Stern.
Für ein Glücksspiel wird das Glücksrad viermal gedreht.
Der Einsatz eines Spielers beträgt 2 €.

a) Die drei Sektoren seien gleich groß.
Erscheint mindestens zweimal das Symbol Kreuz, so erhält der Spieler 1€, erscheint mindestens dreimal das Symbol Stern, erhält der Spieler 10€. Sonst erhält er nichts.
Mit welchem Gewinn oder Verlust kann der Spieler bei einem Spiel rechnen? (2 VP)

b) Der Sektor für das Symbol Stern soll doppelt so groß sein wie der Sektor des Symbols Kreuz. Wie groß muss der Mittelpunktswinkel für den Sektor des Symbols Kreuz sein, damit das Spiel fair ist? (4 VP)

*Die Aufgabe wurde unter Berücksichtigung der neuen Richtlinien gekürzt und um eine Stochastikaufgabe ergänzt.

Tipps ab Seite 237, Lösungen ab Seite 250 ☐

Mathematik Geometrie/Stochastik Wahlteil 2012 Aufgabe B 2 *

Aufgabe B 2.1

In einem Koordinatensystem beschreibt die x_1x_2-Ebene die Meeresoberfläche (1 LE entspricht 1m).

Zwei U-Boote U_1 und U_2 bewegen sich geradlinig mit jeweils konstanter Geschwindigkeit. Die Position von U_1 zum Zeitpunkt t ist gegeben durch

$$\vec{x} = \begin{pmatrix} 140 \\ 105 \\ -170 \end{pmatrix} + t \cdot \begin{pmatrix} -60 \\ -90 \\ -30 \end{pmatrix} \quad \text{(t in Minuten seit Beginn der Beobachtung).}$$

U_2 befindet sich zu Beobachtungsbeginn im Punkt $A\,(68 \mid 135 \mid -68)$ und erreicht nach drei Minuten den Punkt $B\,(-202 \mid -405 \mid -248)$.

a) Wie weit bewegt sich U_1 in einer Minute?
Welchen Winkel bildet die Route von U_1 mit der Meeresoberfläche? (3 VP)

b) Berechnen Sie die Geschwindigkeit von U_2 in $\frac{\text{m}}{\text{min}}$.
Begründen Sie, dass sich die Position von U_2 zum Zeitpunkt t beschreiben lässt durch

$$\vec{x} = \begin{pmatrix} 68 \\ 135 \\ -68 \end{pmatrix} + t \cdot \begin{pmatrix} -90 \\ -180 \\ -60 \end{pmatrix}$$

Zu welchem Zeitpunkt befinden sich beide U-Boote in gleicher Tiefe? (4 VP)

c) Welchen Abstand haben die beiden U-Boote zu Beobachtungsbeginn?
Aus Sicherheitsgründen dürfen sich die beiden U-Boote zu keinem Zeitpunkt näher als 100 m kommen. Wird dieser Sicherheitsabstand eingehalten? (4 VP)

Aufgabe B 2.2

Ein Supermarkt startet eine Werbeaktion, bei der die Kunden Schokoladetafeln gewinnen können. Von den zu gewinnenden Tafeln stammen erfahrungsgemäß 5 % aus dem vergangenen Jahr, so dass deren Qualität schlecht ist. Ein Unternehmensberater will die Aussage des Supermarkts überprüfen, dass höchstens 5 % der Schokoladetafeln alt seien. Er vermutet, dass der Anteil alter Ware größer ist und nimmt eine Stichprobe von 800 Tafeln. Falls er zu der Entscheidung kommt, dass die Aussage falsch ist, so soll die Werbeaktion abgebrochen werden, da die negativen Folgen der Kundenklagen im Vergleich zum positiven Effekt der Aktion überwiegen würden.

Bestimmen Sie eine Entscheidungsregel zur Überprüfung der Aussage, wenn der Unternehmensberater eine Entscheidung für die Aussage auf einem Sicherheitsniveau von 99 % treffen will. (4 VP)

*Die Aufgabe wurde unter Berücksichtigung der neuen Richtlinien gekürzt und um eine Stochastikaufgabe ergänzt.

Tipps Wahlteil Abitur 2012

Analysis Aufgabe A 1

Aufgabe A 1.1

a) Berechnen Sie mit Hilfe des GTR/CAS den Hochpunkt H des Schaubildes von $f(x)$.
Die Entfernung d von H zu M erhalten Sie mit Hilfe der Formel für den Abstand zweier Punkte: $d = \sqrt{(x_2 - x_1)^2 + (y_2 - y_1)^2}$
Bestimmen Sie die Wendestelle mit Hilfe der 2. Ableitung von $f(x)$. Alternativ können Sie auch die Extremstelle von $f'(x)$ mit Hilfe des GTR/CAS bestimmen. Den zugehörigen y-Wert erhalten Sie, indem Sie den berechneten x-Wert in $f(x)$ einsetzen.
Berechnen Sie mit Hilfe von $f'(x)$ die Steigung m_{A} der Kurve im Punkt A sowie die Steigung m_{AB} der Geraden durch die Punkte A und B mit Hilfe der Formel $m = \frac{y_2 - y_1}{x_2 - x_1}$. Falls $m_{\mathrm{A}} = m_{\mathrm{AB}}$ mündet die Umgehungsstraße ohne Knick in die Ortsdurchfahrt ein.

b) Stellen Sie die Gleichung der Tangente t auf, die durch den Punkt P verläuft und das Schaubild von $f(x)$ im Punkt $\mathrm{Q}\,(u \mid f(u))$ berührt.
Die Tangentengleichung in Abhängigkeit von u erhalten Sie mit Hilfe der Punkt-Steigungsform $y - y_1 = m \cdot (x - x_1)$. Setzen Sie die Koordinaten von P und $m = f'(u)$ in die Tangentengleichung ein und lösen Sie die erhaltene Gleichung mit Hilfe des GTR/CAS nach u auf; überlegen Sie, welche Lösung in Frage kommt. Berechnen Sie den zugehörigen y-Wert.
Lösen Sie die Gleichung $f'(x) = m_{\mathrm{AB}}$ mit Hilfe des GTR/CAS; überlegen Sie, welche Lösung in Frage kommt. Berechnen Sie den zugehörigen y-Wert.

Aufgabe A 1.2

Den Flächeninhalt A_1 der Fläche, die der Graph der Funktion f mit der x-Achse einschließt, erhalten Sie mit Hilfe eines Integrals; beachten Sie, dass das Winkelmaß RADIAN ist. Den Flächeninhalt A_2 der Fläche, die der Graph der Funktion g_t mit der x-Achse einschließt, erhalten Sie ebenfalls mit Hilfe eines Integrals; klammern Sie t aus und verwenden Sie jeweils den GTR/CAS. Lösen Sie die Gleichung $\mathrm{A}_1 = \mathrm{A}_2$ nach t auf.

Analysis Aufgabe A 2

a) Zum Skizzieren des Graphen von f bestimmen Sie mit Hilfe des GTR/CAS die Koordinaten des Hochpunkts.
Berechnen Sie mit Hilfe des GTR/CAS die Schnittpunkte des Graphen von f mit der Geraden $y = 36$ und bestimmen Sie die Differenz der berechneten Zeitpunkte.
Die Zeitpunkte, zu denen die Wirkstoffmenge im Blut am stärksten zu- bzw. abnimmt, erhalten Sie, indem Sie das Minimum und das Maximum der 1. Ableitung von f mit Hilfe des GTR/CAS bestimmen.

Die mittlere Wirkstoffmenge $\overline{m}$ im Blut während der ersten 12 Stunden erhalten Sie mit Hilfe eines Integrals: $\overline{m} = \frac{1}{b-a} \cdot \int_a^b f(t)\mathrm{d}t$.

b) Bestimmen Sie $g(t)$ für $t \to \infty$; beachten Sie, welcher Term gegen Null geht.
Bestimmen Sie die 1. Ableitung von $g(t)$ mit der Kettenregel. Falls $g'(t) > 0$ gilt, ist g streng monoton wachsend.
Lösen Sie mit Hilfe des GTR/CAS die Gleichung $g(t+15) - g(t) = 30$.

c) Die Differenzialgleichung des beschränkten Wachstums lautet: $g'(t) = k \cdot (\mathrm{S} - g(t))$. Multiplizieren Sie $g(t)$ aus und lesen Sie an der Funktionsgleichung von $g(t)$ die Schranke S und den Wachstumsfaktor k ab.
Multiplizieren Sie die Differenzialgleichung aus und lesen Sie die konstante, also nicht t-abhängige Zufuhr ab.
Betrachten Sie die Differenzialgleichung $h'(t) = a - 0{,}05 \cdot h(t)$, wobei a die konstant zugeführte Wirkstoffmenge beschreibt. Bestimmen Sie die Schranke S in Abhängigkeit von a und lösen Sie die entstandene Gleichung nach a auf.

Geometrie/Stochastik Aufgabe B 1

Aufgabe B 1.1

a) Verwenden Sie für die Parametergleichung der Ebene E, in der die Punkte A, B und P liegen, beispielsweise den Stützpunkt A und die Spannvektoren $\overrightarrow{AB}$ und $\overrightarrow{AP}$. Einen Normalenvektor $\vec{n}$ von E erhalten Sie mit Hilfe des Vektorprodukts (siehe Seite 41) der Spannvektoren $\overrightarrow{AB}$ und $\overrightarrow{AP}$. Alternativ können Sie $\vec{n}$ auch mit Hilfe des Skalarprodukts bestimmen, da $\vec{n}$ sowohl auf $\overrightarrow{AB}$ als auch auf $\overrightarrow{AP}$ senkrecht steht. Eine Koordinatengleichung von E erhalten Sie mit Hilfe der Punkt-Normalenform: $(\vec{x} - \vec{a}) \cdot \vec{n} = 0$.
Um die Ebene E in einem Koordinatensystem darzustellen, bestimmen Sie die Spurpunkte, d.h. die Schnittpunkte der Ebene E mit den Koordinatenachsen. Den Schnittpunkt S_1 von E mit der x_1-Achse erhalten Sie, indem Sie $x_2 = 0$ und $x_3 = 0$ in E einsetzen. Den Schnittpunkt S_2 von E mit der x_2-Achse erhalten Sie, indem Sie $x_1 = 0$ und $x_3 = 0$ in E einsetzen. Den Schnittpunkt S_3 von E mit der x_3-Achse erhalten Sie, indem Sie $x_1 = 0$ und $x_2 = 0$ in E einsetzen. Den Schnittwinkel α, unter dem E die x_1-Achse schneidet, erhalten Sie mit Hilfe der Formel $\sin\alpha = \frac{|\vec{n} \cdot \vec{r}|}{|\vec{n}| \cdot |\vec{r}|}$ für Winkel zwischen einer Ebene und einer Geraden. Setzen Sie den Normalenvektor $\vec{n}$ und den Richtungsvektor $\vec{r}$ der x_1Achse in die Formel ein.

b) Berechnen Sie die drei Seitenlängen des Dreiecks, d.h. die Beträge der Verbindungsvektoren jeweils zweier Ecken.
Die Punkte C und D des Vierecks ABCD erhalten Sie, indem Sie A und B jeweils an P mit Hilfe einer Vektorkette spiegeln.
Die Koordinaten der Spitzen S_1 und S_2 der senkrechten Pyramiden erhalten Sie mit Hilfe von Vektorketten. Bestimmen Sie die Länge des Normalenvektors $\vec{n}$. Alternativ können Sie auch Vektorketten mit Hilfe des normierten Normalenvektors $\vec{n}_0 = \frac{\vec{n}}{|\vec{n}|}$ aufstellen.

Aufgabe B 1.2

a) Legen Sie X als binomialverteilte Zufallsvariable für die Anzahl der erhaltenen Symbole Kreuz fest.
Die Wahrscheinlichkeit, mindestens zweimal das Symbol Kreuz zu drehen, erhalten Sie mit Hilfe des GTR/CAS; verwenden Sie $P(X \geqslant k) = 1 - P(X \leqslant k-1)$.
Legen Sie Y als binomialverteilte Zufallsvariable für die Anzahl der erhaltenen Symbole Stern fest.
Die Wahrscheinlichkeit, mindestens dreimal das Symbol Stern zu drehen, erhalten Sie mit Hilfe des GTR/CAS; verwenden Sie $P(X \geqslant k) = 1 - P(X \leqslant k-1)$.
Ist Z die Zufallsvariable für den zu erwartenden Gewinn, so erhalten Sie den Erwartungswert von Z, indem Sie die möglichen Auszahlungen mit den entsprechenden Wahrscheinlichkeiten multiplizieren und den Einsatz subtrahieren.

b) Legen Sie p als Wahrscheinlichkeit für das Erscheinen des Symbols Kreuz bei einmaligem Drehen fest. Für den Mittelpunktswinkel α des Sektors des Symbols Kreuz gilt dann: $p = \frac{\alpha}{360^\circ}$. Legen Sie X als binomialverteilte Zufallsvariable für die Anzahl der erhaltenen Symbole Kreuz bei viermaligem Drehen fest. Die Wahrscheinlichkeit, mindestens zweimal das Symbol Kreuz zu drehen, erhalten Sie mit Hilfe des Gegenereignisses sowie der Formel $P(X = k) = \binom{n}{k} \cdot p^k \cdot (1-p)^{n-k}$ in Abhängigkeit von p.
Überlegen Sie, wie groß die Wahrscheinlichkeit für das Symbol Stern ist.
Legen Sie Y als binomialverteilte Zufallsvariable für die Anzahl der erhaltenen Symbole Stern bei viermaligem Drehen fest.
Die Wahrscheinlichkeit, mindestens dreimal das Symbol Stern zu drehen, erhalten Sie mit Hilfe der Formel $P(Y = k) = \binom{n}{k} \cdot p^k \cdot (1-p)^{n-k}$ in Abhängigkeit von p.
Ist Z die Zufallsvariable für den zu erwartenden Gewinn, so erhalten Sie den Erwartungswert von Z, indem Sie die möglichen Auszahlungen mit den entsprechenden Wahrscheinlichkeiten multiplizieren und den Einsatz subtrahieren.
Damit das Spiel fair ist, muss $E(Z) = 0$ gelten; lösen Sie die zugehörige Gleichung mit Hilfe des GTR/CAS; beachten Sie, dass $p + 2p < 1$ sein muss. Bestimmen Sie anschließend den Mittelpunktswinkel α des Sektors des Symbols Kreuz.

Geometrie/Stochastik Aufgabe B 2

Aufgabe B 2.1

a) Bestimmen Sie die Länge des Richtungsvektors der gegebenen Geraden. Alternativ können Sie auch die Positionen zu den Zeitpunkten $t = 0$ und $t = 1$ bestimmen und die Länge des Verbindungsvektors berechnen.
Den Winkel α der Route von U_1 mit der Meeresoberfläche erhalten Sie mit Hilfe der Formel $\sin\alpha = \frac{|\vec{n} \cdot \vec{r}|}{|\vec{n}| \cdot |\vec{r}|}$ für den Winkel zwischen einer Geraden und einer Ebene. Setzen Sie den

Normalenvektor $\vec{n}$ der x_1x_2- Ebene und den Richtungsvektor $\vec{r}$ der Geraden von U_1 in die Formel ein.

b) Die Geschwindigkeit v von U_2 erhalten Sie, indem Sie den Abstand der Punkte A und B bestimmen und durch 3 Minuten teilen.
Die Position des U-Boots U_2 zum Zeitpunkt t (in Minuten) erhalten Sie, indem Sie die Geradengleichung durch die Punkte A und B aufstellen. Als Stützpunkt der Geraden verwenden Sie den Punkt A, als Richtungsvektor verwenden Sie $\frac{1}{3} \cdot \overrightarrow{AB}$.
Um den Zeitpunkt zu bestimmen, zu dem sich beide U-Boote in gleicher Tiefe befinden, setzen Sie die x_3-Komponenten der beiden Geradengleichungen gleich.

c) Bestimmen Sie die Länge des Verbindungsvektors vom Stützpunkt der Geraden von U_1 zum Stützpunkt der Geraden von U_2 .
Den Abstand $d(t)$ der beiden U-Boote zu einem beliebigen Zeitpunkt t erhalten Sie, indem Sie die Länge des Verbindungsvektors von einem allgemeinen Punkt P_t der Geraden von U_1 zu einem allgemeinen Punkt Q_t der Geraden von U_2 bestimmen. Berechnen Sie das Minimum von $d(t)$ mit Hilfe des GTR/CAS.

Aufgabe B 2.2

Beachten Sie, dass ein Sicherheitsniveau von 99% einer Irrtumswahrscheinlichkeit von $\alpha = 1\%$ entspricht.
Legen Sie X als binomialverteilte Zufallsvariable für die Anzahl alter Tafeln fest.
Schreiben Sie die Nullhypothese in der Form H_0: $p \leqslant ...$ bei Treffer «Tafel alt» auf und formulieren Sie die Alternativhypothese $H_1 : p > .....$ Beachten Sie, dass es sich um einen rechtsseitigen Test handelt. Bestimmen Sie deshalb ein minimales $k \in \mathbb{N}$ und damit einen Ablehnungsbereich $\overline{A} = \{k, ..., 800\}$ so, dass gilt: $P(X \geqslant k) \leqslant \alpha$. Verwenden Sie hierzu $P(X \geqslant k) = 1 - P(X \leqslant k - 1)$.
Lösen Sie die Ungleichung mit Hilfe des GTR/CAS.

Lösungen Wahlteil Abitur 2012

Analysis Aufgabe A 1

Aufgabe A 1.1

Es ist $f(x) = -0,1x^3 - 0,3x^2 + 0,4x + 3,2$.

a) Die Koordinaten des nördlichsten Punktes der Umgehungsstraße erhält man, indem man mit Hilfe des GTR/CAS den Hochpunkt des Schaubildes von $f(x)$ berechnet.
Man erhält: $H(0,53 \mid 3,31)$
Die Entfernung d von $H(0,53 \mid 3,31)$ zu $M(0 \mid 0,5)$ erhält man mit Hilfe der Formel $d = \sqrt{(x_2 - x_1)^2 + (y_2 - y_1)^2}$ für den Abstand zweier Punkte:

$$d = \sqrt{(0 - 0,53)^2 + (0,5 - 3,31)^2} \approx 2,86$$

Der nördlichste Punkt H ist also etwa 2,86 km vom Ortsmittelpunkt M entfernt.
Der Punkt, in welchem eine Linkskurve in eine Rechtskurve übergeht, ist der Wendepunkt. Diesen erhält man mit Hilfe der 2. Ableitung von $f(x)$:

$$f'(x) = -0,3x^2 - 0,6x + 0,4$$
$$f''(x) = -0,6x - 0,6$$
$$f'''(x) = -0,6$$

Die notwendige Bedingung $f''(x) = 0$ führt zu:

$$-0,6x - 0,6 = 0 \Rightarrow x = -1$$

Wegen $f'''(-1) \neq 0$ handelt es sich um eine Wendestelle.
Alternativ kann man auch die Extremstelle von $f'(x)$ mit Hilfe des GTR/CAS bestimmen. Man erhält $x = -1$. Den zugehörigen y-Wert erhält man, indem man $x = -1$ in $f(x)$ einsetzt:

$$y = f(-1) = 2,6$$

Damit hat der Wendepunkt die Koordinaten $W(-1 \mid 2,6)$.
Um zu zeigen, dass die Umgehungsstraße im Punkt A ohne Knick in die Ortsdurchfahrt einmündet, berechnet man mit Hilfe von $f'(x)$ die Steigung m_A der Kurve im Punkt A:

$$m_A = f'(-3) = -0,3 \cdot (-3)^2 - 0,6 \cdot (-3) + 0,4 = -0,5$$

Die Steigung m_{AB} der Geraden durch $A(-3 \mid 2)$ und $B(3 \mid -1)$ erhält man mit Hilfe der

Formel $m = \frac{y_2 - y_1}{x_2 - x_1}$ für die Steigung zwischen zwei Punkten:

$$m_{\mathrm{AB}} = \frac{-1-2}{3-(-3)} = \frac{-3}{6} = -0,5$$

Es ist $m_{\mathrm{A}} = m_{\mathrm{AB}}$, daher mündet die Umgehungsstraße ohne Knick in die Ortsdurchfahrt ein.

b) Damit der Fahrer die Windkraftanlage genau in Fahrtrichtung vor sich sieht, stellt man die Gleichung der Tangente t auf, die durch den Punkt $\mathrm{P}(1,5 \mid 3)$ verläuft und das Schaubild von $f(x)$ im Punkt $\mathrm{Q}(u \mid f(u))$ berührt.
Die Tangentengleichung in Abhängigkeit der Variable u erhält man mit Hilfe der Punkt-Steigungsform $y - y_1 = m \cdot (x - x_1)$:

$$t\colon y - f(u) = m \cdot (x - u)$$
$$t\colon y = f'(u) \cdot (x - u) + f(u)$$
$$t\colon y = (-0,3u^2 - 0,6u + 0,4) \cdot (x - u) + \left(-0,1u^3 - 0,3u^2 + 0,4u + 3,2\right)$$

Setzt man die Koordinaten von $\mathrm{P}(1,5 \mid 3)$ in die Tangentengleichung ein, erhält man:

$$3 = (-0,3u^2 - 0,6u + 0,4) \cdot (1,5 - u) + \left(-0,1u^3 - 0,3u^2 + 0,4u + 3,2\right)$$

Mit Hilfe des GTR/CAS erhält man die Lösungen $u_1 = 2$, $u_2 \approx 0,92$ und $u_3 \approx -2,17$.
Da das Fahrzeug von B aus auf der Umgehungsstraße fährt, kommt nur $u_1 = 2$ als Lösung in Frage.
Den y-Wert des Punktes Q erhält man, indem man $x = 2$ in $f(x)$ einsetzt: $y = f(2) = 2$
Damit hat der Punkt Q, von dem aus der Fahrer die Windkraftanlage genau in Fahrtrichtung vor sich sieht, die Koordinaten $\mathrm{Q}(2 \mid 2)$.

Die Gerade AB der Ortsdurchfahrt hat die Steigung $m_{\mathrm{AB}} = -0,5$.
Im Punkt R, in welchem ein Fahrzeug parallel zur Ortsdurchfahrt fährt, muss die Steigung ebenfalls $-0,5$ betragen.
Also muss gelten: $f'(x) = -0,5$. Mit Hilfe des GTR/CAS erhält man: $x_1 = 1$ und $x_2 = -3$
Da $x_2 = -3$ der x-Wert des Punktes A ist, kommt nur $x_1 = 1$ als Lösung in Frage.
Den y-Wert des Punktes R erhält man, indem man $x = 1$ in $f(x)$ einsetzt: $y = f(1) = 3,2$
Somit hat der Punkt R die Koordinaten $\mathrm{R}(1 \mid 3,2)$.

Aufgabe A 1.2

Es ist $f(x) = (\sin(x))^2$ bzw. $g_t(x) = t \cdot \sin(x)$; $t > 0$; $x \in \mathbb{R}$.

Mit Hilfe des GTR/CAS kann man die Graphen von $f(x) = (\sin(x))^2$ und $g_1(x) = \sin(x)$ für $0 \leqslant x \leqslant \pi$ skizzieren; hierzu stellt man das Winkelmaß beim GTR/CAS auf RADIAN:

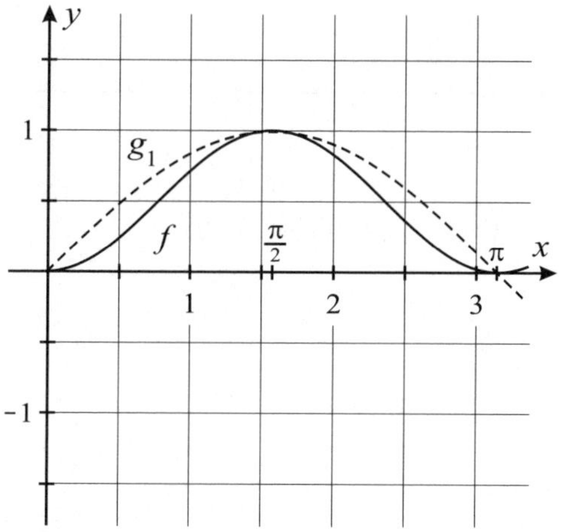

Den Flächeninhalt A_1 der Fläche, die der Graph der Funktion f mit der x-Achse einschließt, erhält man mit Hilfe eines Integrals:

$$A_1 = \int_0^{\pi} f(x)\mathrm{d}x \approx 1,57 \text{ (GTR/ CAS)}$$

Den Flächeninhalt A_2 der Fläche, die der Graph der Funktion g_t mit der x-Achse einschließt, erhält man ebenfalls mit Hilfe eines Integrals:

$$A_2 = \int_0^{\pi} g_t(x)\mathrm{d}x = \int_0^{\pi} t \cdot \sin(x)\mathrm{d}x = t \cdot \int_0^{\pi} \sin(x)\mathrm{d}x = t \cdot 2 \text{ (GTR/ CAS)}$$

Da die beiden Flächen den gleichen Flächeninhalt haben sollen, gilt:

$$\begin{aligned} A_1 &= A_2 \\ 1,57 &= t \cdot 2 \\ 0,79 &\approx t \end{aligned}$$

Für $t \approx 0,79$ sind die beiden Flächeninhalte gleich groß.

Analysis Aufgabe A 2

a) Es ist $f(t) = 130 \cdot \left(e^{-0{,}2\cdot t} - e^{-0{,}8\cdot t}\right)$; $0 \leqslant t \leqslant 24$.
Mit Hilfe des GTR/CAS kann man den Graphen von f skizzieren; für die Einstellung des Zeichenfensters verwendet man: $0 \leqslant x \leqslant 24$ und $0 \leqslant y \leqslant 70$. Der Hochpunkt des Graphen hat etwa die Koordinaten $H(2,3 \mid 61,4)$ (GTR/CAS).

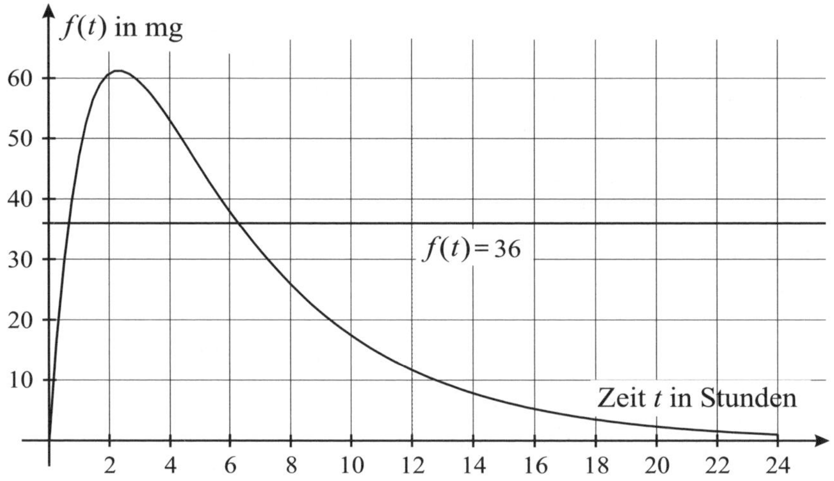

Um den Zeitraum zu bestimmen, in dem das Medikament wirkt, berechnet man die Schnittpunkte des Graphen von f mit der Geraden $y = 36$. Man erhält: $t_1 \approx 0,6$ und $t_2 \approx 6,3$ (GTR/CAS)
Wegen $t_2 - t_1 \approx 6,3 - 0,6 = 5,7$ wirkt das Medikament etwa 5,7 Stunden.

Die Zeitpunkte, zu denen die Wirkstoffmenge im Blut am stärksten zu- bzw. abnimmt, erhält man, indem man das Minimum und das Maximum der 1. Ableitung von f für $0 \leqslant t \leqslant 24$ bestimmt.
Mit Hilfe des GTR/CAS erhält man: $t_{\text{Min}} \approx 4,6$ und $t_{\text{Max}} = 0$.
Zu Beginn der Injektion nimmt die Wirkstoffmenge im Blut am stärksten zu, nach etwa 4,6 Stunden nimmt die Wirkstoffmenge am stärksten ab.

Die mittlere Wirkstoffmenge $\overline{m}$ im Blut während der ersten 12 Stunden erhält man mit Hilfe eines Integrals:

$$\overline{m} = \frac{1}{12-0} \cdot \int_0^{12} f(t)\mathrm{d}t \approx 35,7 \text{ (GTR/CAS)}$$

Die mittlere Wirkstoffmenge im Blut beträgt während der ersten 12 Stunden etwa 36 mg.

b) Es ist $g(t) = 80 \cdot \left(1 - e^{-0{,}05\cdot t}\right)$; $t \geqslant 0$.

Die langfristige Wirkstoffmenge im Blut beträgt annähernd 80 mg, da $g(t)$ für $t \to \infty$ gegen

80 geht.

Um zu zeigen, dass die Wirkstoffmenge im Blut ständig zunimmt, bestimmt man die 1. Ableitung von $g(t) = 80 \cdot \left(1 - e^{-0,05 \cdot t}\right) = 80 - 80 \cdot e^{-0,05 \cdot t}$ mit der Kettenregel:

$$g'(t) = 0 - 80 \cdot e^{-0,05 \cdot t} \cdot (-0,05) = 4 \cdot e^{-0,05 \cdot t}$$

Wegen $e^{-0,05 \cdot t} > 0$ gilt: $g'(t) > 0$. Also ist g streng monoton wachsend.
Somit nimmt die Wirkstoffmenge ständig zu.

Um den 15-Minuten-Zeitraum, in dem sich die Wirkstoffmenge um 30 mg ändert, zu bestimmen, löst man mit Hilfe des GTR/CAS die Gleichung $g(t+15) - g(t) = 30$.
Man erhält: $t \approx 6,8$
Somit ergibt sich der Zeitraum von etwa 7 Minuten bis etwa 22 Minuten nach Infusionsbeginn.

c) Die Differenzialgleichung des beschränkten Wachstums lautet: $g'(t) = k \cdot (\mathrm{S} - g(t))$. Die zugehörige Lösungsfunktion ist $g(t) = \mathrm{S} - a \cdot e^{-k \cdot t}$.
An der Funktionsgleichung von $g(t) = 80 \cdot \left(1 - e^{-0,05 \cdot t}\right) = 80 - 80 \cdot e^{-0,05 \cdot t}$ kann man somit die Schranke $\mathrm{S} = 80$ und den Wachstumsfaktor $k = 0,05$ ablesen. Damit erhält man:

$$g'(t) = 0,05 \cdot (80 - g(t))$$

Durch Ausmultiplizieren der Differenzialgleichung erhält man:

$$g'(t) = 0,05 \cdot (80 - g(t)) = 4 - 0,05 \cdot g(t)$$

Anhand dieser Gleichung kann man ablesen, dass es eine konstante Zufuhr (+4) und einen zeitabhängigen Abbau $(-0,05 \cdot g(t))$ der Wirkstoffmenge gibt.
Daher beträgt die konstante Zufuhr 4 mg pro Minute.

Um zu bestimmen, welche konstante Wirkstoffmenge a zugeführt werden muss, damit sich langfristig 90 mg im Blut befinden, betrachtet man die Differenzialgleichung

$$h'(t) = a - 0,05 \cdot h(t) = 0,05 \cdot \left(\frac{a}{0,05} - h(t)\right)$$

Da die Schranke $\mathrm{S} = \frac{a}{0,05}$ einen Wert von 90 haben soll, muss gelten:

$$\frac{a}{0,05} = 90 \Rightarrow a = 4,5$$

Somit müsste man pro Minute 4,5 mg Wirkstoffmenge zuführen.

Geometrie/Stochastik 2012 Aufgabe B 1

Aufgabe B 1.1

a) Die Ebene E, in der die Punkte A $(6 \mid 1 \mid 0)$, B $(2 \mid 3 \mid 0)$ und P $(3 \mid 0 \mid 2{,}5)$ liegen, hat beispielsweise den Stützpunkt A und die Spannvektoren $\overrightarrow{AB} = \begin{pmatrix} -4 \\ 2 \\ 0 \end{pmatrix}$ und $\overrightarrow{AP} = \begin{pmatrix} -3 \\ -1 \\ 2{,}5 \end{pmatrix}$.

Damit hat E die Parametergleichung:

$$E\colon \vec{x} = \begin{pmatrix} 6 \\ 1 \\ 0 \end{pmatrix} + s \cdot \begin{pmatrix} -4 \\ 2 \\ 0 \end{pmatrix} + t \cdot \begin{pmatrix} -3 \\ -1 \\ 2{,}5 \end{pmatrix}; \; s,t \in \mathbb{R}$$

Einen Normalenvektor $\vec{n}$ von E erhält man mit Hilfe des Kreuzprodukts (siehe Seite 41) der Spannvektoren $\begin{pmatrix} -4 \\ 2 \\ 0 \end{pmatrix}$ und $\begin{pmatrix} -3 \\ -1 \\ 2{,}5 \end{pmatrix}$:

$$\begin{pmatrix} -4 \\ 2 \\ 0 \end{pmatrix} \times \begin{pmatrix} -3 \\ -1 \\ 2{,}5 \end{pmatrix} = \begin{pmatrix} 5 \\ 10 \\ 10 \end{pmatrix} = 5 \cdot \begin{pmatrix} 1 \\ 2 \\ 2 \end{pmatrix} \Rightarrow \vec{n} = \begin{pmatrix} 1 \\ 2 \\ 2 \end{pmatrix}$$

Alternativ kann man $\vec{n}$ auch mit Hilfe des Skalarprodukts bestimmen, da $\vec{n}$ sowohl auf $\overrightarrow{AB}$ als auch auf $\overrightarrow{AP}$ senkrecht steht. Es gilt:

$$\vec{n} \cdot \overrightarrow{AB} = 0 \Rightarrow \begin{pmatrix} n_1 \\ n_2 \\ n_3 \end{pmatrix} \cdot \begin{pmatrix} -4 \\ 2 \\ 0 \end{pmatrix} = 0$$

und

$$\vec{n} \cdot \overrightarrow{AP} = 0 \Rightarrow \begin{pmatrix} n_1 \\ n_2 \\ n_3 \end{pmatrix} \cdot \begin{pmatrix} -3 \\ -1 \\ 2{,}5 \end{pmatrix} = 0$$

Daraus ergibt sich das lineare Gleichungssystem:

$$\begin{array}{lrcrcrcl} \text{I} & -4n_1 & + & 2n_2 & & & = & 0 \\ \text{II} & -3n_1 & - & n_2 & + & 2{,}5n_3 & = & 0 \end{array}$$

Wählt man in Gleichung I z.B. $n_1 = 1$, erhält man: $-4 \cdot 1 + 2n_2 = 0 \Rightarrow n_2 = 2$

Setzt man $n_1 = 1$ und $n_2 = 2$ in Gleichung II ein, erhält man:

$-3 \cdot 1 - 2 + 2{,}5n_3 = 0 \Rightarrow n_3 = 2$

Damit ergibt sich ein Normalenvektor $\vec{n} = \begin{pmatrix} 1 \\ 2 \\ 2 \end{pmatrix}$.

Eine Koordinatengleichung von E erhält man mit Hilfe der Punkt-Normalenform:

$$E\colon (\vec{x}-\vec{a})\cdot\vec{n}=0$$

$$E\colon \left(\vec{x}-\begin{pmatrix}6\\1\\0\end{pmatrix}\right)\cdot\begin{pmatrix}1\\2\\2\end{pmatrix}=0$$

$$E\colon (x_1-6)\cdot 1+(x_2-1)\cdot 2+(x_3-0)\cdot 2=0$$

$$E\colon x_1-6+2x_2-2+2x_3=0$$

$$E\colon x_1+2x_2+2x_3=8$$

Die Ebene E hat die Koordinatengleichung $E\colon\ x_1+2x_2+2x_3=8$.

Um die Ebene E in einem Koordinatensystem darzustellen, bestimmt man die Spurpunkte, d.h. die Schnittpunkte der Ebene E mit den Koordinatenachsen.

Den Schnittpunkt S_1 von E mit der x_1-Achse erhält man, indem man $x_2=0$ und $x_3=0$ in E einsetzt:

$$x_1+2\cdot 0+2\cdot 0=8 \Rightarrow x_1=8 \Rightarrow S_1\,(8\,|\,0\,|\,0)$$

Den Schnittpunkt S_2 von E mit der x_2-Achse erhält man, indem man $x_1=0$ und $x_3=0$ in E einsetzt:

$$0+2\cdot x_2+2\cdot 0=8 \Rightarrow x_2=4 \Rightarrow S_2\,(0\,|\,4\,|\,0)$$

Den Schnittpunkt S_3 von E mit der x_3-Achse erhält man, indem man $x_1=0$ und $x_2=0$ in E einsetzt:

$$0+2\cdot 0+2\cdot x_3=8 \Rightarrow x_3=4 \Rightarrow S_3\,(0\,|\,0\,|\,4)$$

Mit Hilfe der Spurpunkte kann man die Ebene E darstellen:

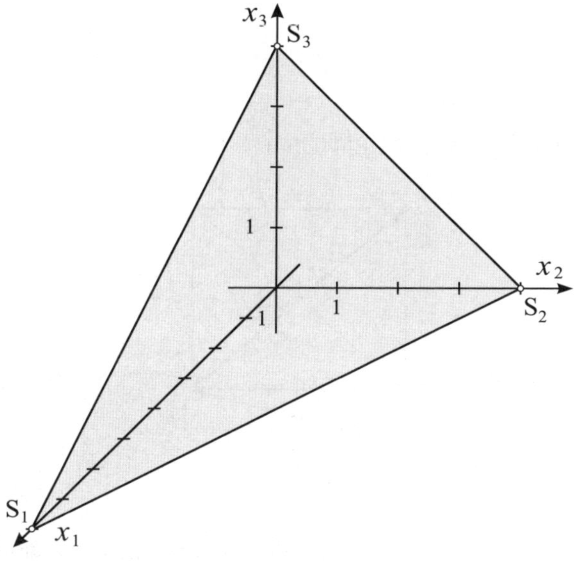

Den Schnittwinkel α, unter dem E die x_1-Achse schneidet, erhält man mit Hilfe der Formel $\sin\alpha = \frac{|\vec{n}\cdot\vec{r}|}{|\vec{n}|\cdot|\vec{r}|}$ für Winkel zwischen einer Ebene und einer Geraden. Setzt man den Normalenvektor $\vec{n} = \begin{pmatrix}1\\2\\2\end{pmatrix}$ und den Richtungsvektor $\vec{r} = \begin{pmatrix}1\\0\\0\end{pmatrix}$ der x_1Achse in die Formel ein, erhält man:

$$\sin\alpha = \frac{|\vec{n}\cdot\vec{r}|}{|\vec{n}|\cdot|\vec{r}|} = \frac{\left|\begin{pmatrix}1\\2\\2\end{pmatrix}\cdot\begin{pmatrix}1\\0\\0\end{pmatrix}\right|}{\left|\begin{pmatrix}1\\2\\2\end{pmatrix}\right|\cdot\left|\begin{pmatrix}1\\0\\0\end{pmatrix}\right|} = \frac{|1\cdot1+2\cdot0+2\cdot0|}{\sqrt{1^2+2^2+2^2}\cdot\sqrt{1^2+0^2+0^2}} = \frac{1}{3}$$

$$\Rightarrow\ \alpha \approx 19{,}5^\circ$$

b) Um zu zeigen, dass das Dreieck ABP gleichschenklig ist, berechnet man die drei Seitenlängen des Dreiecks:

$$\overline{AB} = \left|\overrightarrow{AB}\right| = \left|\begin{pmatrix}-4\\2\\0\end{pmatrix}\right| = \sqrt{(-4)^2+2^2+0^2} = \sqrt{20}$$

$$\overline{AP} = \left|\overrightarrow{AP}\right| = \left|\begin{pmatrix}-3\\-1\\2{,}5\end{pmatrix}\right| = \sqrt{(-3)^2+(-1)^2+2{,}5^2} = \sqrt{16{,}25}$$

$$\overline{BP} = \left|\overrightarrow{BP}\right| = \left|\begin{pmatrix}1\\-3\\2{,}5\end{pmatrix}\right| = \sqrt{1^2+(-3)^2+2{,}5^2} = \sqrt{16{,}25}$$

Wegen $\overline{AP} = \overline{BP}$ ist das Dreieck ABP gleichschenklig.

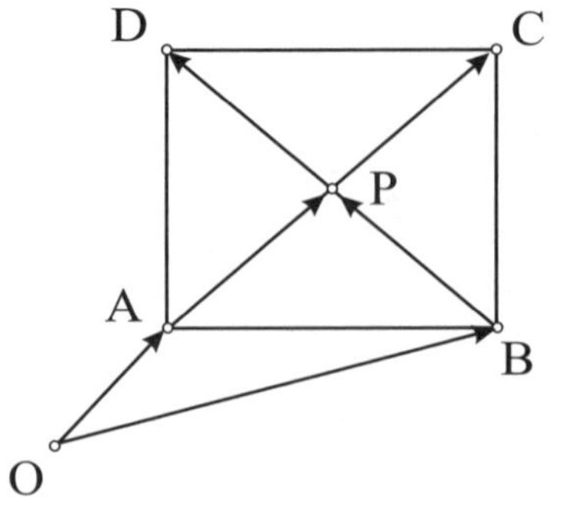

Die Punkte C und D des Vierecks ABCD erhält man, indem man A und B jeweils an P mit

Hilfe einer Vektorkette spiegelt:

$$\overrightarrow{OC} = \overrightarrow{OA} + 2 \cdot \overrightarrow{AP} = \begin{pmatrix} 6 \\ 1 \\ 0 \end{pmatrix} + 2 \cdot \begin{pmatrix} -3 \\ -1 \\ 2,5 \end{pmatrix} = \begin{pmatrix} 0 \\ -1 \\ 5 \end{pmatrix} \Rightarrow C(0 \mid -1 \mid 5)$$

$$\overrightarrow{OD} = \overrightarrow{OB} + 2 \cdot \overrightarrow{BP} = \begin{pmatrix} 2 \\ 3 \\ 0 \end{pmatrix} + 2 \cdot \begin{pmatrix} 1 \\ -3 \\ 2,5 \end{pmatrix} = \begin{pmatrix} 4 \\ -3 \\ 5 \end{pmatrix} \Rightarrow D(4 \mid -3 \mid 5)$$

Die Koordinaten der Spitzen S_1 und S_2 der senkrechten Pyramiden mit Grundfläche ABCD und Höhe 12 erhält man mit Hilfe von Vektorketten.

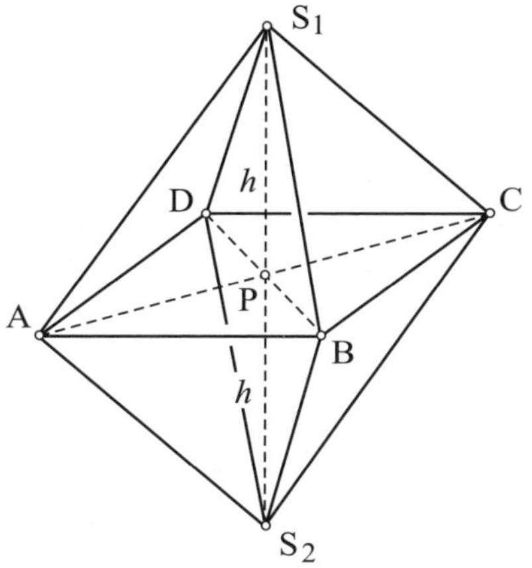

Da der Normalenvektor $\vec{n} = \begin{pmatrix} 1 \\ 2 \\ 2 \end{pmatrix}$ von E, in der die Grundfläche ABCD liegt, die Länge

$$|\vec{n}| = \left| \begin{pmatrix} 1 \\ 2 \\ 2 \end{pmatrix} \right| = \sqrt{1^2 + 2^2 + 2^2} = 3$$ hat, erhält man:

$$\overrightarrow{OS_1} = \overrightarrow{OP} + 4 \cdot \vec{n} = \begin{pmatrix} 3 \\ 0 \\ 2,5 \end{pmatrix} + 4 \cdot \begin{pmatrix} 1 \\ 2 \\ 2 \end{pmatrix} = \begin{pmatrix} 7 \\ 8 \\ 10,5 \end{pmatrix} \Rightarrow S_1(7 \mid 8 \mid 10,5)$$

$$\overrightarrow{OS_2} = \overrightarrow{OP} - 4 \cdot \vec{n} = \begin{pmatrix} 3 \\ 0 \\ 2,5 \end{pmatrix} - 4 \cdot \begin{pmatrix} 1 \\ 2 \\ 2 \end{pmatrix} = \begin{pmatrix} -1 \\ -8 \\ -5,5 \end{pmatrix} \Rightarrow S_2(-1 \mid -8 \mid -5,5)$$

Alternativ kann man auch Vektorketten mit Hilfe des normierten Normalenvektors

$\vec{n}_0 = \frac{\vec{n}}{|\vec{n}|} = \frac{1}{3} \cdot \begin{pmatrix} 1 \\ 2 \\ 2 \end{pmatrix}$ aufstellen:

$$\overrightarrow{OS_1} = \overrightarrow{OP} + 12 \cdot \vec{n}_0 = \begin{pmatrix} 3 \\ 0 \\ 2,5 \end{pmatrix} + 12 \cdot \frac{1}{3} \cdot \begin{pmatrix} 1 \\ 2 \\ 2 \end{pmatrix} = \begin{pmatrix} 7 \\ 8 \\ 10,5 \end{pmatrix} \Rightarrow S_1\,(7 \mid 8 \mid 10,5)$$

$$\overrightarrow{OS_2} = \overrightarrow{OP} - 12 \cdot \vec{n}_0 = \begin{pmatrix} 3 \\ 0 \\ 2,5 \end{pmatrix} - 12 \cdot \frac{1}{3} \cdot \begin{pmatrix} 1 \\ 2 \\ 2 \end{pmatrix} = \begin{pmatrix} -1 \\ -8 \\ -5,5 \end{pmatrix} \Rightarrow S_2\,(-1 \mid -8 \mid -5,5)$$

Aufgabe B 1.2

a) Betrachtet man nur die Ausgänge «Kreuz» und «nicht Kreuz», so handelt es sich um ein Bernoulliexperiment. Legt man X als Zufallsvariable für die Anzahl der erhaltenen Symbole Kreuz fest, so ist X binomialverteilt mit $n = 4$ und $p = \frac{1}{3}$. Die Wahrscheinlichkeit, mindestens zweimal das Symbol Kreuz zu drehen, erhält man mit Hilfe des GTR/CAS:

$$P(X \geqslant 2) = 1 - P(X \leqslant 1) = \frac{11}{27}$$

Betrachtet man nur die Ausgänge «Stern» und «nicht Stern», so handelt es sich um ein Bernoulliexperiment. Legt man Y als Zufallsvariable für die Anzahl der erhaltenen Symbole Stern fest, so ist Y ebenfalls binomialverteilt mit $n = 4$ und $p = \frac{1}{3}$. Die Wahrscheinlichkeit, mindestens dreimal das Symbol Stern zu drehen, erhält man mit Hilfe des GTR/CAS:

$$P(Y \geqslant 3) = 1 - P(Y \leqslant 2) = \frac{1}{9}$$

Ist Z die Zufallsgröße für den zu erwartenden Gewinn, so erhält man den Erwartungswert von Z, indem man die möglichen Auszahlungen mit den entsprechenden Wahrscheinlichkeiten multipliziert und den Einsatz subtrahiert:

$$E(Z) = 1 \cdot P(X \geqslant 2) + 10 \cdot P(Y \geqslant 3) - 2 = 1 \cdot \frac{11}{27} + 10 \cdot \frac{1}{9} - 2 \approx -0,48$$

Der Spieler hat pro Spiel mit einem Verlust von etwa 48 Cent zu rechnen.

b) Dreht man das Glücksrad einmal, so sei p die Wahrscheinlichkeit für das Erscheinen des Symbols Kreuz. Für den Mittelpunktswinkel α des Sektors des Symbols Kreuz gilt dann: $p = \frac{\alpha}{360°}$

Legt man X als Zufallsvariable für die Anzahl der erhaltenen Symbole Kreuz bei viermaligem Drehen fest, so ist X binomialverteilt mit $n = 4$ und p. Die Wahrscheinlichkeit, mindestens zweimal das Symbol Kreuz zu drehen, erhält man mit Hilfe des Gegenereignisses sowie der Formel $P(X=k)=\binom{n}{k}\cdot p^k\cdot(1-p)^{n-k}$ in Abhängigkeit von p. Damit gilt:

$$\begin{aligned} P(X\geqslant 2) &= 1-P(X\leqslant 1)\\ &= 1-P(X=0)-P(X=1)\\ &= 1-\binom{4}{0}\cdot p^0\cdot(1-p)^{4-0}-\binom{4}{1}\cdot p^1\cdot(1-p)^{4-1}\\ &= 1-(1-p)^4-4\cdot p\cdot(1-p)^3 \end{aligned}$$

Da der Sektor für das Symbol Stern doppelt so groß ist wie der Sektor für das Symbol Kreuz, ist die Wahrscheinlichkeit für das Erscheinen des Symbols Stern bei einmaligem Drehen doppelt so groß wie beim Symbol Kreuz, also 2p.
Legt man Y als Zufallsvariable für die Anzahl der erhaltenen Symbole Kreuz bei viermaligem Drehen fest, so ist Y binomialverteilt mit $n=4$ und 2p. Die Wahrscheinlichkeit, mindestens dreimal das Symbol Stern zu drehen, erhält man mit Hilfe der Formel $P(Y=k)=\binom{n}{k}\cdot p^k\cdot(1-p)^{n-k}$ in Abhängigkeit von p. Damit gilt:

$$\begin{aligned} P(Y\geqslant 3) &= P(Y=3)+P(Y=4)\\ &= \binom{4}{3}\cdot(2p)^3\cdot(1-2p)^{4-3}+\binom{4}{4}\cdot(2p)^4\cdot(1-2p)^{4-4}\\ &= 4\cdot(2p)^3\cdot(1-2p)+(2p)^4 \end{aligned}$$

Ist Z die Zufallsvariable für den zu erwartenden Gewinn, so erhält man den Erwartungswert von Z, indem man die möglichen Auszahlungen mit den entsprechenden Wahrscheinlichkeiten multipliziert und den Einsatz subtrahiert:

$$\begin{aligned} E(Z) &= 1\cdot P(X\geqslant 2)+10\cdot P(Y\geqslant 3)-2\\ &= 1\cdot\left(1-(1-p)^4-4\cdot p\cdot(1-p)^3\right)+10\cdot\left(4\cdot(2p)^3\cdot(1-2p)+(2p)^4\right)-2 \end{aligned}$$

Damit das Spiel fair ist, muss $E(Z)=0$ gelten; dies führt zu folgender Gleichung:

$$1\cdot\left(1-(1-p)^4-4\cdot p\cdot(1-p)^3\right)+10\cdot\left(4\cdot(2p)^3\cdot(1-2p)+(2p)^4\right)-2=0$$

Mit Hilfe des GTR/CAS erhält man $p_1\approx 0,20$ und $p_2\approx 0,66$.
Wegen $p+2p<1$ kommt nur $p_1\approx 0,20$ als Lösung in Frage.
Für den Mittelpunktswinkel α des Sektors des Symbols Kreuz gilt: $p=\frac{\alpha}{360^\circ}$. Damit ergibt sich:

$$0,2\approx\frac{\alpha}{360^\circ}\;\Rightarrow\;\alpha\approx 0,2\cdot 360^\circ=72^\circ$$

Der Mittelpunktswinkel für den Sektor des Symbols Kreuz beträgt etwa 72°.

Geometrie/Stochastik 2012 Aufgabe B 2

Aufgabe B 2.1

a) Um zu berechnen, wie weit sich U_1 in einer Minute bewegt, bestimmt man die Länge des Richtungsvektors der Geraden $\vec{x} = \begin{pmatrix} 140 \\ 105 \\ -170 \end{pmatrix} + t \cdot \begin{pmatrix} -60 \\ -90 \\ -30 \end{pmatrix}$. Man erhält:

$$\left| \begin{pmatrix} -60 \\ -90 \\ -30 \end{pmatrix} \right| = \sqrt{(-60)^2 + (-90)^2 + (-30)^2} = \sqrt{12600} \approx 112,25$$

Alternativ kann man auch die Positionen zu den Zeitpunkten $t = 0$ und $t = 1$ bestimmen und die Länge des Verbindungsvektors berechnen:
Setzt man $t = 0$ in die Geradengleichung ein, befindet sich U_1 im Punkt $P(140 \mid 105 \mid -170)$.
Setzt man $t = 1$ in die Geradengleichung ein, befindet sich U_1 im Punkt $Q(80 \mid 15 \mid -200)$.
Damit erhält man:

$$\left|\overrightarrow{PQ}\right| = \left| \begin{pmatrix} -60 \\ -90 \\ -30 \end{pmatrix} \right| = \sqrt{(-60)^2 + (-90)^2 + (-30)^2} = \sqrt{12600} \approx 112,25$$

Das U-Boot U_1 legt also in einer Minute etwa 112 m zurück.

Den Winkel α der Route von U_1 mit der Meeresoberfläche erhält man mit Hilfe der Formel $\sin\alpha = \frac{|\vec{n} \cdot \vec{r}|}{|\vec{n}| \cdot |\vec{r}|}$ für den Winkel zwischen einer Geraden und einer Ebene. Setzt man den Normalenvektor $\vec{n} = \begin{pmatrix} 0 \\ 0 \\ 1 \end{pmatrix}$ der x_1x_2- Ebene und den Richtungsvektor $\vec{r} = \begin{pmatrix} -60 \\ -90 \\ -30 \end{pmatrix}$ der Geraden von U_1 in die Formel ein, erhält man:

$$\sin\alpha = \frac{|\vec{n} \cdot \vec{r}|}{|\vec{n}| \cdot |\vec{r}|} = \frac{\left| \begin{pmatrix} 0 \\ 0 \\ 1 \end{pmatrix} \cdot \begin{pmatrix} -60 \\ -90 \\ -30 \end{pmatrix} \right|}{\left| \begin{pmatrix} 0 \\ 0 \\ 1 \end{pmatrix} \right| \cdot \left| \begin{pmatrix} -60 \\ -90 \\ -30 \end{pmatrix} \right|} = \frac{|0 \cdot (-60) + 0 \cdot (-90) + 1 \cdot (-30)|}{\sqrt{0^2 + 0^2 + 1^2} \cdot \sqrt{(-60)^2 + (-90)^2 + (-30)^2}}$$

$$= \frac{30}{\sqrt{12600}}$$

$$\Rightarrow \alpha \approx 15,5^\circ$$

b) Die gesuchte Geschwindigkeit v von U_2 erhält man, indem man zunächst den Abstand der Punkte $A(68 \mid 135 \mid -68)$ und $B(-202 \mid -405 \mid -248)$ bestimmt. Dieser Wert entspricht der zurückgelegten Strecke in Metern. Anschließend muss man durch 3 teilen, da der Punkt B nach 3 Minuten erreicht wurde:

$$v = \frac{\left|\overrightarrow{AB}\right|}{3} = \frac{\left|\begin{pmatrix} -270 \\ -540 \\ -180 \end{pmatrix}\right|}{3} = \frac{\sqrt{(-270)^2 + (-540)^2 + (-180)^2}}{3} = \frac{\sqrt{396900}}{3} = 210$$

Die Geschwindigkeit des U-Boots U_2 beträgt damit $210\,\frac{\mathrm{m}}{\mathrm{min}}$.

Die Position des U-Boots U_2 zum Zeitpunkt t (in Minuten) erhält man, indem man die Geradengleichung durch die Punkte A und B aufstellt. Als Stützpunkt der Geraden verwendet man den Punkt A, da sich U_2 zu Beobachtungsbeginn dort befindet. Als Richtungsvektor der Geraden verwendet man $\frac{1}{3} \cdot \overrightarrow{AB}$, da sich U_2 in drei Minuten gleichförmig von A nach B bewegt und somit in einer Minute ein Drittel der Strecke zurücklegt.
Damit erhält man:

$$\vec{x} = \vec{a} + t \cdot \frac{1}{3} \cdot \overrightarrow{AB}$$

$$\vec{x} = \begin{pmatrix} 68 \\ 135 \\ -68 \end{pmatrix} + t \cdot \frac{1}{3} \cdot \begin{pmatrix} -270 \\ -540 \\ -180 \end{pmatrix}$$

$$\vec{x} = \begin{pmatrix} 68 \\ 135 \\ -68 \end{pmatrix} + t \cdot \begin{pmatrix} -90 \\ -180 \\ -60 \end{pmatrix}$$

Den Zeitpunkt, zu dem sich beide U-Boote in gleicher Tiefe befinden, erhält man, indem man die x_3-Komponenten der beiden Geradengleichungen gleichsetzt:

$$-170 - 30t = -68 - 60t \Rightarrow t = 3{,}4$$

Nach 3,4 Minuten befinden sich beide U-Boote also in gleicher Tiefe.

c) Zu Beobachtungsbeginn befindet sich U_1 im Punkt $P(140 \mid 105 \mid -170)$ und U_2 im Punkt $A(68 \mid 135 \mid -68)$.
Der Abstand der beiden U-Boote zu Beobachtungsbeginn ist die Länge des Verbindungsvektors von P zu A:

$$\left|\overrightarrow{PA}\right| = \left|\begin{pmatrix} -72 \\ 30 \\ 102 \end{pmatrix}\right| = \sqrt{(-72)^2 + 30^2 + 102^2} = \sqrt{16488} \approx 128{,}41$$

Der Abstand der beiden U-Boote zu Beobachtungsbeginn beträgt etwa 128 m.

Den Abstand $d(t)$ der beiden U-Boote zu einem beliebigen Zeitpunkt t erhält man, indem man die Länge des Verbindungsvektors von einem allgemeinen Punkt

$P_t\,(140-60t\,|\,105-90t\,|\,-170-30t)$ der Geraden von U_1 zu einem allgemeinen Punkt $Q_t\,(68-90t\,|\,135-180t\,|\,-68-60t)$ der Geraden von U_2 bestimmt:

$$d(t)=\left|\overrightarrow{P_tQ_t}\right|=\left|\begin{pmatrix}-72-30t\\30-90t\\102-30t\end{pmatrix}\right|=\sqrt{(-72-30t)^2+(30-90t)^2+(102-30t)^2}$$

Das Minimum von $d(t)$ erhält man mit Hilfe des GTR/CAS: $d_{\text{Min}}\approx 123,20>100$
Somit wird ein Sicherheitsabstand von 100 m eingehalten.

Aufgabe B 2.2

Zur Bestimmung der Entscheidungsregel legt man eine Zufallsvariable X fest, die die Anzahl alter Tafeln bei 800 getesteten Tafeln beschreibt. X ist binomialverteilt mit den Parametern $n=800$ und Wahrscheinlichkeit p.
Da das Sicherheitsniveau 99% betragen soll, beträgt die Irrtumswahrscheinlichkeit $\alpha=1\%$.
Die zu untersuchende Nullhypothese H_0 lautet: H_0: $p\leqslant 0,05$ mit $\alpha=1\%$.
Die zugehörige Alternativhypothese lautet: H_1: $p>0,05$.
Wegen H_1: $p>0,05$ handelt es sich um einen rechtsseitigen Test.
Der Unternehmensberater wird die Nullhypothese verwerfen, wenn er zu viele alte Tafeln in der Stichprobe findet.
Somit ist ein minimales $k\in\mathbb{N}$ und damit ein Ablehnungsbereich $\overline{A}=\{k,...,800\}$ der Nullhypothese so zu bestimmen, dass gilt:

$$\begin{aligned}P(\overline{A})&\leqslant\alpha\\P(X\geqslant k)&\leqslant 0,01\\1-P(X\leqslant k-1)&\leqslant 0,01\\0,99&\leqslant P(X\leqslant k-1)\end{aligned}$$

Für $n=800$ und $p=0,05$ erhält man mit Hilfe des GTR/CAS:

$$\begin{aligned}P(X\leqslant 54)&\approx 0,988\\P(X\leqslant 55)&\approx 0,9919\end{aligned}$$

Also ist $k-1=55\Rightarrow k=56$ das minimale $k\in\mathbb{N}$ und man erhält damit den Ablehnungsbereich:

$$\overline{A}=\{56,...,800\}$$

Findet der Unternehmensberater unter den 800 untersuchten Tafeln also mindestens 56 alte, so wird er die Nullhypothese verwerfen, dass der Anteil alter Schokoladetafeln höchstens 5 % beträgt und die Werbeaktion wird abgebrochen. Er irrt sich dabei höchstens mit einer Wahrscheinlichkeit von 1%.

Stichwortverzeichnis

Ihr Feedback zu diesem Buch

Für Ihre Anregungen, Hinweise und Bewertungen sind wir dankbar und offen.
Sie helfen damit, dieses Buch noch weiter zu optimieren ... für einen bestmöglichen Erfolg im Mathe-Abi.

Als einfache und schnelle Verfahren bieten sich folgende Wege für Ihr Feedback an:

- per Post: einfach dieses Blatt im frankierten Umschlag zurücksenden;
- per Fax: an unsere Faxnummer 0761 45699 45;
- per E-mail: an info@freiburger-verlag.de;
- per Internet: unter www.erfolg-im-mathe-abi.de unter „Feedback".

Besten Dank für Ihre Mithilfe! Zudem erhalten Sie für alle Vorschläge, die in Folgeauflagen eingearbeitet werden, als Dankeschön eine kleine Aufmerksamkeit von uns.

Erfolg im Mathe-Abi Baden-Württemberg Das Vorbereitungs- und Übungsbuch für den Wahlteil	
Seite	Anregung

Erfolg im Mathe-Abi Baden-Württemberg

Das Vorbereitungs- und Übungsbuch für den Wahlteil

Freiburger Verlag GmbH
›Erfolg im Mathe-Abi‹
Hartkirchweg 37

79111 Freiburg

Fax: 0761 45699 45

Absender:

Name / Vorname / Position	Kundennummer, falls bekannt
Straße / Nr.	Schule
PLZ / Ort	Klasse
Tel. für Rückfragen	Schuladresse
email-Adresse	

Besten Dank für Ihre Mithilfe!
Ihr Freiburger-Verlags-Team